广西淡水鱼类分类图鉴

主　编：肖　珊　蓝家湖
副主编：张　盛　杨　剑

河南科学技术出版社
·郑州·

内容提要

作者经过 3 年实地调查及 40 年鱼类标本采集积累，通过制作鱼体原有的形态标本，利用现代的高清摄影技术进行拍摄，并标注鱼体大小的比例尺，对鉴别特征特写放大，展示鱼体全貌，以图片形式弥补以往专著对鱼类物种文字描述的不足。本书共收录 42 科 338 种鱼类的标本照片，以图谱展示广西的淡水鱼类资源，并对每一个物种的分类地位、鉴别特征等相关信息做了简述。本书介绍的鱼类种类多、内容丰富、图像清晰、色彩真实，既有较高的科学价值，又有很好的欣赏价值，是一本难得的鱼类分类工具书。

本书可作为野外采集、分类鉴别的工具手册，供鱼类学初入门及业余爱好者、生物野外调查工作者、环境保护者、渔业工作者和相关大、中专院校师生参考。

图书在版编目（CIP）数据

广西淡水鱼类分类图鉴 / 肖珊，蓝家湖主编. —郑州：河南科学技术出版社，2023.4
ISBN 978-7-5725-1134-9

Ⅰ.①广… Ⅱ.①肖… ②蓝… Ⅲ.①淡水鱼类—广西—图集 Ⅳ.①Q959.408-64

中国国家版本馆CIP数据核字（2023）第036629号

出版发行：河南科学技术出版社
　　　　　地址：郑州市郑东新区祥盛街27号　　　邮编：450016
　　　　　电话：（0371）65737028　　　65788642
　　　　　网址：www.hnstp.cn
策划编辑：陈淑芹　杨秀芳
责任编辑：陈淑芹
责任校对：耿宝文
封面设计：张德琛
责任印制：张艳芳
印　　刷：河南瑞之光印刷股份有限公司
经　　销：全国新华书店
开　　本：889 mm × 1 194 mm　1/12　　印张：35.5　　字数：660 千字
版　　次：2023年4月第1版　　2023年4月第1次印刷
定　　价：498.00 元

广西淡水鱼类分类图鉴

主　　编： 肖　珊　蓝家湖

副主编： 张　盛　杨　剑

编著人员： 韦玲静　徐鸿飞　甘宝江　刘　康

　　　　　　莫飞龙　孔丽芳　龙宜楠　卢玉典

前 言

广西壮族自治区位于北纬 20°54′~26°23′，东经 104°28′~112°04′，地处祖国西南边陲。其东连广东，北接湖南和贵州，西邻云南，西南与越南毗邻，南濒北部湾，与海南岛隔海相望。拥有 1 600 多公里长的大陆海岸线。年降水量 1 500 mm 以上，水量丰沛，季节性变化大；河流众多，江河纵横，水系发达，源头水位高，落差大，水流湍急。岩溶地区地下伏流发育，适宜多种鱼类栖息繁衍。西江是广西的母亲河，其流域面积占广西总面积的 80% 以上，桂江、柳江、右江、左江是西江重要的一级支流；西江、桂东北的洞庭湖水系上游、桂西红河流域的百都河、桂南的南流江及沿海各单独入海的河流组成广西淡水河流的全部。广西地形复杂，在河池、百色喀斯特山区分布着丰富的洞穴鱼类，盲鱼已知达 20 种。西北与云贵高原接壤，在靖西、那坡分布有多种特有鱼类，如那坡华墨头鱼、缺刻墨头鱼、靖西左江鲮、巴门褶吻鲮、禄峒爬鳅等，还分布有云贵高原常见的一些种类，如墨头鱼、红鲌、小黄鲴鱼等。南部沿海河流分布着海南的鱼类成分，如海南异鱲、海南华鳊、琼中拟平鳅、爬岩鳅、越鲶、海南细齿黯等。溯河洄游鱼类种类多，西江的梧州段，海鲢、大海鲢、花鰶、斑鰶、鲅、间下鱵、花鲈、舌鰕虎鱼等成为当地经济鱼类。

广西淡水鱼类是近年来国内外鱼类研究的热点，发表鱼类新种近百种。主要研究专著如：广西壮族自治区水产研究所、中国科学院动物研究所编著的《广西淡水鱼类志》第 1 版（1981 年）、第 2 版（2006 年）；蓝家湖等所著的《广西洞穴鱼类》（2013 年）；甘西等所著的《中国南方淡水鱼类原色图鉴》（2017 年），主要内容是来自广西的淡水鱼类；朱瑜、吴铁军所著的《漓江鱼类原色图鉴》（2016 年）。

广西具有独特的自然环境和地形地貌，在那神奇的石山脚下的地缝里及地下河、湖、洞穴的深处生活着中国种类最多的洞穴鱼类，这些鱼类是作者近年来研究的重点。66 种洞穴鱼类照片是作者历时 10 年在对广西洞穴鱼类资源调查中获得的。

近年来，作者运用高清数码相机，拍摄鱼类标本照片，记录鱼类原有的形态数据，以图片格式展示鱼类的形态结构。一个物种以 1~6 幅不同部位的形态结构图片，一物种多图片，充分展示物种的分类特征，分类性状清晰；以图为据，以据定物，真实、直观、精准、科学。

作者对广西内陆所有鱼类种类重新采集标本，选择体表完整、无伤的个体，矫正体形，展鳍，制作成姿态优美的标本用于拍摄照片；利用广西鱼类种质资源普查的机会，在调查研究广西淡水鱼类 40 年工作的基础上完成本书。目前濒临灭绝的广西淡水鱼类如赤魟、点面副沙鳅、鳤、伍氏半鳘、叶副结鱼等物种标本，是 30 余年前采集收藏的。在 20 世纪 80 年代，这些种类都是江河主要经济鱼类之一，而目前已经无法采集到标本。作者走遍广西的山山水水，从大江大河走到山间溪流，调查了地表的河、湖，又深探地下的洞穴，尽最大努力开展鱼类标本采集工作，历史资料记载的物种分布地都尽可能前往采集，调查工作全面、广泛、深入，使本书收录的物种达 338 种。受新冠疫情影响，标本采集工作并不完全，特别是中越边境地区，如分布于北仑河的越南拟鲹等个别种标本无法采集，较为遗憾。

物种鉴定及学名以陈宜瑜、乐佩琦主编的《中国动物志》（中、下卷，1998 年、2000 年），张春光、赵亚辉主编的《中国内陆鱼类物种与分布》（2016 年），以及最新的研究成果文献为准。

本书的前期工作得到广西壮族自治区水产科学研究院吴铁军研究员、林勇研究员，广西柳州市水产技术推广站罗福广高级工程师，广西师范大学杜丽娜博士，广西都安县水产技术推广站韦慕兰高级工程师，广西宾阳县水产技术推广站覃旭传高级工程师，武汉中科瑞华生态科技股份有限公司刘庆山工程师，中国科学院水生生物研究所张鹗研究员、邵韦涵博士，中国科学院动物研究所赵亚辉博士等的大力支持和帮助；广西那坡县水产技术推广站赵克机高级工程师为本书提供红魰照片，上海海洋大学李晨虹教授、胡健涛硕士研究生协助鉴定塘鳢科、沙塘鳢科、鰕虎鱼科鱼类部分物种，中国科学院昆明动物研究所杨君兴研究员、陈小勇研究员给本书提出了宝贵的修改意见，谨此致谢。

为方便读者阅读，本书地名均采用现名。由于作者水平所限，书中可能出现错误和不足之处，敬请读者批评指正！

蓝家湖

2022 年 6 月

目　录

鳀科 Engraulidae

1. 七丝鲚 *Coilia grayii* Richardson, 1845

分类地位： 鲱形目 Clupeiformes 鳀科 Engraulidae 鲚属 *Coilia*。

鉴别特征： 体延长，侧扁，向后渐细尖。背缘平直。腹部棱鳞显著。头短；吻短、钝。口大，下位（图 a）；上颌骨延长伸达胸鳍基底，下缘具细锯齿。体被薄的圆鳞，易脱落；无侧线，纵列鳞 62～66 枚。背鳍位于体前半部，外缘平直。胸鳍上方 7 根游离鳍条，呈丝状延长，末端超过臀鳍起点（图 a、b）。腹鳍短小，起点位于背鳍起点之前；臀鳍长，连于尾鳍，具 85～88 根分枝鳍条（图 a）。体银白色，背部颜色略深，尾鳍末端略黑。

生活习性： 溯河洄游鱼类，生活在水体上层，4～7 月为产卵期。

种群状况： 数量较多，但个体小。

地理分布： 西江下游、沿海各入海河流均有分布。

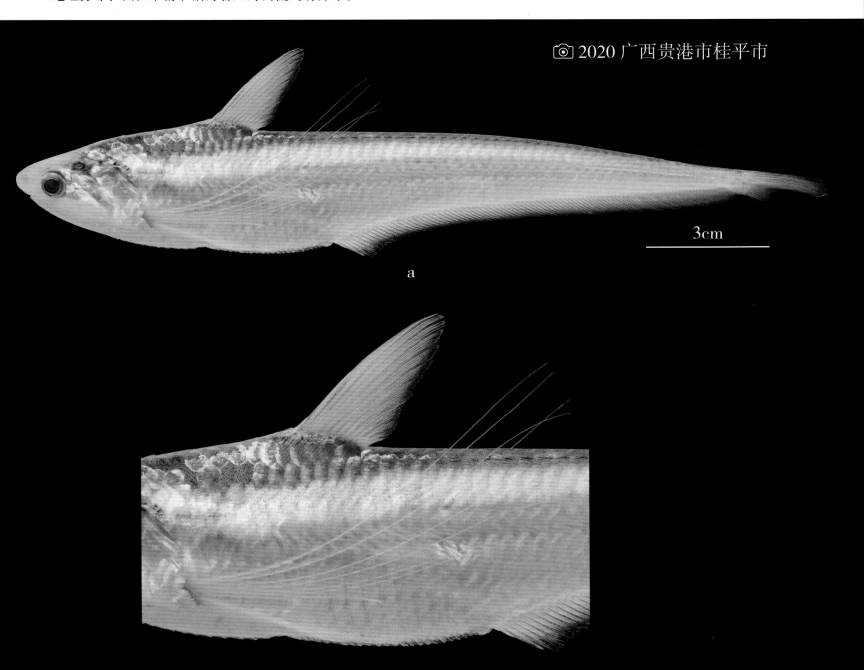

© 2020 广西贵港市桂平市

3cm

a

魟科 Dasyatidae

2. 赤魟 *Dasyatis akajei* (Müller & Henle, 1841)

分类地位：鲼形目 Myliobatiformes 魟科 Dasyatidae 魟属 *Dasyatis*。

鉴别特征：体平扁，呈盘状，近圆形。口小，横裂；口、鼻孔和鳃孔位于腹面；鳃孔 5 对。尾细长如鞭，尾前部有 1 ~ 2 枚锯齿状扁平尾刺。胸鳍扩展至吻端；雄鱼的腹鳍内侧特化为鳍脚。体背面赤褐色，边缘略淡；腹面乳白色。

生活习性：洄游底栖鱼类，常居深潭，喜在以卵石为底质的江段生活，多在夜间活动。主要以小鱼、小虾、水生昆虫及蚬、蚌等软体动物为食。春季繁殖，体内受精，秋季产仔。

种群状况：种群数量极为稀少。20 世纪 80 年代在柳江支流的龙江数量较多，随后数量渐渐减少，目前已很难见到。

地理分布：历史上该种在广西境内的左江、右江、柳江、龙江均有分布。

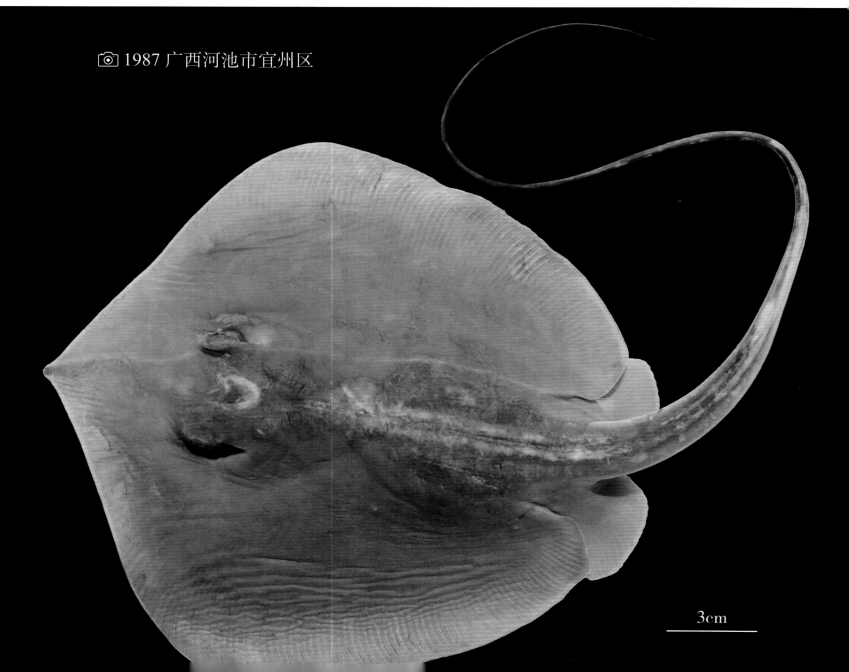

📷 1987 广西河池市宜州区

3cm

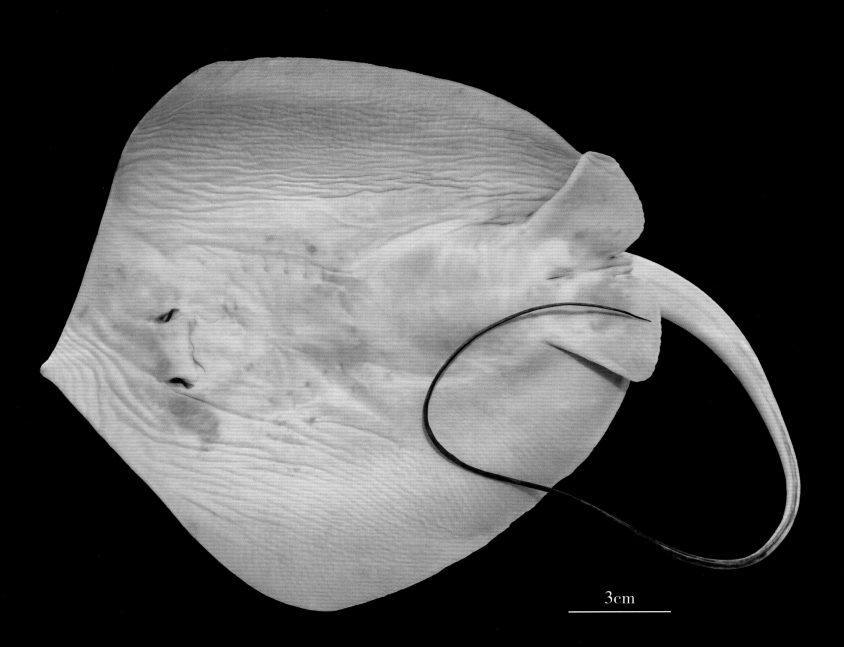

b

3cm

鲟科 Acipenseridae

3. 中华鲟 *Acipenser sinensis* Gray, 1835

分类地位： 鲟形目 Acipenseriformes 鲟科 Acipenseridae 鲟属 *Acipenser*。

鉴别特征： 体近圆筒形。头延长，呈三角形，背面具骨板。吻延长、锥形，吻端尖且略向上翘。口下位，无齿，唇具细小乳突，口前具 2 对须（图 d、e）。鳃孔大；鳃耙细尖，排列稀疏。体被 5 条纵行骨板，骨板具棘状突起。背鳍基部较短，起点靠后。腹鳍小，在背鳍起点前下方。臀鳍起点在背鳍基中部下方。尾鳍上叶明显长于下叶（图 b）。体背部青灰色，腹部略白。各鳍灰色，边缘色浅。

生活习性： 溯河产卵的洄游鱼类。中国南方沿海各地均有分布，可洄游到淡水河流中。底层鱼类，以小鱼、小虾、水生昆虫的幼虫及各种底栖软体动物为食。繁殖时间为每年的 4 月上旬，产黏性沉性卵。

种群状况： 目前在广西江河已基本绝迹。20 世纪至 21 世纪初，在柳江与红水河汇合的石龙三江口，渔民常常捕获 150～250kg 的个体。

地理分布： 历史上在广西西江干流的梧州、桂平、象州石龙均有分布。

1996 广西来宾市武宣县

a

b

c   d   e

海鲢科 Elopidae

4. 海鲢 *Elops Saurus* Linnaeus, 1766

分类地位： 海鲢目 Elopiformes 海鲢科 Elopidae 海鲢属 *Elops*。

鉴别特征： 体长棒形，腹部略平。头长，腹面具喉板。口较大；上、下颌等长，口裂末端可达眼后缘下方。牙细小，呈绒毛状。体被小圆鳞。背鳍外缘内凹；胸鳍短，远不达腹鳍起点；腹鳍起点位于背鳍起点之前或相对；臀鳍外缘内凹；尾鳍深分叉。体背部深绿色，头部具黄色光泽。体侧及腹部白色。背鳍和尾鳍边缘为黑色，其余各鳍淡黄色。

生活习性： 洄游鱼类。在广西沿西江上溯到梧州江段，以小虾和小鱼为食。

种群状况： 数量较少。

地理分布： 分布于西江干流梧州段，南流江近入海江段。

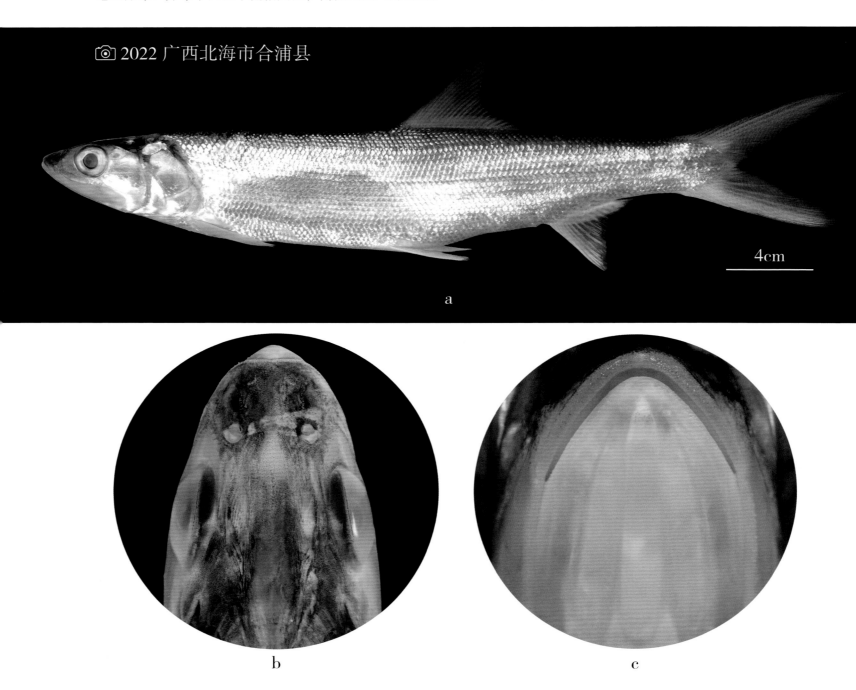

📷 2022 广西北海市合浦县

4cm

a

b　　　　　　　　　　　c

大海鲢科 Megalopidae

5. 大海鲢 *Megalops cyprinoides* Broussonet, 1782

分类地位： 海鲢目 Elopiformes 大海鲢科 Megalopidae 大海鲢属 *Megalops*。

鉴别特征： 体延长而侧扁，体稍高。头的腹面有喉板。眼大，眼径大于吻长。口上位；下颌突出；上、下颌具绒毛状细齿；舌圆形，游离。体被大而薄的圆鳞；侧线平直，侧线鳞 36 ~ 40 枚（图 a）。背鳍缘内凹，其起点位于体中部，最后 1 根鳍条延长为丝状，末端可伸达臀鳍基后上方（图 a）；腹鳍短，其起点位于背鳍起点前下方或相对；臀鳍前半部鳍条较后半部鳍条长。尾鳍长而大，深分叉。体背部深绿色，腹部银白色，吻端青灰色，各鳍淡黄色。背鳍与尾鳍边缘略黑。

生活习性： 洄游鱼类。在广西沿西江可上溯到梧州江段，性凶猛，以小虾、小鱼为食。

种群状况： 个体较大，数量少。

地理分布： 分布于西江干流梧州段。

2022 广西梧州市龙圩区

5cm

a

鲱科 Clupeidae

6. 花鰶 *Clupanodon thrissa* (Linnaeus, 1758)

分类地位：鲱形目 Clupeiformes 鲱科 Clupeidae 花鰶属 *Clupanodon*。

鉴别特征：体长卵圆形，侧扁。吻圆钝，吻长约等于眼径。口端位，上、下颌等长，上颌中间有明显缺刻。体被细小圆鳞；腹缘有锯齿状棱鳞（图b）。无侧线或侧线仅存于体前部数枚鳞片上，纵列鳞44~48枚。背鳍起点在腹鳍起点的前上方，末根鳍条延长呈丝状（图a）；胸鳍条15根；腹鳍短小；尾鳍深分叉。体背面青绿色，体侧及腹面银白色，鳃盖后方体侧有4~6个大小不等的黑斑（图a），背鳍和尾鳍淡黄色。

生活习性：洄游鱼类，为沿海常见的中小型群游性鱼类，以浮游生物和小型甲壳类为食。

种群状况：季节性洄游入河种类，下游河段有一定的种群数量，为常见种。

地理分布：广西沿海各入海河口，西江梧州、桂平段均有分布。

2020 广西梧州市

2cm

a

7. 斑鰶 *Konosirus punctatus*（Temminck & Schlegel, 1846）

分类地位： 鲱形目 Clupeiformes 鲱科 Clupeidae 斑鰶属 *Konosirus*。

鉴别特征： 体长卵圆形，侧扁。吻圆钝，吻长略小于眼径。口小，近端位，上、下颌等长，上颌中间有不明显缺刻。体被细小圆鳞；腹缘有锯齿状棱鳞（图 b）。无侧线或侧线仅存于体前部数枚鳞片上，纵列鳞 52 ~ 56 枚。背鳍起点在腹鳍起点的前上方，末根鳍条延长呈丝状（图 a）；胸鳍条 16 根；腹鳍短小；尾鳍深分叉。体背面青绿色，体侧及腹面银白色，鳃盖后上方有 1 个大黑斑，背鳍和尾鳍淡黄色。

生活习性： 洄游鱼类，为沿海常见的中小型群游性鱼类，以浮游生物和小型甲壳类为食，4 ~ 6 月为产卵期。

种群状况： 季节性洄游入河种类，下游河段有一定的种群数量，为常见种。

地理分布： 广西沿海各入海河口，西江梧州、桂平段均有分布。

📷 2020 广西防城港市

2cm

a

鳗鲡科 Anguillidae

8. 日本鳗鲡 *Anguilla japonica* Temminck & Schlegel, 1846

分类地位： 鳗鲡目 Anguilliformes 鳗鲡科 Anguillidae 鳗鲡属 *Anguilla*。

鉴别特征： 体细长如蛇状，前部圆柱形，尾部侧扁。头较长，吻短，眼小。口大，口裂略平直，后伸达眼后缘下方。体被长椭圆形细鳞。背鳍和臀鳍长，与尾鳍相连。背鳍起点至臀鳍起点的距离小于头长。胸鳍小，扇形；尾鳍圆钝。体青灰色，腹部白色，无斑点。

生活习性： 为降河入海产卵的洄游鱼类。成鱼栖息于江河湖泊及水库底层，白天潜伏在洞穴或石缝中，夜间出来活动。成鱼以小型鱼虾、水生昆虫等为食。

种群状况： 数量少。

地理分布： 目前广西境内各江河有少量分布。

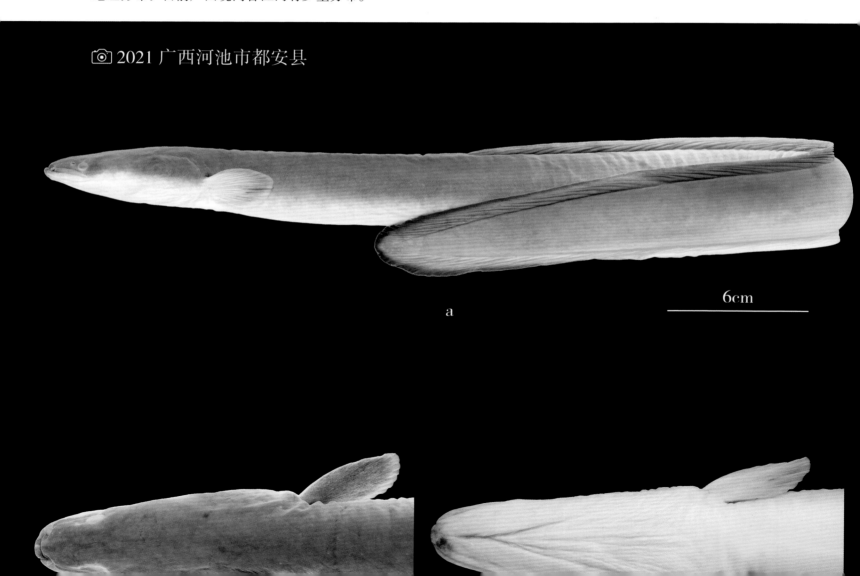

📷 2021 广西河池市都安县

a

6cm

9. 花鳗鲡 *Anguilla marmorata* Quoy & Gaimard, 1824

分类地位： 鳗鲡目 Anguilliformes 鳗鲡科 Anguillidae 鳗鲡属 *Anguilla*。

鉴别特征： 体细长如蛇状，前部圆柱形，尾部侧扁。头较长，吻短，眼小。口大，口裂略平直，后伸超过眼后缘下方。体被长椭圆形细鳞。背鳍和臀鳍长，与尾鳍相连。背鳍起点至臀鳍起点的距离明显大于头长。胸鳍小，扇形；尾鳍圆钝。体背及体侧密布黄绿色斑点或斑块，腹部白色。

生活习性： 为降河洄游鱼类。成鱼栖息于江河、水库，繁殖季节入海产卵。成鱼以小型鱼虾、水生昆虫等为食。

种群状况： 野生种群数量稀少，偶有捕获。

地理分布： 广西各主要江河及各入海河流均有少量分布。

2021 广西河池市都安县

4cm

a

b

c

香鱼科 Plecoglossidae

10. 香鱼 *Plecoglossus altivelis* (Temminck & Schlegel, 1846)

分类地位： 胡瓜鱼目 Osmeriformes 香鱼科 Plecoglossidae 香鱼属 *Plecoglossus*。

鉴别特征： 体延长，侧扁。吻钝，前部下弯形成吻钩。口下位；下颌前端左右各有 1 个突起；口裂后伸超过后缘的下方（图 a、d）。体被细圆鳞，侧线平直；侧线鳞 63～64 枚。背鳍起点位于腹鳍起点的前上方，背鳍外缘微凹。尾鳍分叉。脂鳍小（图 a）。体背部青灰色，腹面略白。胸鳍上方体侧具一个不明显的黄斑。

生活习性： 河口鱼类，生活于水体中上层；喜沙石底质的急流水体，以浮游生物和水生昆虫为食；9～11 月为产卵期，产黏性沉性卵。

种群状况： 数量较多，在产地为常见种。

地理分布： 广西沿海各地单独入海河流的入海口有分布，以北仑河数量最多，在东兴市鱼市场常能见到。

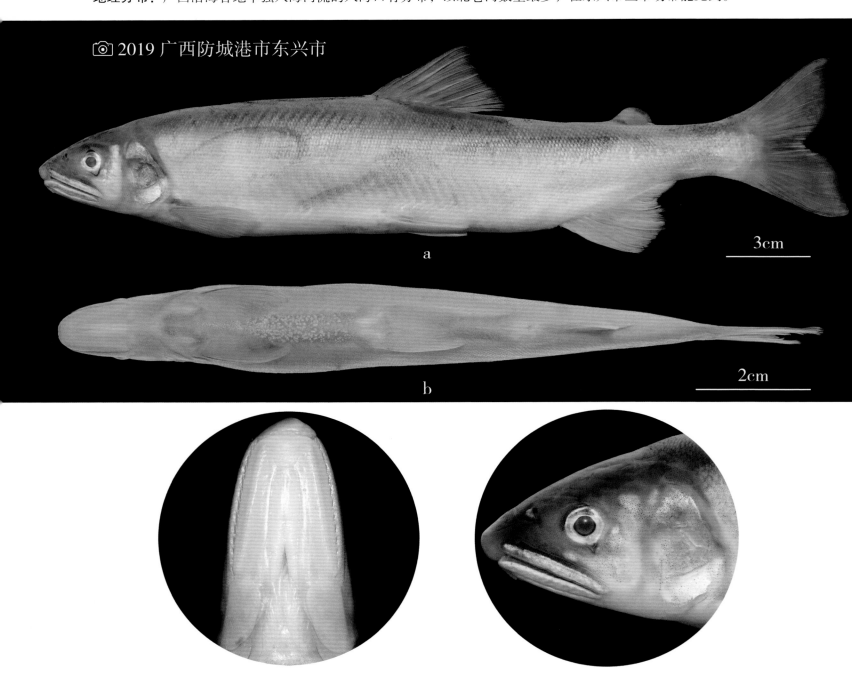

2019 广西防城港市东兴市

a

b

3cm

2cm

c

d

银鱼科 Salangidae

11. 太湖新银鱼 *Neosalanx taihuensis* Chen, 1956

分类地位： 胡瓜鱼目 Osmeriformes 银鱼科 Salangidae 新银鱼属 *Neosalanx*。

鉴别特征： 体细长，前躯呈圆筒形，后躯侧扁。头部扁平；吻短钝，口裂小；犁骨、鄂骨和舌上均无齿。前颌骨、上颌骨和下颌骨各有 1 行细齿。体白色，略透明。尾鳍透明。

生活习性： 生活于湖泊、水库的中上层小型鱼类，以浮游生物为食；10～12 月龄性成熟，11 月至翌年 3 月繁殖，产沉性卵。

种群状况： 20 世纪 90 年代引入广西，曾是各水库的重要经济鱼类，之后渐渐减少。

地理分布： 广西各地大中型水库均有分布。

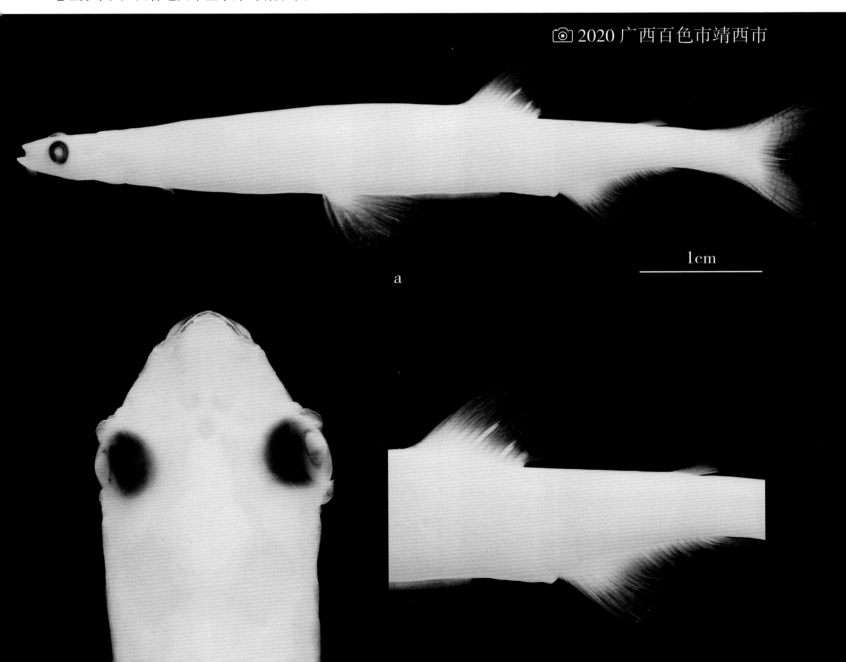

2020 广西百色市靖西市

a

1cm

12. 白肌银鱼 *Leucosoma chinensis* (Osbeck, 1765)

分类地位：胡瓜鱼目 Osmeriformes 银鱼科 Salangidae 白肌银鱼属 *Leucosoma*。

鉴别特征：体细长，前部呈圆柱状，后部侧扁。头尖长而平扁。吻尖长，呈三角形（图 b）；眼小。上颌骨后端不达眼前缘的下方。上、下颌各有齿 1 行，舌上具齿。背鳍起点位于腹鳍基之后、臀鳍基之前；胸鳍小；脂鳍小（图 a、c），位于臀鳍基后的上部；尾鳍分叉。活体通体透明；标本呈乳白色，沿腹侧有 1 行黑色小点。

生活习性：为溯河洄游中上层鱼类，栖息于近海或河口咸淡水区域；以浮游动物、小鱼和小虾为食。

种群状况：数量少，偶尔捕获。

地理分布：分布于广西沿海地区各单独入海河流，内陆河历史上可上溯到左江龙州段。

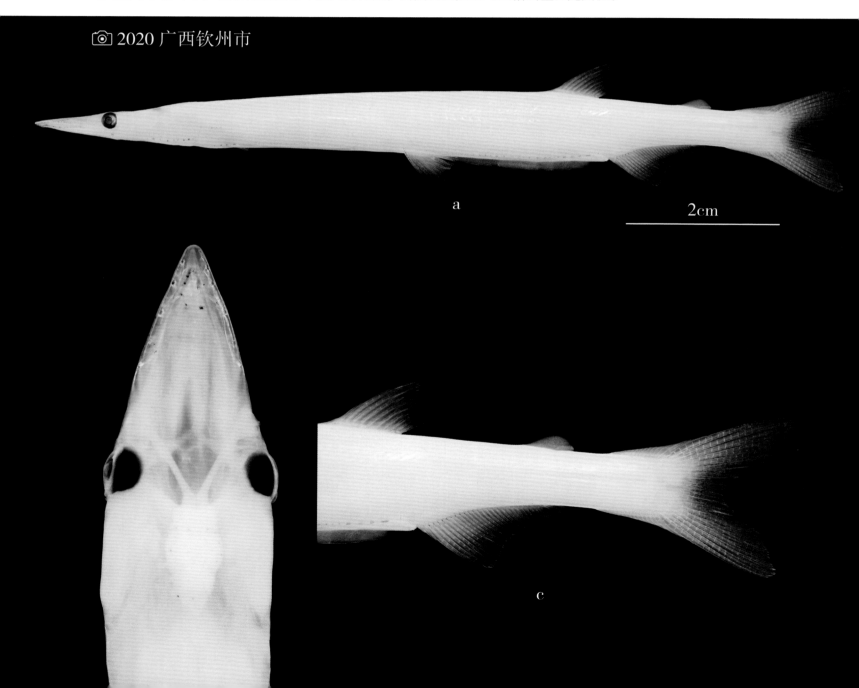

2020 广西钦州市

2cm

a

c

脂鲤科 Characidae

13. 短盖肥脂鲤 *Piaractus brachypomus* (Cuvier, 1818)

分类地位：脂鲤目 Characiformes 脂鲤科 Characidae 肥脂鲤属 *Piaractus*。

鉴别特征：体较高，近卵圆形，侧扁。吻钝，口端位，上、下颌各具 2 行尖齿。无须。侧线完全，侧线鳞 82～98 枚。胸鳍基部至肛门有腹棱，背鳍无硬刺，具脂鳍，尾鳍叉形。生活时体鲜艳，鳍红色；从眼后下方至臀鳍，体侧散布着由深到浅的鲜艳的红斑。

生活习性：中上层杂食性鱼类，喜群居。

种群状况：人工养殖鱼类，广西主要养殖鱼类之一。可池塘、水库、网箱养殖。

地理分布：广西各地均有养殖，偶有逃逸进入天然水域的现象。

📷 2019 广西崇左市龙州县

2cm

胭脂鱼科 Catostomidae

14. 胭脂鱼 *Myxocyprinus asiaticus* (Bleeker, 1864)

分类地位： 鲤形目 Cypriniformes 胭脂鱼科 Catostomidae 胭脂鱼属 *Myxocyprinus*。

鉴别特征： 体较高，侧扁，吻端到背鳍起点向上隆起。口下位（图 a）。唇表面具细小乳突（图 b）。无须。背鳍长，其基部延伸至臀鳍基部的后上方，分枝鳍条 50 根左右（图 a）；胸鳍长，后伸超过腹鳍起点（图 c）；腹鳍位于背鳍起点之后；臀鳍分枝鳍条 10 ~ 12 根；尾鳍分叉。鳞中等大；侧线完全，侧线鳞 48 ~ 50 枚（图 a）。幼体深褐色，体侧具 3 条黑色横纹。成鱼活体全身淡红色，从吻端至尾鳍基有 1 条胭脂红色的宽纵纹。

生活习性： 个体大，生活于水体中上层，杂食性；可人工养殖，食颗粒饲料。

种群状况： 人工养殖种类。

地理分布： 原产长江上游，作为观赏鱼养殖引入广西。无天然分布种群，偶有逃逸进入天然水域，在野外均未形成自然种群。

📷 2020 广西河池市都安县

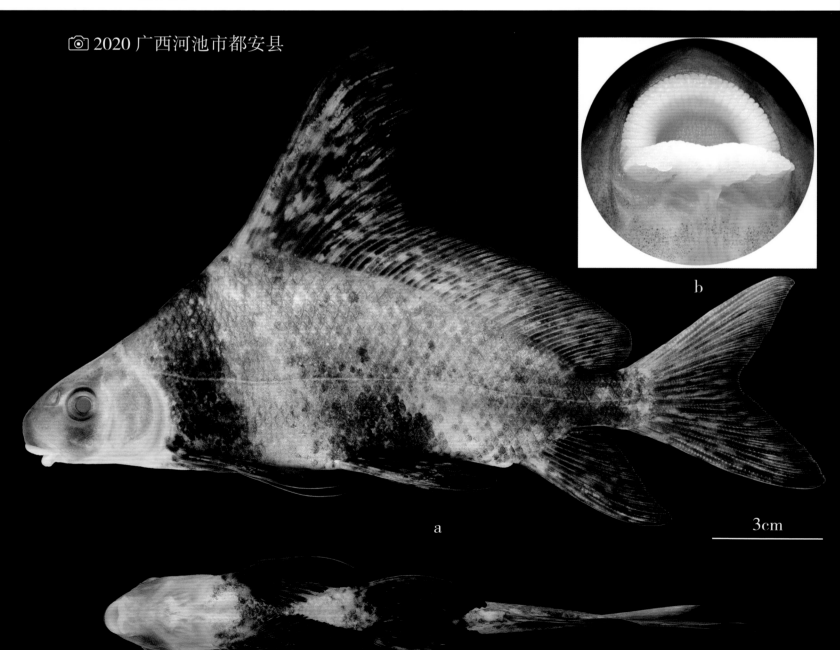

b

a

3cm

条鳅科 Nemacheilidae

15. 颊鳞异条鳅 *Paranemachilus genilepis* Zhu, 1983

分类地位： 鲤形目 Cypriniformes 条鳅科 Nemacheilidae 异条鳅属 *Paranemachilus*。

鉴别特征： 体粗壮，稍延长，侧扁。头部略平扁。前鼻孔与后鼻孔紧相邻，前鼻孔在短的管状突起中（图 d）。口亚下位，上下唇光滑或略有浅褶。须 3 对，均较长；后伸超过眼后缘。身体及头部两侧被细小鳞片；侧线不完全，终止于胸鳍上方。背鳍外缘平截，其起点位于腹鳍起点之前；胸鳍和腹鳍短小；尾鳍内凹。身体背部及两侧有众多细小的深褐色横斑纹，部分标本沿体侧有 1 条深褐色纵纹。

生活习性： 穴居性洞穴鱼类，枯水期在洞穴生活，雨季随水流游出洞外觅食。

种群状况： 有一定的种群数量，是分布地常见的食用鱼捕捞对象。

地理分布： 分布于广西崇左市扶绥县昌平乡喀斯特地区的洞穴中。

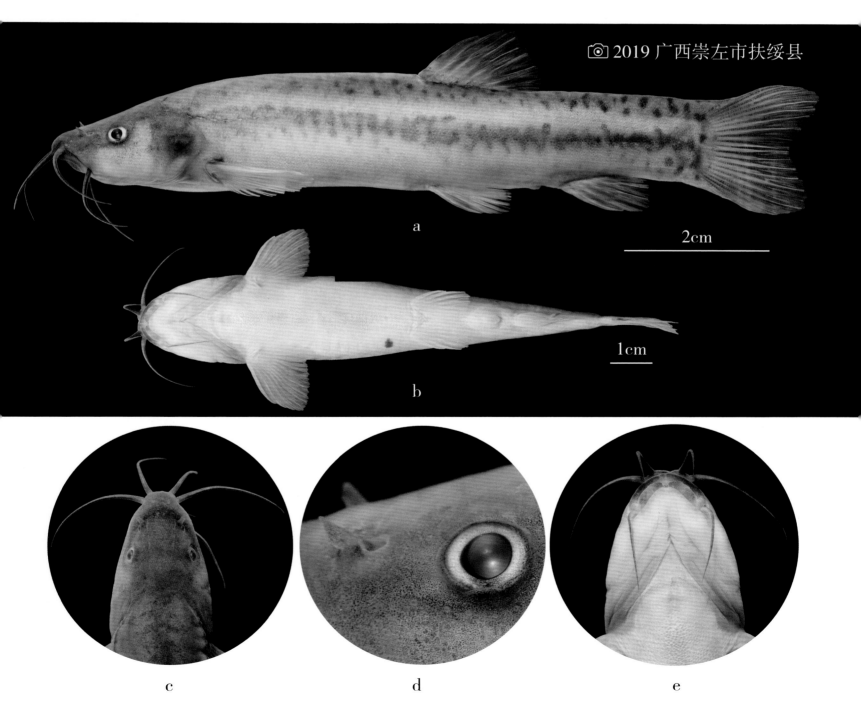

2019 广西崇左市扶绥县

2cm

1cm

a

b

c

d

e

16. 平果异条鳅 *Paranemachilus pingguoensis* Gan, 2013

分类地位： 鲤形目 Cypriniformes 条鳅科 Nemacheilidae 异条鳅属 *Paranemachilus*。

鉴别特征： 体粗壮，稍延长，侧扁。头部略平扁。前鼻孔与后鼻孔紧相邻，前鼻孔在短的管状突起中（图 d）。口亚下位，上下唇光滑。须 3 对，均较长；后伸超过眼后缘。身体被细小鳞片，颊部无鳞；侧线不完全，终止于胸鳍上方。背鳍外缘平截，其起点位于腹鳍起点之前；胸鳍和腹鳍短小；尾鳍内凹。身体黄褐色；头部、体侧和背部具不规则小斑点。体侧中部的斑点变大、颜色变深，形成 1 条纵纹。

生活习性： 穴居性洞穴鱼类，枯水期在洞穴生活；雨季，生活的洞穴出口常被淹没形成小湖泊，每年有 2～3 个月的时间在洞外生活。

种群状况： 在分布区有一定的种群数量，为当地居民主要的捕捞对象之一。

地理分布： 分布于广西百色市平果市果化镇境内的洞穴中。

2019 广西百色市平果市

a

1cm

b

1cm

c   d   e

17. 透明间条鳅 *Heminoemacheilus hyalinus* Lan, Yang & Chen, 1996

分类地位：鲤形目 Cypriniformes 条鳅科 Nemacheilidae 间条鳅属 *Heminoemacheilus*。

鉴别特征：体粗壮，前部圆，后部侧扁。尾柄上、下缘具鳍褶，上缘鳍褶更明显。前、后鼻孔相连，前鼻孔在一短管中（图 d）。唇面具浅褶，下唇中央具一缺刻。无眼（图 a）。须 3 对，外侧吻须最长。各鳍短小，背鳍起点位于腹鳍起点之后。身体部分被稀疏的鳞片。侧线不完全。生活时身体透明，内脏可辨。浸制标本乳白色，通体无色素。

生活习性：终生生活于洞穴深处的典型洞穴鱼类。

种群状况：数量极少。

地理分布：仅分布于广西河池市都安县保安乡的地下水域。

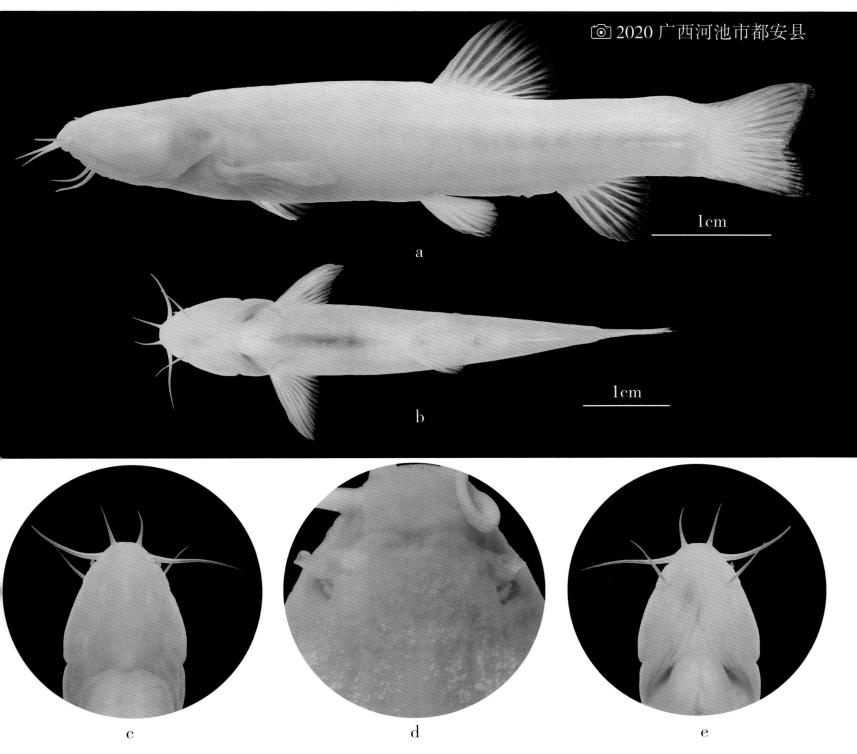

📷2020 广西河池市都安县

a

b

c   d   e

18. 小间条鳅 *Heminoemacheilus parvus* Zhu & Zhu, 2014

分类地位： 鲤形目 Cypriniformes 条鳅科 Nemacheilidae 间条鳅属 *Heminoemacheilus*。

鉴别特征： 体小，头部平扁，背鳍基后部身体侧扁。头较大，头宽明显大于头高。吻圆钝。口小，亚下位。上、下唇薄，表面具浅褶。前、后鼻孔相连，前鼻孔位于一短管中（图 d）。吻 3 对，外侧吻须最长。无眼或仅有一小黑点（图 a）。背鳍起点位于腹鳍起点后，外缘平截。胸鳍尖，末端不达腹鳍起点。尾鳍内凹。尾柄上、下缘具鳍褶。通体裸露无鳞。体侧侧线孔明显。生活时全身透明，鳃部和胸腹部鲜红色。

生活习性： 典型洞穴鱼类。生活的洞内黑暗无光，水深 30 ~ 40 cm，水质清澈，底质为石砾。

种群状况： 数量极少。

地理分布： 仅分布于广西百色市那坡县坡荷乡一溶洞，属左江水系。

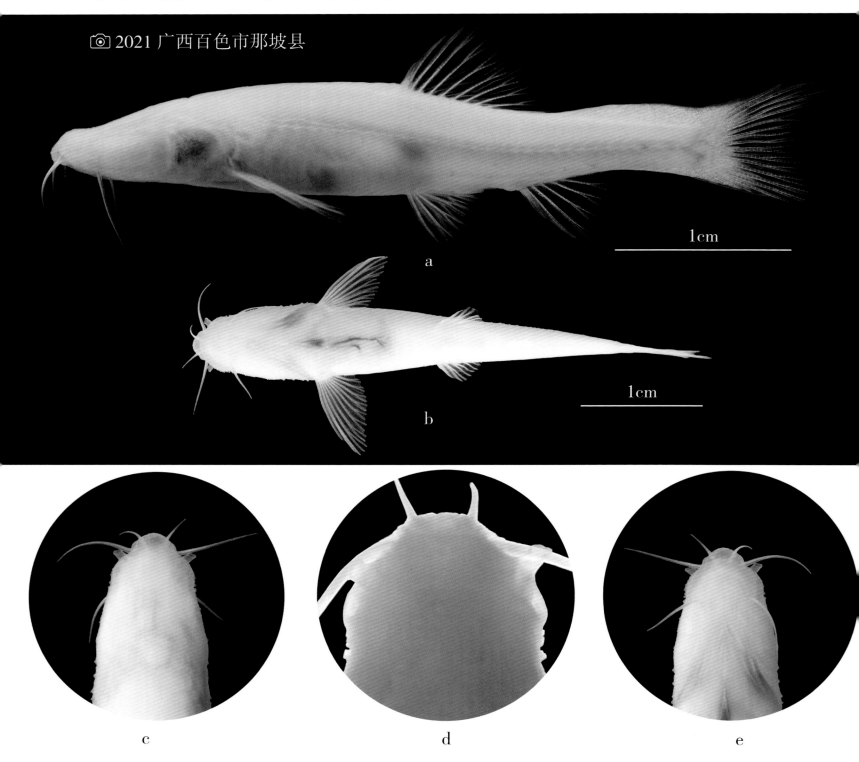

2021 广西百色市那坡县

a

b

c　　　　　　　　　　　　　　　　d　　　　　　　　　　　　　　　　e

19. 郑氏间条鳅 *Heminoemacheilus zhengbaoshani* Zhu & Cao, 1987

分类地位：鲤形目 Cypriniformes 条鳅科 Nemacheilidae 间条鳅属 *Heminoemacheilus*。

鉴别特征：身体粗壮，前部圆，后部侧扁。前、后鼻孔相连，前鼻孔在一短管中（图 a、c、d）。唇面具浅褶，下唇中央具一缺刻。眼中等大。须 3 对，均较长，其中外侧吻须最长；口角须能伸达主鳃盖骨后缘。各鳍短小，背鳍起点约与腹鳍起点相对。除头部外，身体密布小鳞。侧线不完全，终止在胸鳍上方。生活时身体深浅褐色；部分个体背、侧面具白色圆斑；腹部浅黄色，无斑纹。

生活习性：穴居性鱼类，雨季随洪水游出洞外觅食成长。

种群状况：数量少。

地理分布：分布于广西河池市都安县地苏镇地下河和大化县六也乡境内地下河。

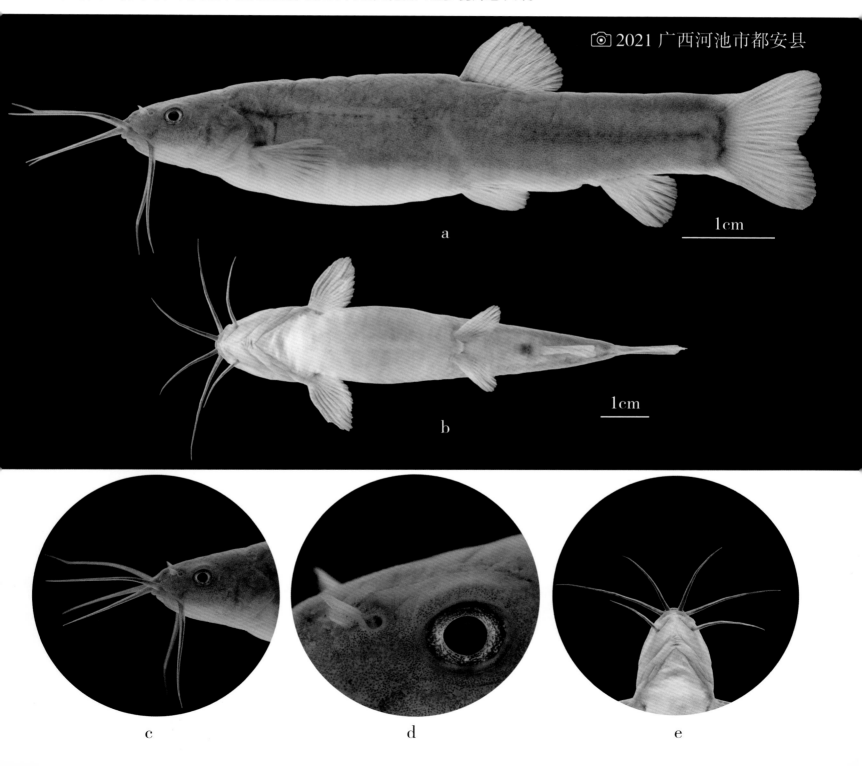

📷2021 广西河池市都安县

1cm

a

1cm

b

c　　　　　　　　　d　　　　　　　　　e

20. 美丽中条鳅 *Traccatichthys pulcher* (Nichols & Pope, 1927)

分类地位： 鲤形目 Cypriniformes 条鳅科 Nemacheilidae 中条鳅属 *Traccatichthys*。

鉴别特征： 体延长，侧扁，尾柄短。前、后鼻孔紧相邻，前鼻孔在一短的管状突起中（图雌 d）。口亚下位。唇厚，表面具乳突。下颌匙状。须 3 对。身体被小鳞。皮肤光滑，侧线完全。背鳍位于体中部或略前，背鳍基部长；胸鳍和腹鳍短；尾鳍后缘浅凹。体艳丽，生活时身体深橄榄绿色，沿侧线有 1 行绿色的纵斑纹，并有亮蓝色闪光；各鳍粉红色（图雄 a）。尾鳍基部有一深绿色斑点。

生活习性： 喜栖息于缓流和静水的多水草区域。

种群状况： 数量较多的河流小型鱼类。

地理分布： 广西各地大小河流均有分布，为常见种类。

📷 2020 广西防城港市上思县

1cm

a

1cm

b

雄

1cm

a

1cm

b

c

d

e

雌

21. 丽纹云南鳅 *Yunnanilus pulcherrimus* Yang, Chen & Lan, 2004

分类地位： 鲤形目 Cypriniformes 条鳅科 Nemacheilidae 云南鳅属 *Yunnanilus*。

鉴别特征： 体纺锤形，侧扁。前、后鼻孔分开距离较远，前鼻孔短管状，末端斜截（图 c、d）。口小，亚下位。唇发达，表面具褶；下唇中央具一小缺刻。须 3 对，较短，其中外侧吻须稍长。除头部外，全身被细密鳞片。侧线止于胸鳍末端上方。背鳍位于腹鳍起点之前；尾鳍内凹。体黄绿色；身体具黑褐色细横斑 12～17 条（图 a），前 4～5 条横斑中断于腹中线（图 b），其余横斑均环绕身体一周；自吻端沿体侧中轴至尾鳍基有 1 条黑褐色纵纹。

生活习性： 生活于地下河出口的水潭，河流水草丰富的静水区。

种群状况： 种群数量多，个体小而斑纹美丽，可作为观赏鱼养殖。

地理分布： 主要分布于广西河池市都安县境内红水河支流的澄江、地苏河。在来宾市和柳州市部分红水河支流也有发现。

©2020 广西河池市都安县

a

1cm

b

1cm

c　　　　　　　　　　d　　　　　　　　　　e

22. 后鳍云南鳅 *Yunnanilus retrodorsalis* (Lan, Yang & Chen, 1995)

分类地位： 鲤形目 Cypriniformes 条鳅科 Nemacheilidae 云南鳅属 *Yunnanilus*。

鉴别特征： 体延长。吻略尖。前、后鼻孔分开一短距离；前鼻孔位于一短管中，末端斜截（图 c、d）。眼中等大小，侧上位。须 3 对，较长，其中外侧吻须最长。背鳍起点与腹鳍起点相对，分枝鳍条 7 根（图 a）；尾鳍内凹。除头部外，身体各部均被细密鳞片。侧线不完全，仅在头的后方具 3 ~ 4 个侧线孔。生活时体青灰色，体侧散布深灰色小斑块；自鳃盖上侧后缘沿体侧中部至尾鳍基有一深灰色纵纹，纵纹宽度略小于眼径。

生活习性： 半穴居性小型鱼类，洪水季节可出洞觅食成长。

种群状况： 有一定的种群数量。

地理分布： 分布于广西河池市南丹县六寨镇、月里镇喀斯特地区的洞穴出口的小水潭及其周边水体。

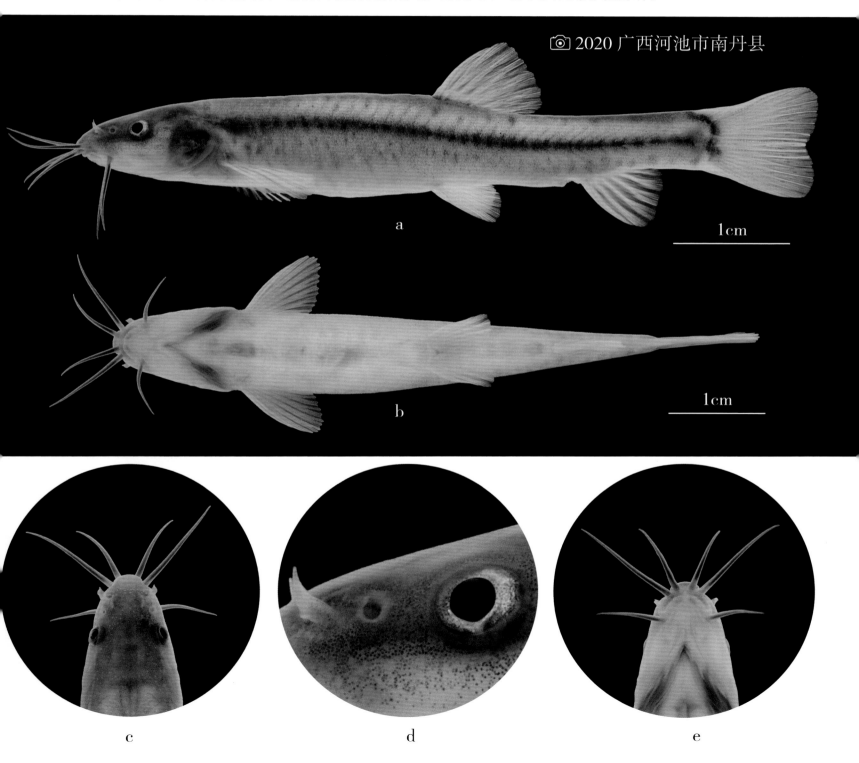

2020 广西河池市南丹县

a

1cm

b

1cm

c   d   e

23. 长须云南鳅 *Yunnanilus longibarbatus* Gan, Chen & Yang, 2007

分类地位：鲤形目 Cypriniformes 条鳅科 Nemacheilidae 云南鳅属 *Yunnanilus*。

鉴别特征：体粗壮、延长，纺锤形。前后鼻孔分开，前鼻孔短管状，末端斜截（图雄 c、雌 c）。眼大，侧上位。口小，亚下位。须 3 对，较长，其中外侧吻须最长。背鳍起点位于腹鳍起点之前，具分枝鳍条 8 根（图雄 a、雌 a）；尾鳍凹入。除头部外，通体被鳞，鳞片或隐于皮下。无侧线。生活时体色浅黄，体背及体侧散布虫状纹；尾鳍基下半部具一黑斑。部分个体体侧沿中线具一黑色条纹。

生活习性：半穴居性小型鱼类，洪水季节可游出洞外觅食。

种群状况：有一定的种群数量。

地理分布：分布于广西河池市都安县高岭镇地下河、地苏镇地下河，南宁市马山县里当乡等地的地下河。

2020 广西河池市都安县

a

b

c

d 雌 e

1cm

1cm

24. 靖西云南鳅 *Yunnanilus jinxiensis* Zhu, Du & Chen, 2009

分类地位： 鲤形目 Cypriniformes 条鳅科 Nemacheilidae 云南鳅属 *Yunnanilus*。

鉴别特征： 体纺锤形。前后鼻孔距离较近，前鼻孔位于一短管中，末端斜截（图 d）。眼中等大。口小，亚下位。上、下唇表面具浅皱褶。须 3 对，较长，其中外侧吻须最长。背鳍起点位于腹鳍起点之前，具分枝鳍条 8 ~ 9 根（图 a）；尾鳍凹入。除头部外，全身被鳞。侧线不完全，具侧线孔 15 ~ 20 个。体浅黄色，腹部略白；头背、体背散布虫状纹，体侧沿中轴线具一不明显的黑色纵纹，尾鳍基部具一黑色纵斑。

生活习性： 半穴居性小型鱼类，雨季可顺水流到洞外水域觅食。

种群状况： 数量较多，是产地重要的捕捞对象。

地理分布： 分布于广西百色市靖西市禄峒乡、那坡县坡荷乡等地的洞穴及出口周边水体。

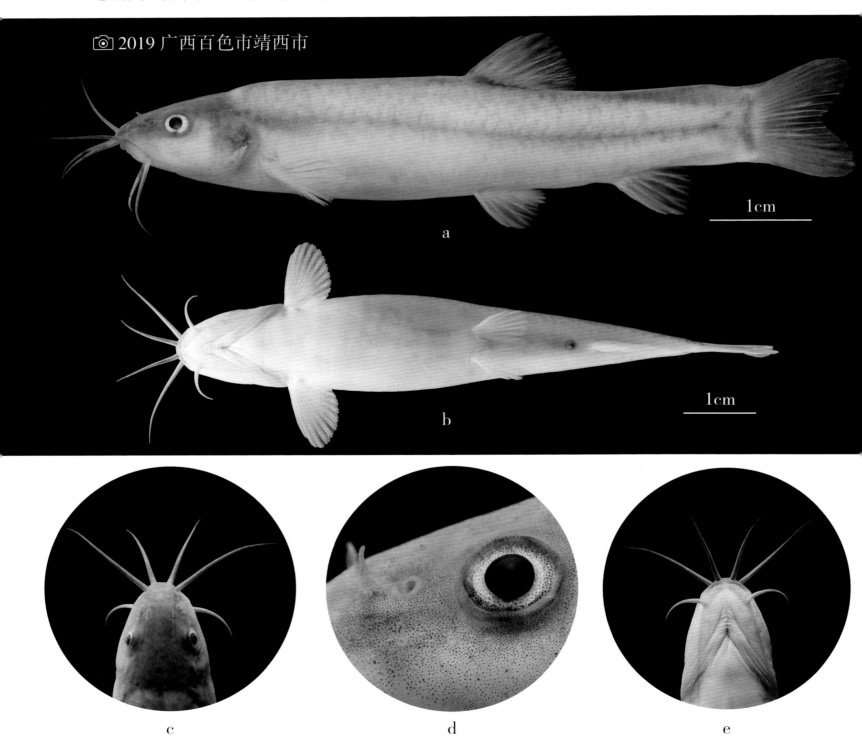

📷 2019 广西百色市靖西市

1cm

a

1cm

b

c　　　　　　　　d　　　　　　　　e

25. 白莲云南鳅 *Yunnanilus bailianensis* Yang, 2013

分类地位： 鲤形目 Cypriniformes 条鳅科 Nemacheilidae 云南鳅属 *Yunnanilus*。

鉴别特征： 体短，纺锤形。吻钝圆。前、后鼻孔分开距离较远，其间距大于前鼻孔的直径；前鼻孔短管状，末端斜截（图c、d）。眼中等大。口小，下位。上、下唇表面具皱褶。须3对；3对须约等长。通体裸露无鳞。无侧线。生活时体呈淡黄色或浅褐色。体侧沿中轴有1条由黑色斑点组成的纵纹，纵纹宽度约与眼径相当（图a）。头背面和体侧纵纹上部具黑色点状斑。

生活习性： 小型洞穴鱼类，终生生活于洞穴地下河中。

种群状况： 种群数量少；模式产地由于水质的变坏，其种群数量受到影响。

地理分布： 分布于广西柳州市区的白莲洞、来宾市兴宾区地下河水体。

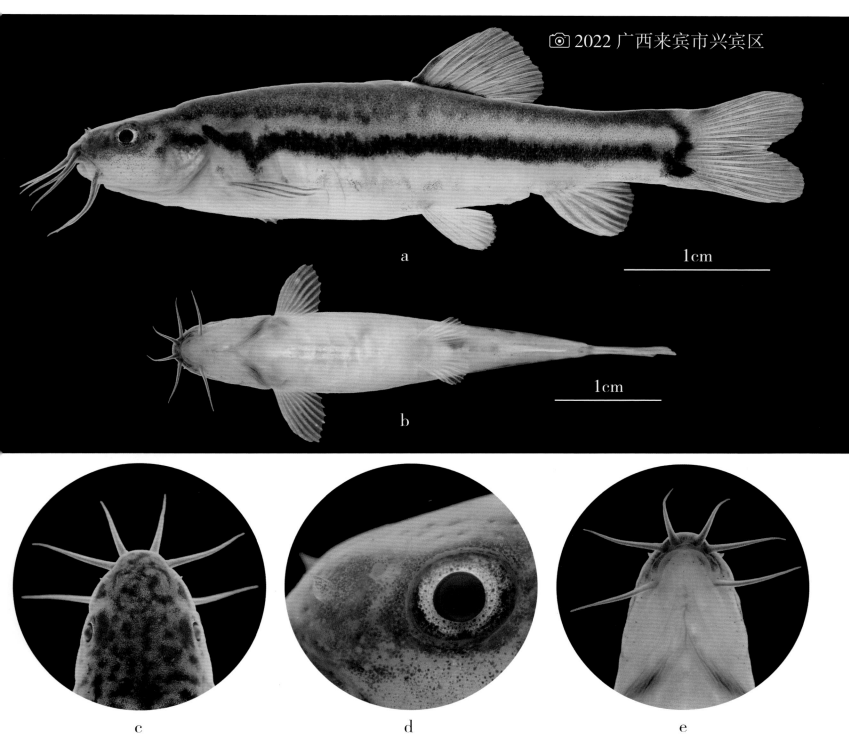

© 2022 广西来宾市兴宾区

1cm

a

1cm

b

c

d

e

26. 叉尾洞鳅 *Troglonectes furcocaudalis* (Zhu & Cao, 1987)

分类地位：鲤形目 Cypriniformes 条鳅科 Nemacheilidae 洞鳅属 *Troglonectes*。

鉴别特征：体细长，侧扁。口下位。须 3 对，外侧吻须最长。前、后鼻孔分开一短距，其距离小于前鼻孔直径；前鼻孔在一短的管状突起中，末端延长成须状，其须状延长明显长于基部短管（图 d）。眼小。身体后躯被稀疏的小鳞。侧线不完全，侧线孔终止于胸鳍末端之前。背鳍位于腹鳍起点之前，分枝鳍条 8 根（图 a）；腹鳍短，分枝鳍条 7 根。尾柄上、下缘具软鳍褶（图 a）。尾鳍分叉（图 a）。生活时体灰色，背部略黄；身体无斑纹，仅部分个体散布黑色小点。

生活习性：典型洞穴鱼类。

种群状况：种群数量少，个体小。

地理分布：分布于广西柳州市融水县、融安县一带的洞穴及地下河水体。

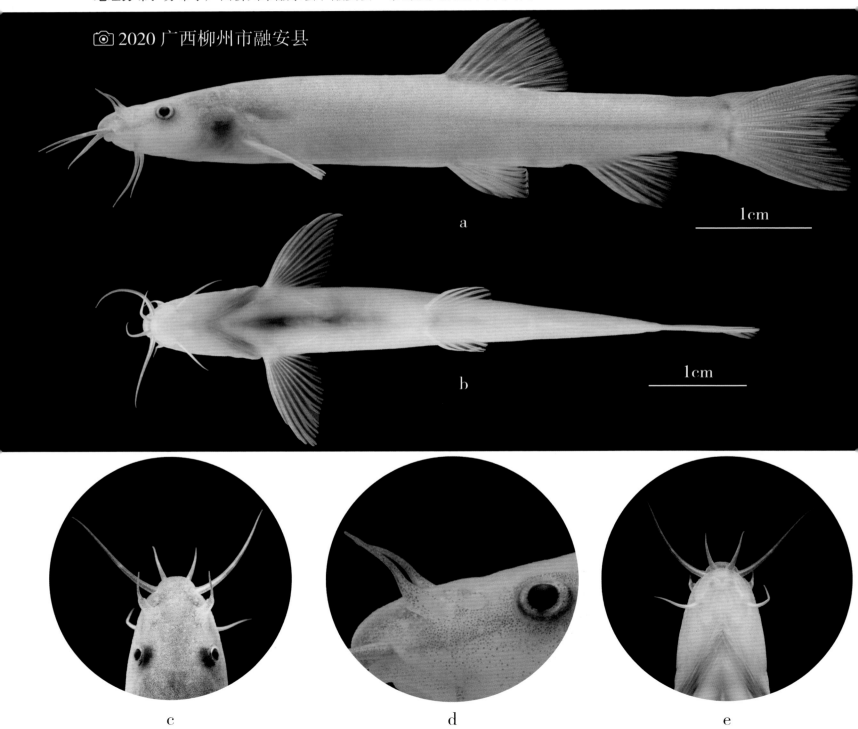

📷 2020 广西柳州市融安县

a

b

c　　　　　　　　　　d　　　　　　　　　　e

27. 小眼洞鳅 *Troglonectes microphthalmus* (Du, Chen & Yang, 2008)

分类地位： 鲤形目 Cypriniformes 条鳅科 Nemacheilidae 洞鳅属 *Troglonectes*。

鉴别特征： 体延长，头部略平扁，背鳍后部侧扁。吻长。口下位。唇薄，表面光滑。须 3 对，较细短，外侧吻须稍长。前、后鼻孔分开一短距，其距离小于前鼻孔直径；前鼻孔位于一短管中，末端延长成须状，其延长的须状长度约与短管的基部相当（图 c、d）。眼退化，仅残留呈一小黑点（图 a）。背鳍起点位于腹鳍起点之前，分枝鳍条 9 根（图 a）；腹鳍分枝鳍条 7 根。尾柄上、下缘具发达的软鳍褶，上缘尤为发达（图 a）。尾鳍叉形（图 a）。通体裸露无鳞或体表被有退化程度不一的鳞片。侧线孔不完全，终止于胸鳍末端之前。生活时体透明，鳃部呈鲜红色。通体无色素。

生活习性： 生活于洞穴深处的典型洞穴鱼类。

种群状况： 种群数量极少。

地理分布： 已知仅分布于广西河池市罗城县天河镇一洞穴中。

2020 广西河池市罗城县

28. 大鳞洞鳅 *Troglonectes macrolepis* (Huang, Du, Chen & Yang, 2009)

分类地位：鲤形目 Cypriniformes 条鳅科 Nemacheilidae 洞鳅属 *Troglonectes*。

鉴别特征：体延长，头平扁；前躯较粗壮，后躯侧扁。口下位。唇表面光滑。须3对，其中外侧吻须最长。前、后鼻孔分开一短距离，其间距小于前鼻孔直径；前鼻孔位于管状突起中，末端延长成须状，其须状延长明显长于管状基部（图c、d）。眼退化，仅残留一黑色眼点（图a）。尾柄具发达的软鳍褶（图a）。背鳍起点位于腹鳍起点之前，分枝鳍条9根（图a）；尾鳍叉形（图a）。除头、胸腹部外，身体其他部位被有细密的鳞片，沿侧线的鳞片较大。侧线不完全，具5～12个侧线孔。生活时体灰白色，半透明；头和身体的背部散布黑色点状斑。

生活习性：生活于洞穴深处的典型洞穴鱼类。

种群状况：种群数量少。

地理分布：仅分布于广西河池市环江县大才乡一洞穴。

2020 广西河池市环江县

a

1cm

b

1cm

c   d   e

29. 弓背洞鳅 *Troglonectes acridorsalis* (Lan, 2013)

分类地位： 鲤形目 Cypriniformes 条鳅科 Nemacheilidae 洞鳅属 *Troglonectes*。

鉴别特征： 体延长，头部平扁，后躯侧扁。左、右颊部在口角至主鳃盖骨前缘之间有肉状突起。口下位，弧形。下唇表面具浅皱。须 3 对，细短，口角须稍长。前、后鼻孔分开一短距离，其间距略大于前鼻孔直径；前鼻孔位于一短管状突起中，管状末端平截（图 c）。无眼（图 a）。通体无鳞。无侧线。尾柄细长，具软鳍褶（图 a、b）。尾鳍叉形，上、下叶略圆钝。生活时通体淡黄色，半透明状；无色斑，各鳍透明。

生活习性： 生活于洞穴深处的典型洞穴鱼类。

种群状况： 种群数量极稀少。

地理分布： 仅分布于广西河池市天峨县岜暮乡附近一洞穴。

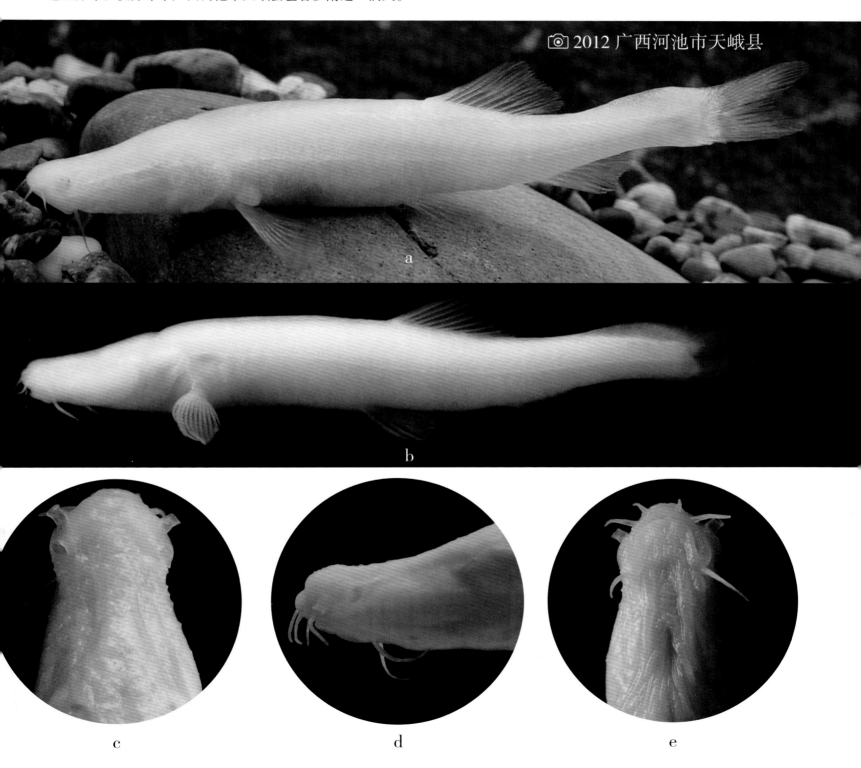

📷 2012 广西河池市天峨县

a

b

c   d   e

30. 都安洞鳅 *Troglonectes duanensis* (Lan, 2013)

分类地位： 鲤形目 Cypriniformes 条鳅科 Nemacheilidae 洞鳅属 *Troglonectes*。

鉴别特征： 体短，粗壮，前躯呈圆筒形，尾部侧扁。口下位。下唇表面具浅皱。须 3 对，外侧吻须最长。前、后鼻孔几乎相连，前鼻孔位于管状突起中，管状突起末端延长呈须状（图 c、d）。眼小，退化呈小黑点状。头部和胸腹部裸露，体侧鳞片隐于皮下。无侧线。背鳍起点位于腹鳍起点之前，分枝鳍条 9~10 根（图 a）。尾柄上、下缘具明显软鳍褶。尾鳍凹入。生活时通体淡黄色，半透明状；无色斑，各鳍透明。

生活习性： 生活于洞穴深处的典型洞穴鱼类。

种群状况： 种群数量极少。

地理分布： 分布于广西河池市都安县澄江镇一洞穴。

📷 2011 广西河池市都安县

a

1cm

b

1cm

c　　　　　　　　　　　d　　　　　　　　　　　e

31. 弱须洞鳅 *Troglonectes barbatus* (Gan, 2013)

分类地位： 鲤形目 Cypriniformes 条鳅科 Nemacheilidae 洞鳅属 *Troglonectes*。

鉴别特征： 体延长，头部平扁，后躯侧扁；身体的最高处位于头背交界处之后。口下位，口裂呈马蹄形。下唇前缘表面具细小乳突。须 3 对，较纤细，约等长。前、后鼻孔分开一短距离，其间距小于前鼻孔直径；前鼻孔位于一短管状突起中，短管向后斜截（图 d）。无眼（图 a）。通体无鳞。无侧线。背鳍起点与腹鳍相对，具分枝鳍条 9 根（图 a）。尾柄上、下具软鳍褶。尾鳍深分叉。生活时通体粉红色，半透明状；身体无色斑，各鳍透明。

生活习性： 生活于洞穴深处的典型洞穴鱼类。

种群状况： 种群数量极少。

地理分布： 分布于广西河池市南丹县里湖乡境内的洞穴。

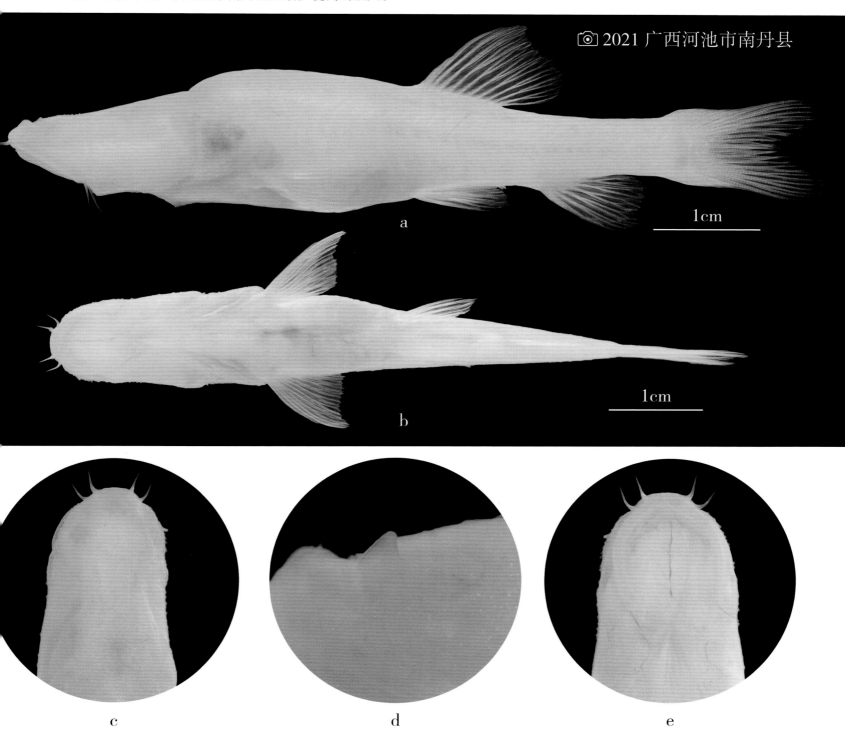

2021 广西河池市南丹县

1cm

1cm

a

b

c   d   e

32. 河池洞鳅 *Troglonectes hechiensis* Zhao, Liu, Du & Luo, 2021

分类地位：鲤形目 Cypriniformes 条鳅科 Nemacheilidae 洞鳅属 *Troglonectes*。

鉴别特征：体细长，侧扁。口下位。下唇表面具浅皱，中央具一浅沟。须 3 对，约等长或外侧口角须略长。前、后鼻孔分开一短距，其间距约与前鼻孔的半径相当（图 c、d）；前鼻孔位于管状突起中，管状突起末端向后斜截收缩（图 c、d）。眼中等大小。除头、胸和腹部外，通体被鳞。侧线不完全。背鳍起点与腹鳍起点相对，分枝鳍条 8 根（图 a）；胸鳍短，其长度不及胸鳍起点至腹鳍起点之间的距离。尾鳍凹入，分枝鳍条 13～14 根。背部和侧面棕黄色，腹部微黄。体侧有 3 条由斑点组成的纵向条纹：中间纵纹由近 20 个圆形斑点组成，从鳃盖骨后缘到尾鳍基部；上部纵纹从后头到尾鳍基部，由 15～17 个小圆斑构成；下部纵纹从胸鳍基部至臀鳍，由 14～16 个斑点构成。

生活习性：生活于洞穴出口处的水潭中。

种群状况：种群数量少。

地理分布：分布于广西河池市金城江区六圩镇同进村洞穴出口一小水潭。

2021 广西河池市金城江区

a

1cm

b

1cm

c　　　　　　　　　d　　　　　　　　　e

33. 东兰洞鳅 *Troglonectes donglanensis* (Wu, 2013)

分类地位： 鲤形目 Cypriniformes 条鳅科 Nemacheilidae 洞鳅属 *Tyoglonectes*。

鉴别特征： 体延长，头部略平扁；前躯呈圆筒形，后躯侧扁。口下位。下唇表面具浅皱，中央具一浅沟。须 3 对，内侧吻须和口角须约等长，外侧吻须最长。前、后鼻孔几乎相连，仅分开一短距，其距离不及前鼻孔半径；前鼻孔位于管状突起中，管状突起末端延长呈须状，其须状延长长于管状基部（图 c、d）。眼小，退化呈小黑点状。身体裸露无鳞。侧线不完全，终止于胸鳍基部后端上方。背鳍起点位于腹鳍起点之前，分枝鳍条 9 根（图 a）。胸鳍扇形，后伸超过胸鳍基至腹鳍基中点。尾柄高，侧扁，上、下缘具明显的软鳍褶（图 a）。尾鳍叉形（图 a）。生活时身体浅褐色，鳃部略红；头背面、身体侧面和背部具灰色色素点；各鳍透明，无色素。

生活习性： 生活于洞穴深处的典型洞穴鱼类。

种群状况： 种群数量少。

地理分布： 分布于广西河池市东兰县、都安县境内喀斯特地区的洞穴。

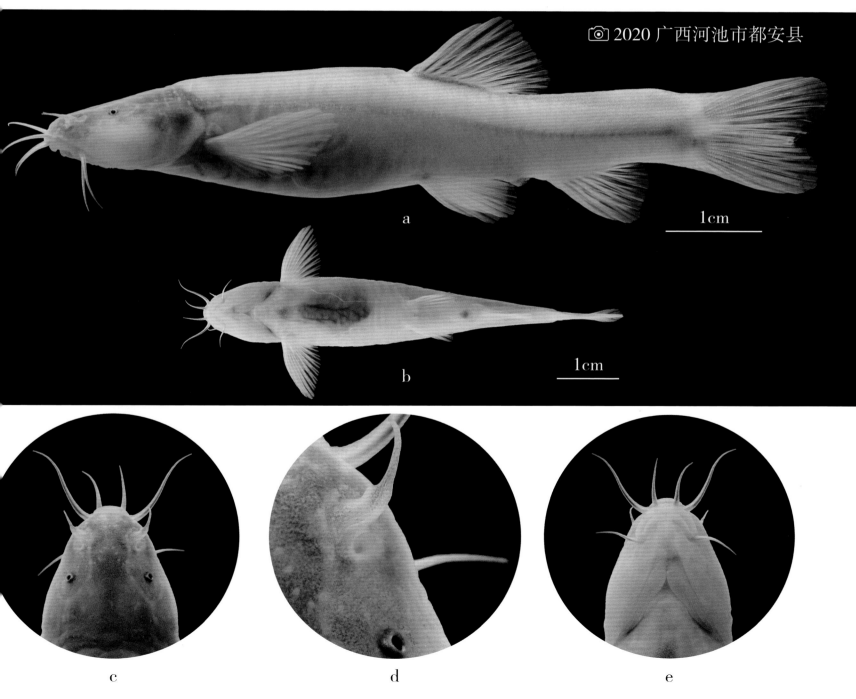

📷 2020 广西河池市都安县

a

1cm

b

1cm

c   d   e

34. 无眼岭鳅 *Oreonectes anophthalmus* Zheng, 1981

分类地位： 鲤形目 Cypriniformes 条鳅科 Nemacheilidae 岭鳅属 *Oreonectes*。

鉴别特征： 体延长，头平扁，前躯圆筒形。吻部圆钝。口下位，弧形，唇光滑。无眼（图 a）。前、后鼻孔分开一短距；前鼻孔在一短的管状突起中，末端延长略呈须状（图 c、d）。下颌匙状。须 3 对，外侧吻须最长。皮肤光滑，通体无鳞。无侧线孔。尾柄上、下缘具软鳍褶（图 a）。背鳍起点位于腹鳍起点之后。尾鳍后缘平截，微凹（图 a）。生活时通体半透明，呈肉红色；眼眶内充满脂肪，各鳍透明、无色。

生活习性： 生活于洞穴深处的典型洞穴鱼类。

种群状况： 种群数量极少。

地理分布： 分布于广西南宁市武鸣区城厢镇夏黄村的起风山太极洞及其附近的地下河。

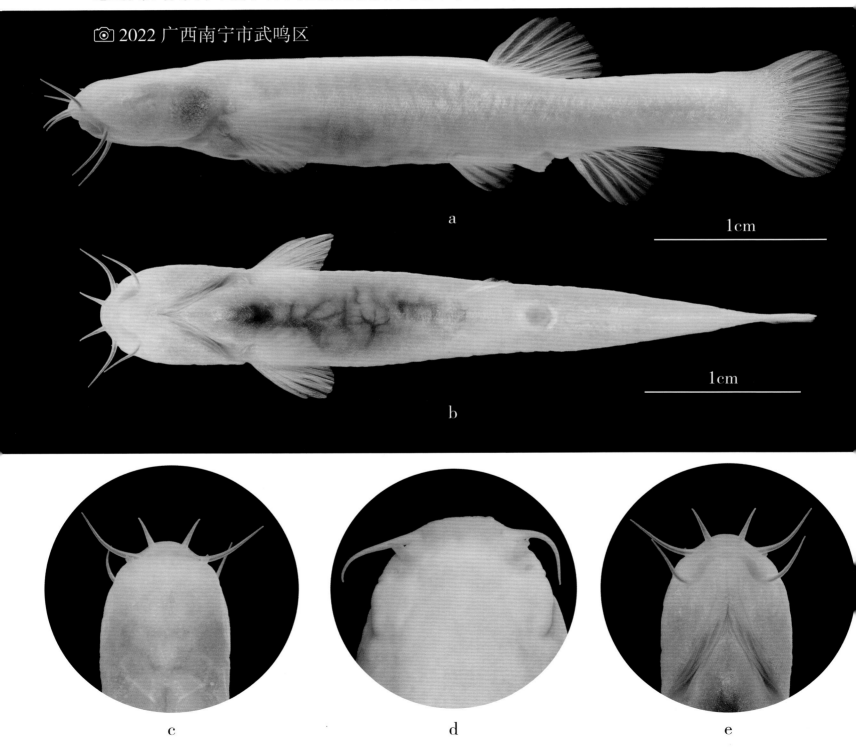

35. 平头岭鳅 Oreonectes platycephalus Günther, 1868

分类地位： 鲤形目 Cypriniformes 条鳅科 Nemacheilidae 岭鳅属 Oreonectes。

鉴别特征： 体延长，头部平扁，后躯侧扁。吻部圆钝。口下位，弧形，唇面光滑或有浅皱。前、后鼻孔分开，其间距约为前鼻孔直径的 2 倍；前鼻孔在一短的管状突起中，管状突起的顶端向后斜截收缩（图 c、d）。眼小。须 3 对，外侧吻须最长。除头部外，整个身体被小鳞。侧线不完全，终止于胸鳍上方。背鳍起点在腹鳍起点之后。尾鳍后缘外凸，呈圆弧形。生活时体浅棕色，背、侧部褐色；尾鳍基有一深褐色横条纹。背、尾鳍有小斑点。

生活习性： 喜居流水的浅滩，小河沟、山溪中。

种群状况： 个体小，有一定的种群数量。

地理分布： 广西各地均有分布。

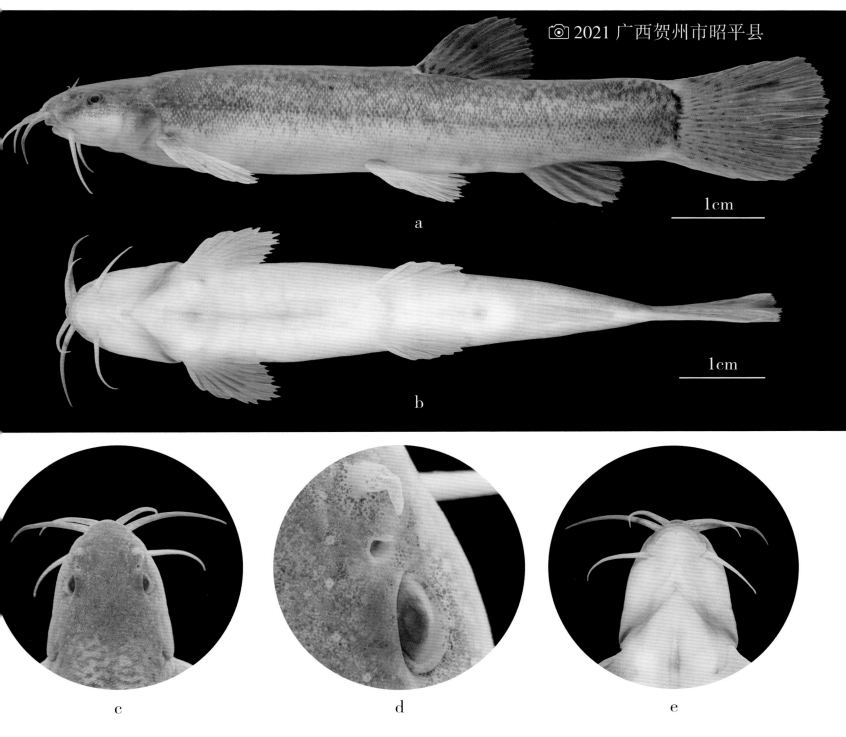

📷 2021 广西贺州市昭平县

1cm

a

1cm

b

c　　　　　　　　　d　　　　　　　　　e

36. 罗城岭鳅 *Oreonectes luochengensis* Yang, Wu, Wei & Yang, 2011

分类地位：鲤形目 Cypriniformes 条鳅科 Nemacheilidae 岭鳅属 *Oreonectes*。

鉴别特征：体延长，头平扁，后躯侧扁。吻圆钝。口下位。下唇表面具浅皱。须 3 对，外侧吻须与口角须约等长。前、后鼻孔分开一短距离，其距离大于前鼻孔直径（图 c、d）；前鼻孔位于管状突起中，管状突起末端向后斜截收缩（图 c、d）。眼中等大。头部和胸腹部无鳞，体侧鳞片不明显，隐于皮下。侧线不完全，具 6～13 个侧线孔。背鳍起点位于腹鳍起点之后。尾柄上、下有不明显的软鳍褶。尾鳍平截或外凸（图 a）。生活时全身乳白色、呈半透明状，身体无色斑。长时间生活于洞外的个体体色深，头背部颜色更深（图 c、d）。

生活习性：洞穴鱼类，常常游出洞外觅食。

种群状况：种群数量少，以小个体居多。

地理分布：仅分布于广西河池市罗城县天河镇附近山上的小山洞。

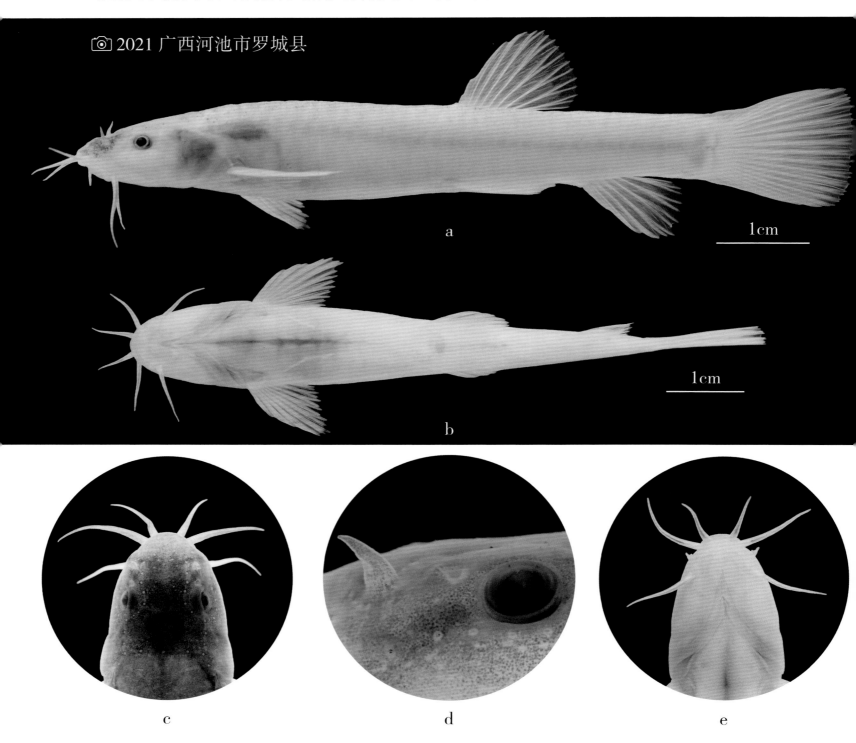

2021 广西河池市罗城县

a

1cm

b

1cm

c　　　　　　　　　d　　　　　　　　　e

37. 多斑岭鳅 *Oreonectes polystigmus* Du, Chen & Yang, 2008

分类地位：鲤形目 Cypriniformes 条鳅科 Nemacheilidae 岭鳅属 *Oreonectes*。

鉴别特征：体延长，头平扁，前躯近圆筒形，后躯侧扁。吻圆钝。口下位；唇薄，表面光滑。下颌匙状。须 3 对，口角须最长。前、后鼻孔分开一短距离，其间距略大于前鼻孔直径（图 d）；前鼻孔位于管状突起中，末端向后斜截收缩，其长度略大于基部管状突（图 d）。眼正常。背鳍起点位于腹鳍起点之后；尾鳍圆弧形。除头部外，身体其他部位被有细密的鳞片。侧线不完全，具 6~8 个侧线孔。生活时体褐色，体侧散布不规则的黑色斑点（图 a）。体侧沿中轴具一深黑色条纹，尾鳍基有一深褐色横条纹。

生活习性：非典型洞穴鱼类，洪水期常游到洞外觅食。

种群状况：有一定的种群数量。

地理分布：分布于广西桂林市雁山区大埠乡等地溶洞，以及贺州市富川县境内福利、新华等乡镇的洞穴。

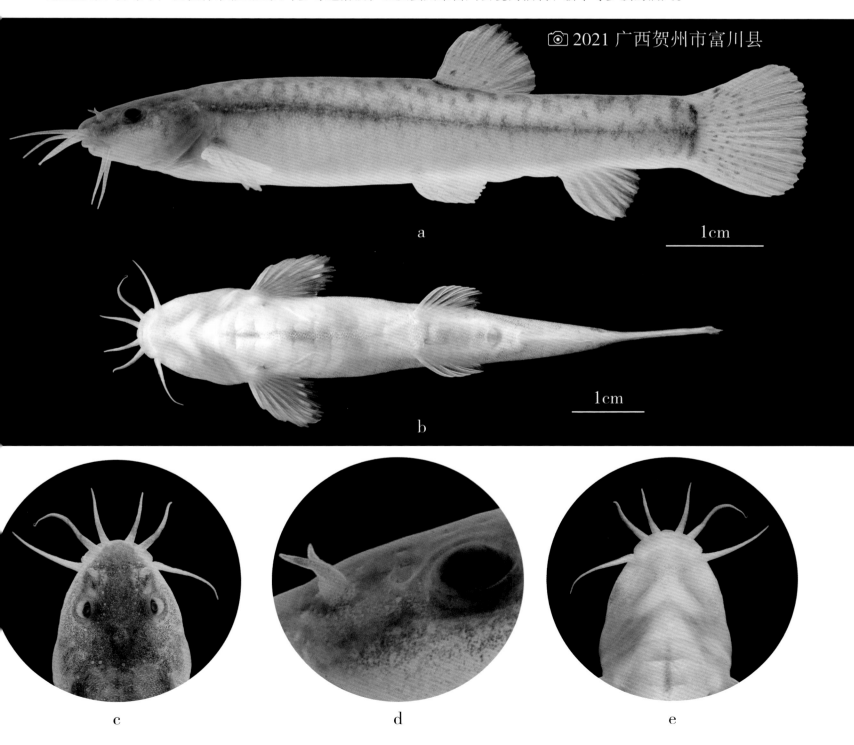

2021 广西贺州市富川县

1cm

1cm

a

b

c   d   e

38. 关安岭鳅 *Oreonectes guananensis* Yang, Wei, Lan & Yang, 2011

分类地位： 鲤形目 Cypriniformes 条鳅科 Nemacheilidae 岭鳅属 *Oreonectes*。

鉴别特征： 体延长，前躯呈圆筒形。头平扁。口下位。下唇表面具浅褶皱。须3对，发达，其中外侧吻须最长。前、后鼻孔分开一短距离，其间距略大于前鼻孔直径；前鼻孔位于管状突起中，管状突起末端向后斜截收缩，其长大于基部管状突（图 c、d）。眼中等大。头部无鳞，身体其他部位被有细密的鳞片，胸腹鳞片隐于皮下。侧线不完全，具7~13个侧线孔。背鳍起点位于腹鳍起点之后；尾鳍平截（图 a）。生活时身体浅棕色，后躯略红；背、侧部具不规则深褐色浊状斑，体侧沿侧线具一深褐色条纹延伸至尾鳍基部（图 a）；尾鳍基有一深褐色横条纹；各鳍无明显斑纹。

生活习性： 非典型洞穴鱼类，洪水时常游出洞口觅食。

种群状况： 种群数量少。

地理分布： 分布于广西河池市环江县长美乡关安村、川山镇木论国家级自然保护区的地下溶洞。

2021 广西河池市环江县

1cm

a

1cm

b

c

d

e

39. 无斑南鳅 *Schistura incerta* (Nichols, 1931)

分类地位： 鲤形目 Cypriniformes 条鳅科 Nemacheilidae 南鳅属 *Schistura*。

鉴别特征： 体延长，头部略平扁，后躯侧扁。吻圆钝。口下位。唇薄，唇面具浅皱。上颌中部有一齿状突起；下颌匙状，前缘中部有一"V"形缺刻。须3对。前、后鼻孔相连，前鼻孔呈膜瓣状（图c、d）。身体被细鳞。侧线完全。背鳍起点位于腹鳍起点之前；尾鳍微凹入。生活时体淡黄色，头和身体的背侧部深褐色，体侧无斑纹，其色素分布较为均匀；鳃盖上缘至尾鳍基颜色加深，形成不显的黑带（图a）。繁殖季节，雄性唇吻部有稀疏的珠星。

生活习性： 喜栖息于水流并有砾石的浅滩和溪流。

种群状况： 种群数量少，但分布广。

地理分布： 广西境内的红水河、柳江、左江、右江、桂江等水系均有分布。

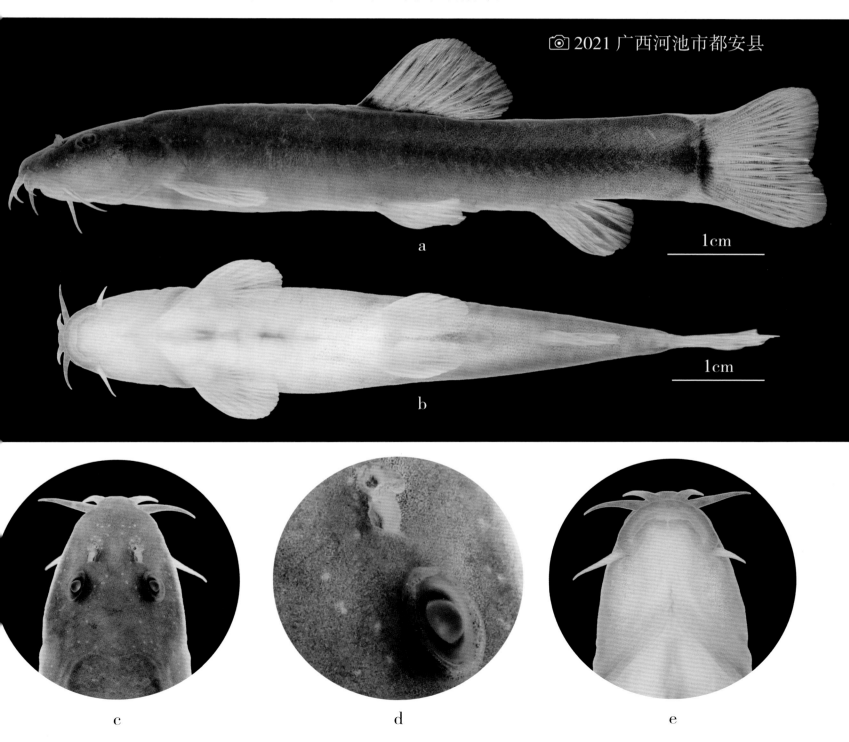

2021 广西河池市都安县

1cm

1cm

a

b

c　　　　　　　　d　　　　　　　　e

40. 横纹南鳅 *Schistura fasciolata* (Nichols & Pope, 1927)

分类地位： 鲤形目 Cypriniformes 条鳅科 Nemacheilidae 南鳅属 *Schistura*。

鉴别特征： 体细长，头部略平扁，后躯侧扁。成体两颊稍鼓出。口下位。唇薄，表面具浅皱。上颌中央有一齿形突起；下颌匙状，前缘有"V"形缺刻。须 3 对。前、后鼻孔相连，前鼻孔呈膜瓣状（图 c、d）。身体被细鳞，后躯较密。侧线完全。背鳍起点位于腹鳍起点之前或相对；尾鳍凹入。身体浅黄色，体侧有 10～16 条横斑（图 a）；背鳍基部有一黑斑；尾鳍基部具一黑色垂直条纹。繁殖季节，雄性个体吻部有稀疏的珠星。

生活习性： 小河、山溪，石砾底、沙底、泥底，静水、流水都能适应生存。

种群状况： 数量多且分布广。

地理分布： 广西分布最广的小型鱼类之一，各水系均有分布。

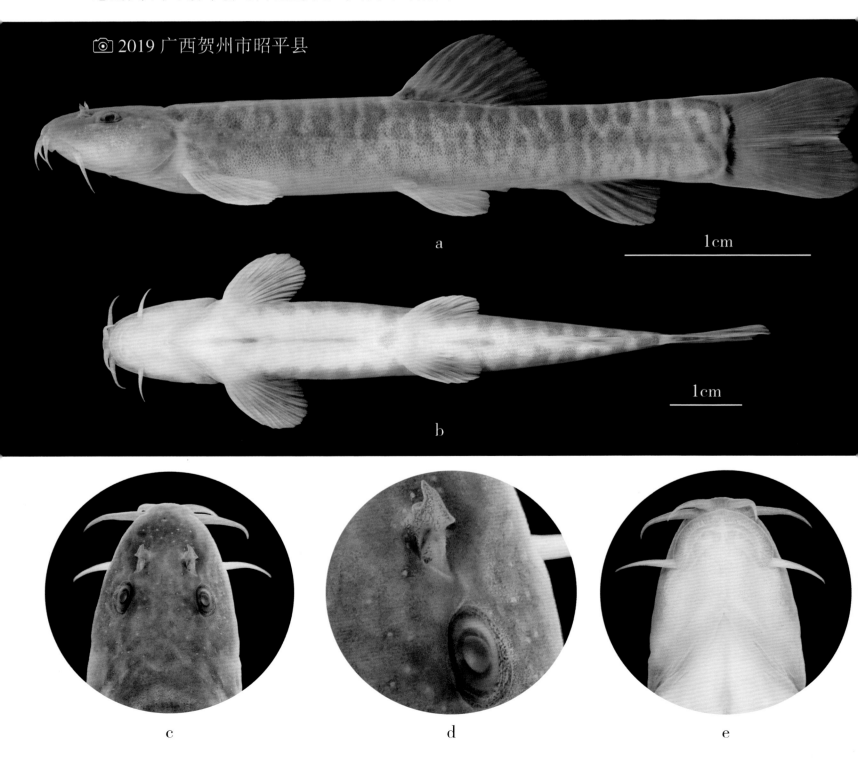

📷 2019 广西贺州市昭平县

a

1cm

b

1cm

c　　　　　　　　　　　d　　　　　　　　　　　e

41. 白点南鳅 *Schistura alboguttata* Cao & Zhang, 2018

分类地位：鲤形目 Cypriniformes 条鳅科 Nemacheilidae 南鳅属 *Schistura*。

鉴别特征：体延长，头部略平扁，后躯侧扁。口下位。唇薄，表面具浅皱。上颌中央有一齿形突起；下颌匙状，前缘有"V"形缺刻。须 3 对，外侧吻须最长。前、后鼻孔相连，前鼻孔呈膜瓣状，基部为管状（图 c、d）。体侧及背部被细鳞，隐于皮下，胸腹部无鳞。侧线完全。背鳍起点位于腹鳍起点之前或相对；尾鳍凹入。体侧及体背散布圆形或竖长条状不规则的白色斑纹（图 a）；背鳍基部有一黑斑；尾鳍基部具一黑色垂直条纹。

生活习性：栖息于小河、山溪，石砾底、沙底环境的河段。

种群状况：模式产地数量较多，是当地小型经济鱼类之一。

地理分布：目前已知分布于广西百色市田林县乐里河。

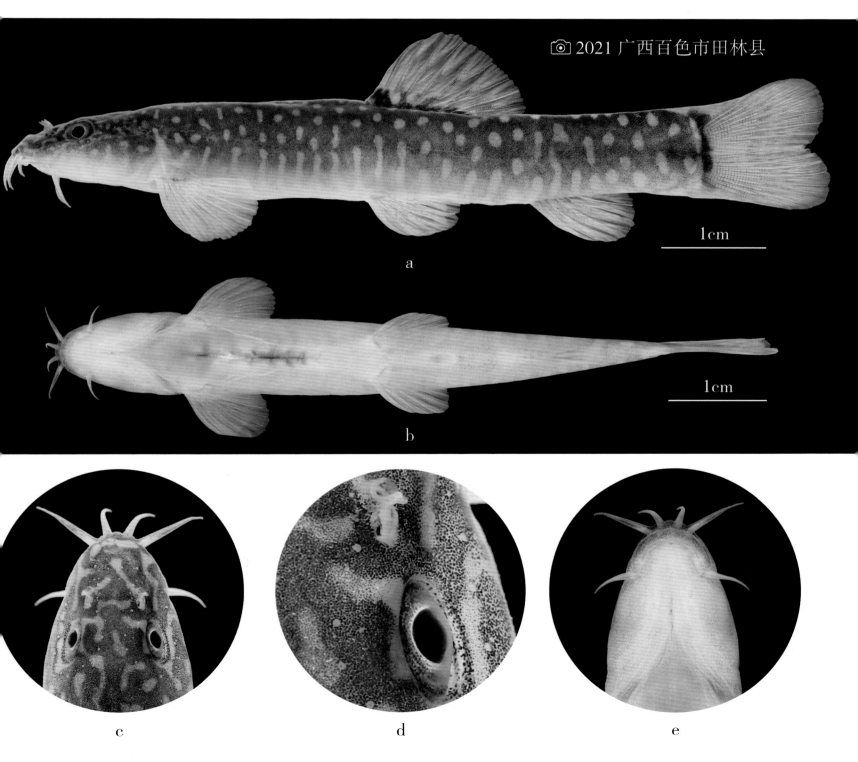

a

b

c   d   e

42. 黄体高原鳅 *Triplophysa flavicorpus* Yang, Chen & Lan, 2004

分类地位：鲤形目 Cypriniformes 条鳅科 Nemacheilidae 高原鳅属 *Triplophysa*。

鉴别特征：体粗壮，头略平扁，身体及尾柄侧扁。吻钝圆。前、后鼻孔紧邻，前鼻孔位于鼻瓣中（图 a、c）。眼中等大。口下位。上唇发达，表面具细小乳突；上唇中央被一深沟完全隔断；下唇发达，中央具深"V"形缺刻。须 3 对，约等长。背鳍起点位于腹鳍起点之前，外缘内凹；胸鳍略平展，鳍条末端后伸不及腹鳍起点。腹鳍末端后伸超过肛门，腋部具一发达肉质鳍瓣。尾鳍深分叉。除头部、胸部及腹鳍至臀鳍之间的腹部外，全身被细密鳞片。侧线完全，平直。头背部密布相互连接的虫状纹；身体黄褐色，体侧具 6～7 条跨背部的黑褐色宽横斑；横斑间距小于横斑宽；尾鳍上、下叶各具 2 条黑色横斑纹（图 a）。

生活习性：生活于水底层，河床多岩石的江河岸边。

种群状况：种群数量少，现偶有发现。

地理分布：分布于红水河干流河池市都安县境内河段。

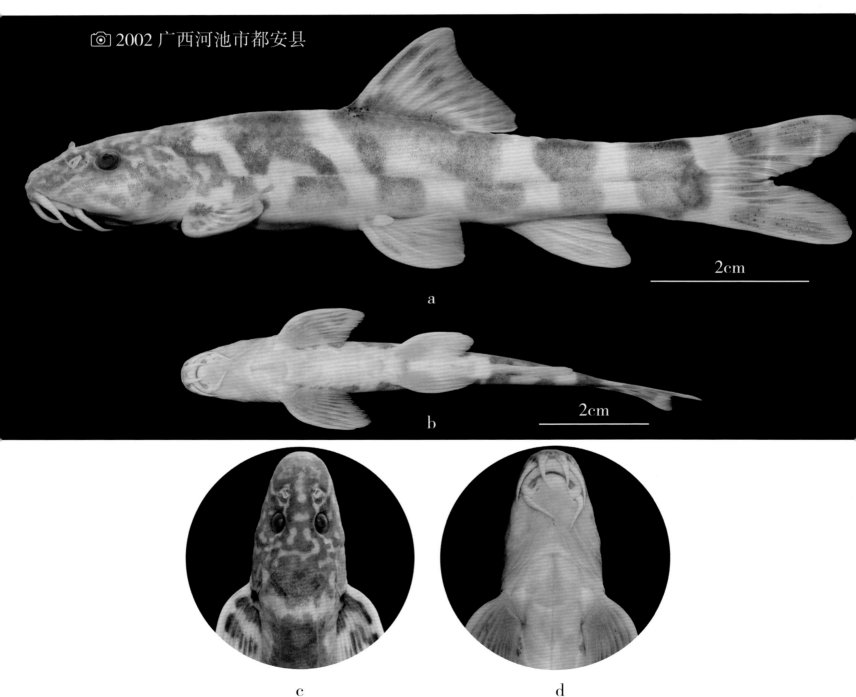

📷 2002 广西河池市都安县

2cm

a

2cm

b

c   d

43. 南丹高原鳅 *Triplophysa nandanensis* Lan, Yang & Chen, 1995

分类地位： 鲤形目 Cypriniformes 条鳅科 Nemacheilidae 高原鳅属 *Triplophysa*。

鉴别特征： 体延长，头略平扁，身体及尾柄侧扁。吻尖。口下位。须3对，外侧吻须是内侧吻须和口角须的2倍长度。前、后鼻孔紧靠在一起；前鼻孔位于一鼻瓣中，末端向后斜截收缩（图c）。眼较小。背鳍起点位于腹鳍起点之前，外缘平截或微凹；胸鳍短，后伸不达腹鳍起点。尾鳍叉形，上、下叶端圆钝。体裸露无鳞。侧线完全。身体浅黄色，体侧和头背面散布灰黑色斑块；各鳍均具零星点状斑。雄性吻侧具一密布小刺突的隆起区，胸鳍外侧3~4根分枝鳍条变粗（图e）。

生活习性： 非典型洞穴鱼类，常出没于洞口周边觅食。

种群状况： 种群数量少。

地理分布： 仅分布于广西河池市南丹县六寨镇的多处溶洞。

2020 广西河池市南丹县

1cm

a

1cm

b

c   d   e

44. 凌云高原鳅 *Triplophysa lingyunensis* (Liao, Wang & Luo, 1997)

分类地位：鲤形目 Cypriniformes 条鳅科 Nemacheilidae 高原鳅属 *Triplophysa*。

鉴别特征：体细长，头略平扁，身体及尾柄侧扁。前、后鼻孔相邻，前鼻孔在瓣膜中，末端向后斜截收缩（图 c）。口下位，唇面具浅褶。眼很小，仅残留一小黑点（图 a）。眼前缘至吻端两侧膨大，颜色略深。须 3 对，外侧吻须最长。身体被细鳞，前躯较稀疏，后躯较密集。侧线不完全，终止于背鳍起点之下。背鳍位于腹鳍起点之前，具分枝鳍条 7 ~ 8 根（图 a）；腹鳍短，分枝鳍条 5 ~ 6 根；尾鳍叉形。大部分个体生活时皮肤无色素，半透明，隐约可见内脏器官，鳃部红色；部分个体身体和头背面及体侧散布褐色斑纹。雄性胸鳍外侧 3 ~ 4 根分枝鳍条变粗（图 b、e），腹鳍变尖。

生活习性：生活于洞穴深处的典型洞穴鱼类。

种群状况：数量极稀少，且个体小。

地理分布：分布于广西百色市凌云县泗城镇官仓村马王屯沙洞地下河，逻楼镇安水村、降村部分洞穴。

2012 广西百色市凌云县

1cm

a

b

c　　　　　　d　　　　　　e

45. 长鳍高原鳅 *Triplophysa longipectoralis* Zheng, Du, Chen & Yang, 2009

分类地位： 鲤形目 Cypriniformes 条鳅科 Nemacheilidae 高原鳅属 *Triplophysa*。

鉴别特征： 体延长，身体及尾柄侧扁。吻部略尖。前、后鼻孔相连，前鼻孔位于一短管中，末端延长呈须状，其须状延长小于基部短管（图 a、b）。眼小。口下位。须 3 对，口角须最长。背鳍位于腹鳍起点之前，分枝鳍条 8 根，外缘微凹（图 a）。胸鳍长，后伸可超过腹鳍起点（图 a）。腹鳍分枝鳍条 6 根。臀鳍分枝鳍条 6 根。尾鳍叉形。除头、胸腹部外，全身具隐于皮下的鳞片。身体褐色，腹部略白。体背部、体侧和头背部具深灰色斑块。雄性胸鳍外侧 3 ~ 4 根分枝鳍条变粗（图 c），腹鳍变尖。

生活习性： 洞穴鱼类，常游到洞口附近觅食。

种群状况： 数量少。

地理分布： 分布于广西河池市环江县驯乐乡一洞穴。

2011 广西河池市环江县

a

b

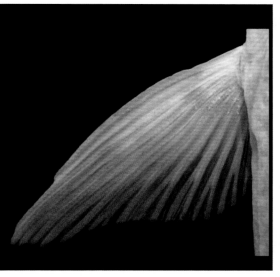

c

d

46. 天峨高原鳅 *Triplophysa tianeensis* Chen, Cui & Yang, 2004

分类地位： 鲤形目 Cypriniformes 条鳅科 Nemacheilidae 高原鳅属 *Triplophysa*。

鉴别特征： 体细长，圆筒形，后躯侧扁。吻尖，略延长。前、后鼻孔紧邻；前鼻孔位于一短管中，短管末端延长呈短须状，其须状延长小于基部短管（图 c）。眼退化，仅残留为一小黑点（图 a）。口下位。唇发达，表面具皱褶并密布小乳突。须 3 对，外侧吻须最长。背鳍起点位于腹鳍起点之前，分枝鳍条 7 根，外缘平截；胸鳍短，不达腹鳍起点，分枝鳍条 8~9 根；腹鳍分枝鳍条 5~6 根；臀鳍分枝鳍条 5 根；尾鳍叉形，分枝鳍条 15~16 根。全身无鳞。体侧侧线完全，平直。雄性颊部刺突区明显，长条形；胸鳍条基部变硬，背侧具细小珠星，雄性胸鳍外侧 2~4 根分枝鳍条变粗（图 c、d、e）。生活时体淡黄色。体背和头背具不规则浅褐色斑块，体侧具细小斑点，各鳍无色。

生活习性： 生活于洞穴深处的典型洞穴鱼类。

种群状况： 种群数量少，且个体小。

地理分布： 分布于广西河池市天峨县八腊乡八号洞。

2019 广西河池市天峨县

1cm

a

1cm

b

c   d   e

47. 花坪高原鳅 *Triplophysa huapingensis* Zheng, Yang & Chen, 2012

分类地位： 鲤形目 Cypriniformes 条鳅科 Nemacheilidae 高原鳅属 *Triplophysa*。

鉴别特征： 体细长，头大，前躯近圆筒形，后躯侧扁。吻短，圆钝。前、后鼻孔紧邻，前鼻孔膜瓣状（图 c）。眼小。口下位。唇发达，下唇中央前缘具小缺刻。须 3 对，外侧吻须最长。背鳍起点位于腹鳍起点之前，分枝鳍条 8 根（图 a）；腹鳍分枝鳍条 6 根；臀鳍分枝鳍条 5 根；尾鳍叉形，分枝鳍条 16 根。身体密布小鳞。侧线完全，平直。雄性个体眼前缘下方形成三角形小刺突区，延伸至外侧吻须基部，胸鳍外侧 2～6 根分枝鳍条变粗（图 c、d）。身体浅黄色。头和身体背面、侧面具褐色斑块。背鳍、腹鳍和尾鳍也散布褐色斑纹。尾鳍基具一黑色斑块。

生活习性： 洞穴鱼类，洪水时常游出洞外觅食。

种群状况： 种群数量少。

地理分布： 分布于广西百色市乐业县花坪镇、同乐镇，田林县浪平乡，凌云县玉洪乡八里村的洞穴。

2020 广西百色市凌云县

1cm

a

1cm

b

c

d

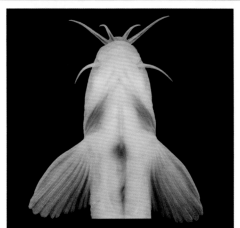

e

48. 大头高原鳅 *Triplophysa macrocephala* Yang, Wu & Yang, 2012

分类地位： 鲤形目 Cypriniformes 条鳅科 Nemacheilidae 高原鳅属 *Triplophysa*。

鉴别特征： 体延长。头平扁，头宽大于头高。吻部略尖。前、后鼻孔紧相邻；前鼻孔位于一膜质鼻瓣中，鼻瓣末端延长呈短须状。眼退化，小。口下位；上、下唇表面光滑，下唇中央具一缺刻。须3对，外侧吻须最长。身体裸露无鳞。背鳍长，其起点位于腹鳍起点之前；尾鳍内凹。尾柄细长。侧线完全，平直。生活时体呈淡黄色。雄性胸鳍外侧2~7根分枝鳍条变粗（图b、e）。头背部和体侧散布不规则的褐色云状斑；胸腹部和胸鳍散布黑点。

生活习性： 典型洞穴鱼类。

种群状况： 种群数量极少。

地理分布： 分布于广西河池市南丹县里湖乡、八圩乡洞穴。

2019 广西河池市南丹县

a

1cm

b

1cm

c   d   e

49. 里湖高原鳅 *Triplophysa lihuensis* Wu, Yang & Lan, 2012

分类地位： 鲤形目 Cypriniformes 条鳅科 Nemacheilidae 高原鳅属 *Triplophysa*。

鉴别特征： 体延长，头部平扁，前躯近圆筒形，后躯侧扁。吻部略尖。口下位。唇表面具褶皱。前、后鼻孔相连（图 d）；前鼻孔位于一短管中，末端延长呈须状，须状延长明显长于其管状基部（图 c、d）。无眼（图 a）。须 3 对，外侧吻须最长。背鳍起点位于腹鳍起点之后（图 a）。尾柄上、下具发达的鳍褶，上叶尤为发达。尾鳍内凹，上、下叶末端略钝。通体裸露无鳞。生活时体乳白色，各鳍透明；体表无色素。

生活习性： 盲鱼，典型洞穴鱼类。

种群状况： 种群数量较多。

地理分布： 分布于广西河池市南丹县八圩乡、里湖乡多处洞穴。

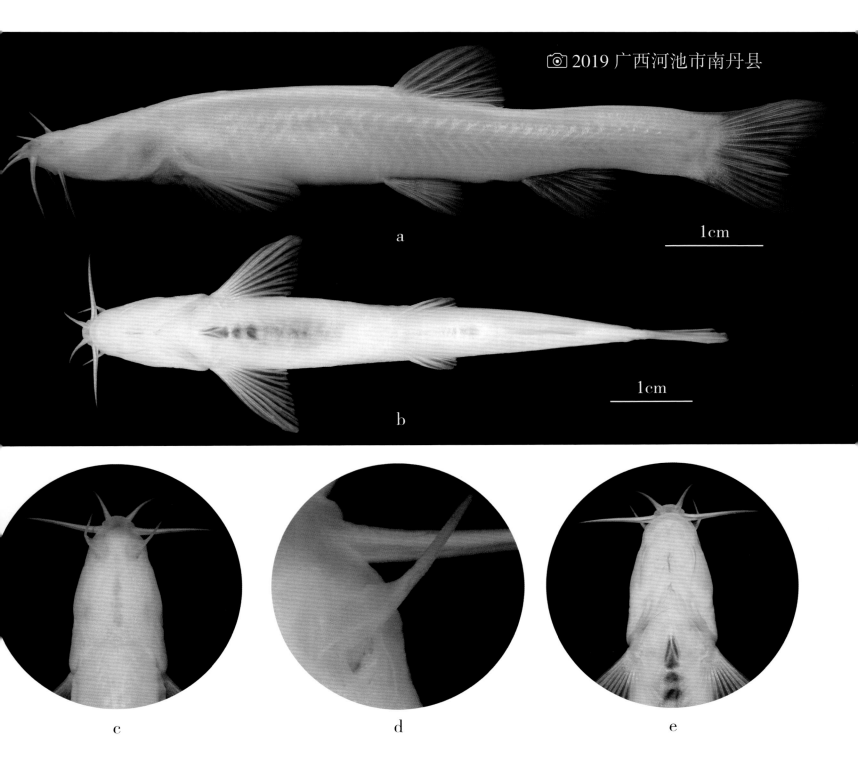

2019 广西河池市南丹县

a

1cm

b

1cm

c   d   e

50. 浪平高原鳅 *Triplophysa langpingensis* Yang, 2013

分类地位： 鲤形目 Cypriniformes 条鳅科 Nemacheilidae 高原鳅属 *Triplophysa*。

鉴别特征： 体延长，头平扁，前躯近圆筒形，后躯侧扁。口下位，口裂弧形。上、下唇表面具褶皱。前、后鼻孔几乎相连，前鼻孔位于短管中，末端延长呈短须状，须状延长略长于基部短管（图 d）。眼退化，仅残留一小黑点（图 a）。上唇盖住上颌。须 3 对，外侧吻须远长于内侧吻须和口角须。背鳍起点位于腹鳍起点之前，分枝鳍条 7～8 根，外缘圆弧形（图 a）；臀鳍分枝鳍条 5～6 根（图 a）；尾鳍内凹，分枝鳍条 14 根。尾柄长，上、下缘鳍褶发达。通体裸露无鳞。生活时体呈浅粉红色，体表无色素；各鳍透明。

生活习性： 典型洞穴鱼类。

种群状况： 种群数量极少。

地理分布： 目前已知仅分布于广西百色市田林县浪平乡狮子口洞。

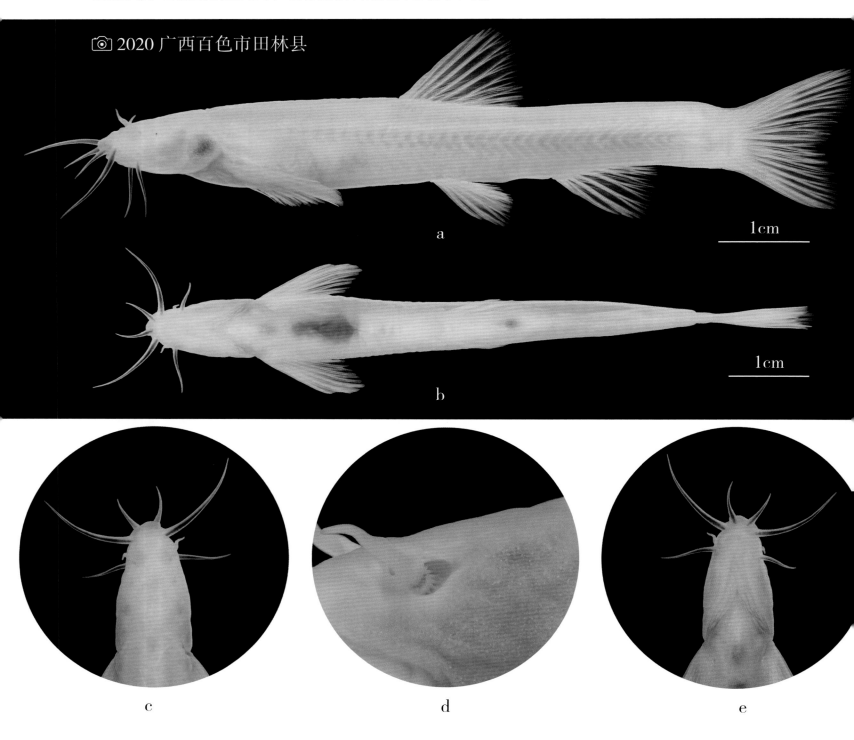

📷 2020 广西百色市田林县

a

1cm

b

1cm

c

d

e

51. 田林高原鳅 *Triplophysa tianlinensis* Li, Li, Lan & Du, 2016

分类地位： 鲤形目 Cypriniformes 条鳅科 Nemacheilidae 高原鳅属 *Triplophysa*。

鉴别特征： 体延长，头平扁，前躯近圆筒形，后躯侧扁。口下位，口裂弧形。上、下唇表面具褶皱。前、后鼻孔相连；前鼻孔位于短管中，末端延长呈短须状，延长的短须略短于基部短管（图 c）。眼退化，仅残留一小黑点。须 3 对，口角须最长。背鳍起点位于腹鳍起点之前，分枝鳍条 7～8 根，外缘平截（图 a、b）；臀鳍分枝鳍条 5～6 根（图 b）；尾鳍内凹，分枝鳍条 14 根。尾柄长，上、下缘鳍褶不发达。通体裸露无鳞。生活时体呈浅粉红色，体表无色素；各鳍透明。雄性胸鳍外侧 2～5 根分枝鳍条变粗（图 c、d、e）。

生活习性： 典型洞穴鱼类。

种群状况： 种群数量极稀少。

地理分布： 目前已知仅分布于广西百色市田林县浪平乡狮子口洞。

ⓒ 2012 广西百色市田林县

a

b

c   d   e

52. 凤山高原鳅 *Triplophysa fengshanensis* Lan, 2013

分类地位：鲤形目 Cypriniformes 条鳅科 Nemacheilidae 高原鳅属 *Triplophysa*。

鉴别特征：体细长，侧扁。头部长，吻端略尖。口下位。上、下唇表面具褶皱；上唇向两边延伸至口角处近圆弧形（图 e）。前、后鼻孔相连；前鼻孔位于向前斜截的短管中，末端略延长（图 a、c）。无眼（图 a）。须 3 对，外侧吻须最长。背鳍起点位于腹鳍起点之前，分枝鳍条 8 根；臀鳍分枝鳍条 6 根；尾鳍内凹，分枝鳍条 16 根。尾柄上、下缘鳍褶不明显。通体裸露无鳞。体侧具侧线孔，沿鳃孔上缘向后延伸至尾鳍基。生活时体乳白色；浸制标本体呈淡黄色，身体无色素。雄性胸鳍外侧 2～4 根分枝鳍条变粗（图 c、d）。

生活习性：盲鱼，典型洞穴鱼类。

种群状况：种群数量极少。

地理分布：仅分布于广西河池市凤山县林峒乡一洞穴。

2011 广西河池市凤山县

a

b

1cm

c

d

e

53. 环江高原鳅 *Triplophysa huanjiangensis* Yang, Wu & Lan, 2011

分类地位： 鲤形目 Cypriniformes 条鳅科 Nemacheilidae 高原鳅属 *Triplophysa*。

鉴别特征： 体延长，前躯近圆筒形，后躯侧扁。头细长、略平扁；吻部略尖，头呈鸭嘴形。口下位。上、下唇表面具褶皱。前、后鼻孔相连；前鼻孔位于一短管中，末端延长呈须状，其须状延长约为基部短管的 3 倍以上（图 a、c、d）。无眼（图 a）。须 3 对，外侧吻须超长，后伸超过主鳃盖骨前缘。背鳍起点约与腹鳍起点相对或略后，分枝鳍条 8~9 根；腹鳍分枝鳍条 6~7 根；臀鳍分枝鳍条 6~7 根。尾柄上、下具发达的鳍褶。尾鳍内凹。身体裸露无鳞。无侧线。生活时体呈粉红色，各鳍透明；头背面和身体背部具浅灰色色素点，鳃盖处更明显。

生活习性： 盲鱼，典型洞穴鱼类。

种群状况： 种群数量少。

地理分布： 仅分布于广西河池市环江县木论国家级自然保护区及其周边洞穴水体。

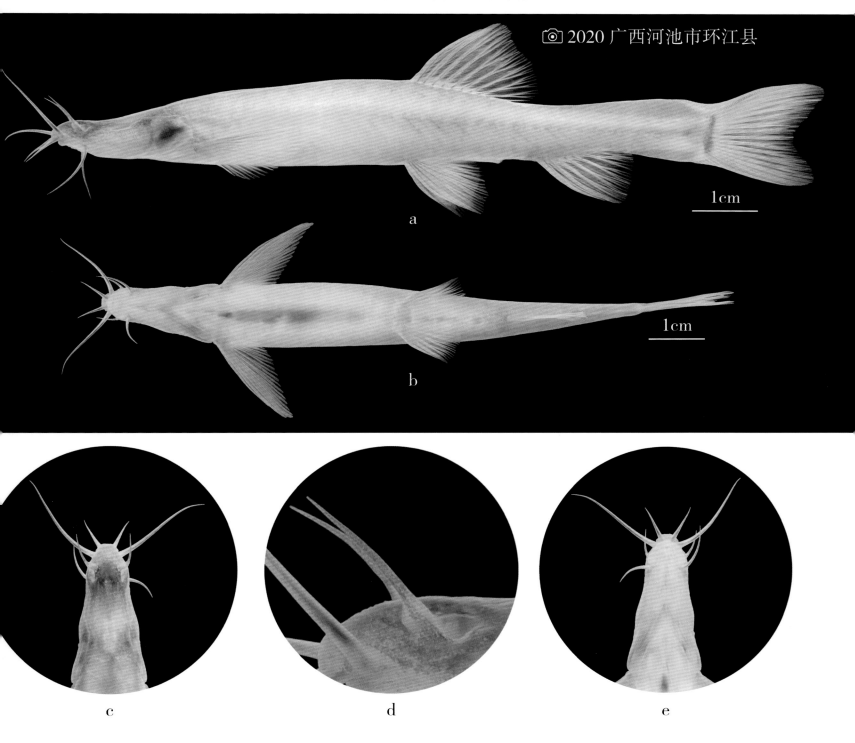

© 2020 广西河池市环江县

1cm

1cm

a

b

c   d   e

54. 峒敢高原鳅 *Triplophysa dongganensis* Yang, 2013

分类地位：鲤形目 Cypriniformes 条鳅科 Nemacheilidae 高原鳅属 *Triplophysa*。

鉴别特征：体延长，头部平扁，前躯近圆筒形，后躯侧扁。吻部略尖。口下位。上、下唇表面光滑。前、后鼻孔相连，前鼻孔位于短管中，末端延长呈短须状（图 d）。无眼（图 a）。须 3 对，外侧吻须最长。背鳍起点位于腹鳍起点之前或相对，分枝鳍条 8 根（图 a）；臀鳍分枝鳍条 6～7 根（图 a）；尾鳍内凹，分枝鳍条 14 根。尾柄上、下缘鳍褶发达。通体无鳞。生活时体呈乳白色，无色素，各鳍透明。

生活习性：盲鱼，典型洞穴鱼类。

种群状况：种群数量极少。

地理分布：分布于广西河池市环江县川山镇峒敢村一洞穴。

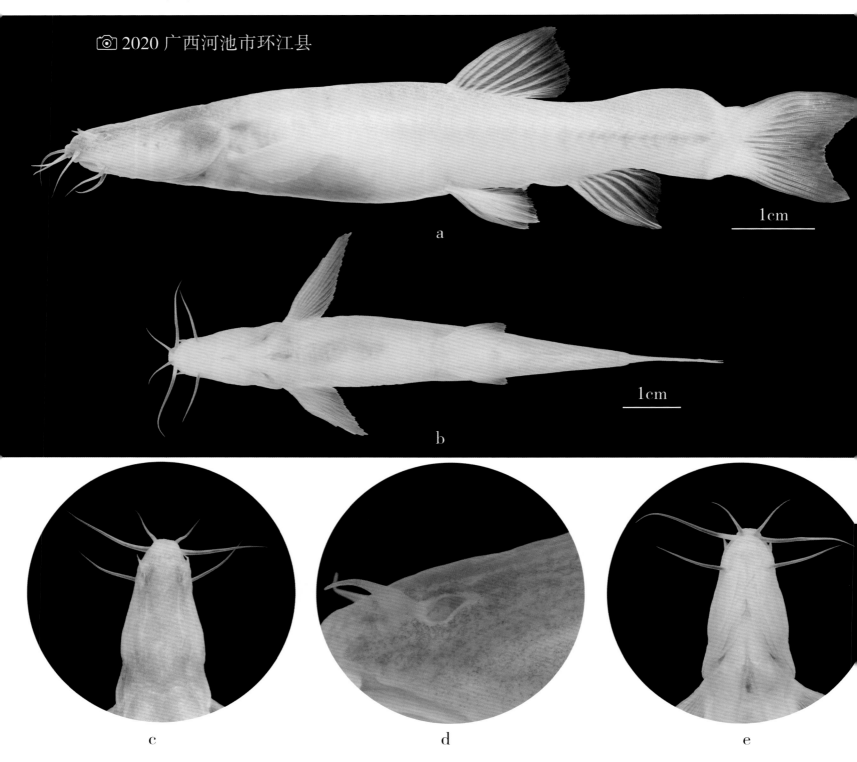

📷 2020 广西河池市环江县

a

1cm

b

1cm

c　　　　　　　　　　　d　　　　　　　　　　　e

55. 罗城高原鳅 *Triplophysa luochengensis* Li, Lan, Chen & Du, 2017

分类地位： 鲤形目 Cypriniformes 条鳅科 Nemacheilidae 高原鳅属 *Triplophysa*。

鉴别特征： 体延长，头略平扁，前躯近圆筒形，后躯侧扁。口下位，口裂弧形。上、下唇表面具褶皱。前、后鼻孔相连；前鼻孔位于短管中，末端延长呈短须状（图 a、c）。眼小，退化。须 3 对，外侧吻须最长。背鳍起点位于腹鳍起点之前，分枝鳍条 7~8 根；臀鳍分枝鳍条 5~6 根；尾鳍内凹，分枝鳍条 14 根。尾柄长，上、下缘鳍褶不发达。通体裸露无鳞。生活时体呈浅粉红色，体侧及背面散布褐色斑纹；眼前缘沿鼻孔下面至吻部色素变深，形成一黑色条纹；各鳍透明。雄性胸鳍外侧 2~6 根分枝鳍条变粗（图 b、c、d、e）。

生活习性： 典型洞穴鱼类。

种群状况： 数量极稀少。

地理分布： 目前已知仅分布于广西河池市罗城县天河镇一洞穴。

📷 2021 广西河池市罗城县

1cm

a

1cm

b

c

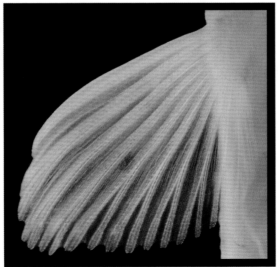

d

e

鳅科 Cobitidae

56. 壮体华沙鳅 *Sinibotia robusta* (Wu, 1939)

分类地位： 鲤形目 Cypriniformes 鳅科 Cobitidae 华沙鳅属 *Sinibotia*。

鉴别特征： 体短而粗壮，侧扁。口下位。颏下具 1 对肉质突起。眼中等大。眼下刺分叉，粗壮（图 c、d）。眼大，头长为眼径的 4.8～5.7 倍。须 3 对，其中吻须 2 对，聚生于吻端。背鳍起点位于腹鳍起点之前，外缘平截；尾鳍深分叉。尾柄长等于或小于尾柄高。侧线完全，平直。体黄绿色，体上具 6 条深褐色垂直条纹，中间 4 条横纹在体中部分开成两根单独条纹向下延伸至腹部；头背面和侧面各有 1 对自吻端向后的纵条纹。

生活习性： 喜栖息于沙滩河段。

种群状况： 数量多，但个体小。

地理分布： 广西境内的红水河、柳江、桂江、左江、右江等都有分布。

2020 广西河池市都安县

a

b

1cm

1cm

c

d

57. 蓝氏华沙鳅 *Sinibotia lani* Wu, Yang, 2019

分类地位： 鲤形目 Cypriniformes 鳅科 Cobitidae 华沙鳅属 *Sinibotia*。

鉴别特征： 体延长，侧扁。吻长小于眼后头长。口下位，马蹄形。颏下有 1 对纽状突起。须 3 对（图 d）。眼小。眼下刺分叉，后伸超过眼后缘。侧线完全，平直。颊部无鳞。背鳍起点与腹鳍起点相对；腹鳍短，不达肛门（图 b）；尾鳍分叉。身体具 6 条左右不规则的深褐色垂直条纹。背鳍、臀鳍的基部及鳍间各具 1 条褐色条纹。

生活习性： 底层鱼类，多栖息于河流沙滩处。

种群状况： 数量少。

地理分布： 分布于广西左江的龙州、江州、扶绥等河段。

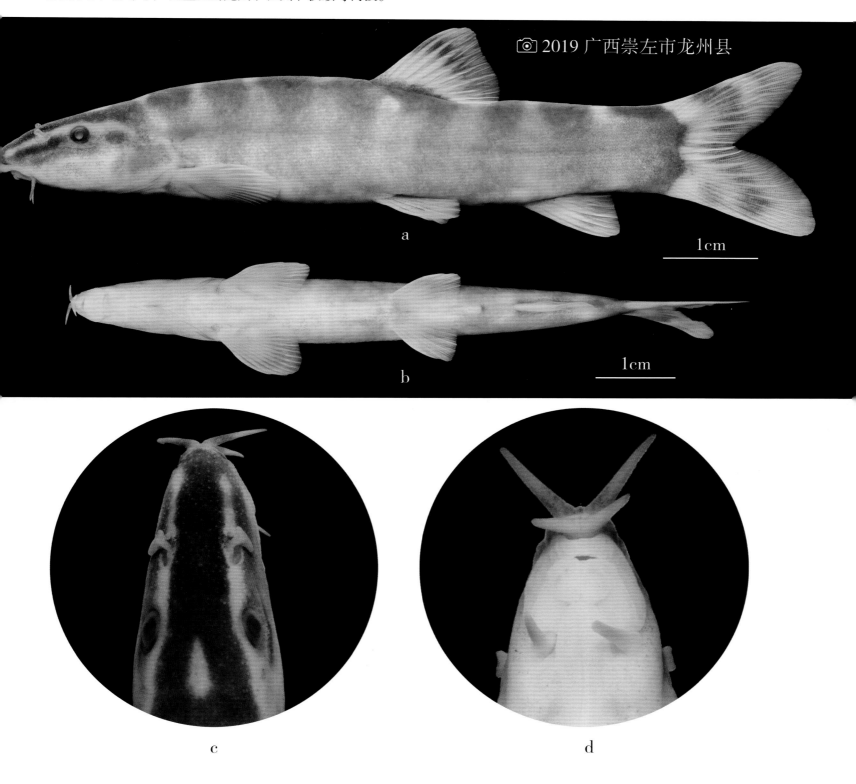

a

b

c　　　　　　　　　　　　　　　　　　d

58. 美丽华沙鳅 *Sinibotia pulchra* (Wu, 1939)

分类地位： 鲤形目 Cypriniformes 鳅科 Cobitidae 华沙鳅属 *Sinibotia*。

鉴别特征： 体延长，侧扁。头长大于体高。口下位，马蹄形（图 d、h）。颏下有 1 对纽状突起（图 d、h）。须 3 对（图 d、h）。眼小。眼下刺分叉。侧线完全，平直。背鳍起点位于腹鳍起点之前；尾鳍分叉。尾柄长约等于尾柄高。身体具 10 条左右不规则的深褐色横条纹，条纹宽度大于条纹间距。背鳍、臀鳍的基部及鳍间各具 1 条褐色条纹。

生活习性： 底层鱼类，多栖息于河床有沙子、砾石河段。

种群状况： 数量较少。

地理分布： 广西境内的红水河、柳江、桂江、左江、右江等河流均有分布。

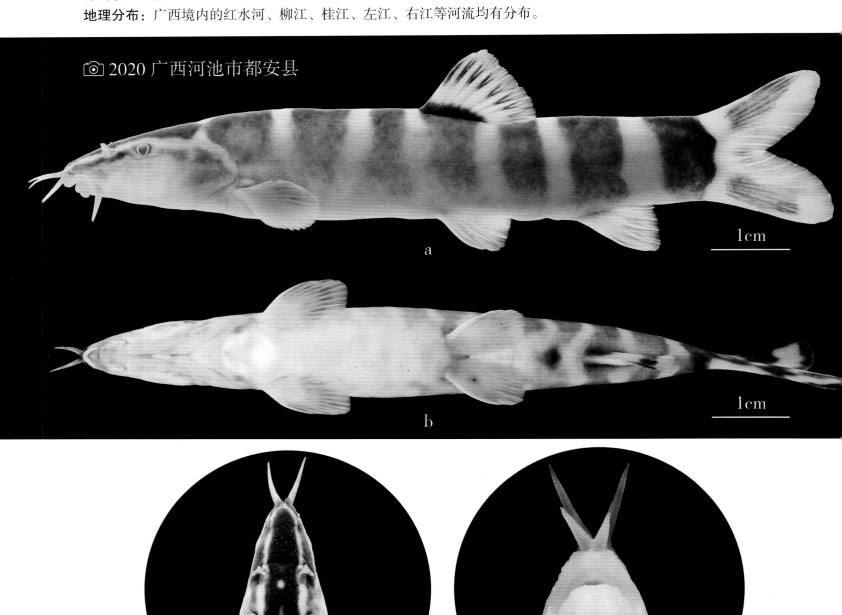

2020 广西河池市都安县

a

1cm

b

1cm

c

d

2cm

e

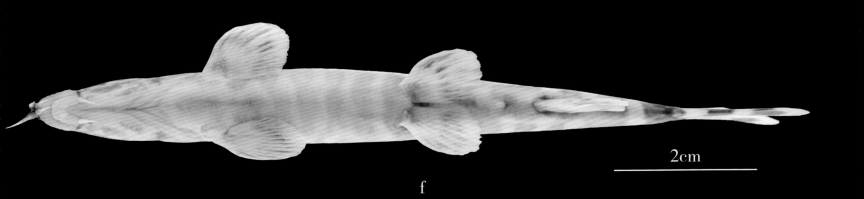

2cm

f

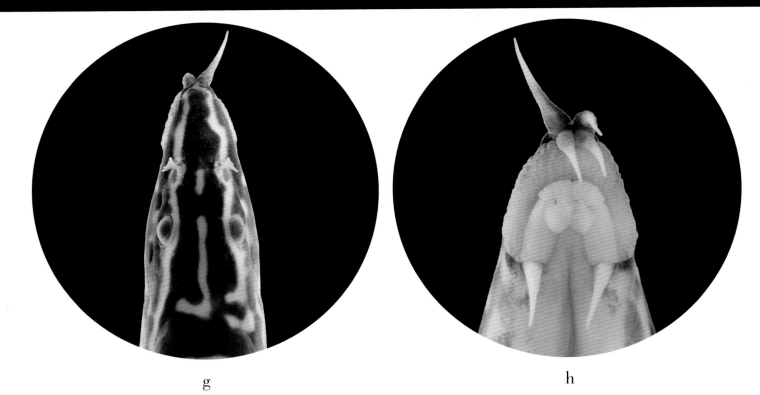

g   h

59. 花斑副沙鳅 *Parabotia fasciata* Dabry & Thiersant, 1872

分类地位： 鲤形目 Cypriniformes 鳅科 Cobitidae 副沙鳅属 *Parabotia*。

鉴别特征： 体延长，稍侧扁。头长大于体高。吻长大于眼后头长。口下位。须 3 对（图 c、d）。眼下刺分叉。侧线完全，平直。颊部有鳞。背鳍起点位于腹鳍起点之前；腹鳍后伸不达肛门（图 b）；尾鳍分叉，上、下叶等长。体青灰色，后部略黄，腹部色浅略白。身体背部具 11～15 条褐色垂直带纹，斑纹宽度略小于眼径（图 a）。尾鳍基中央具一明显黑斑。头背面和侧面散布褐色斑点。背鳍和尾鳍具多列小斑点组成的不规则斜行条纹。

生活习性： 生活于河流砾石底、沙底，沿河有岩石的河段。

种群状况： 数量较多，个体相对较大，是江河经济鱼类之一。

地理分布： 广泛分布于广西的红水河、柳江、桂江、左江、右江等河流。

2021 广西河池市都安县

a

3cm

b

c	d

60. 武昌副沙鳅 *Parabotia banarescui* (Nalbant, 1965)

分类地位： 鲤形目 Cypriniformes 鳅科 Cobitidae 副沙鳅属 *Parabotia*。

鉴别特征： 体延长，侧扁。吻长大于眼后头长。口下位。须 3 对。眼下刺分叉。侧线完全，平直。背鳍起点位于腹鳍起点之前；腹鳍后伸超过肛门（图 b）；尾鳍分叉，上、下叶等长。体青灰色，后部略黄，腹部色浅略白。身体背部具 12 条以上的褐色垂直带纹，斑纹宽度明显大于眼径（图 a）。尾鳍基中央具一明显黑斑。头背面和侧面散布褐色斑点。背鳍和尾鳍具多列小斑点组成的不规则斜行条纹。

生活习性： 生活于河流砾石底的河段。

种群状况： 数量较少，为偶见种。

地理分布： 主要分布于红水河及柳江水系。

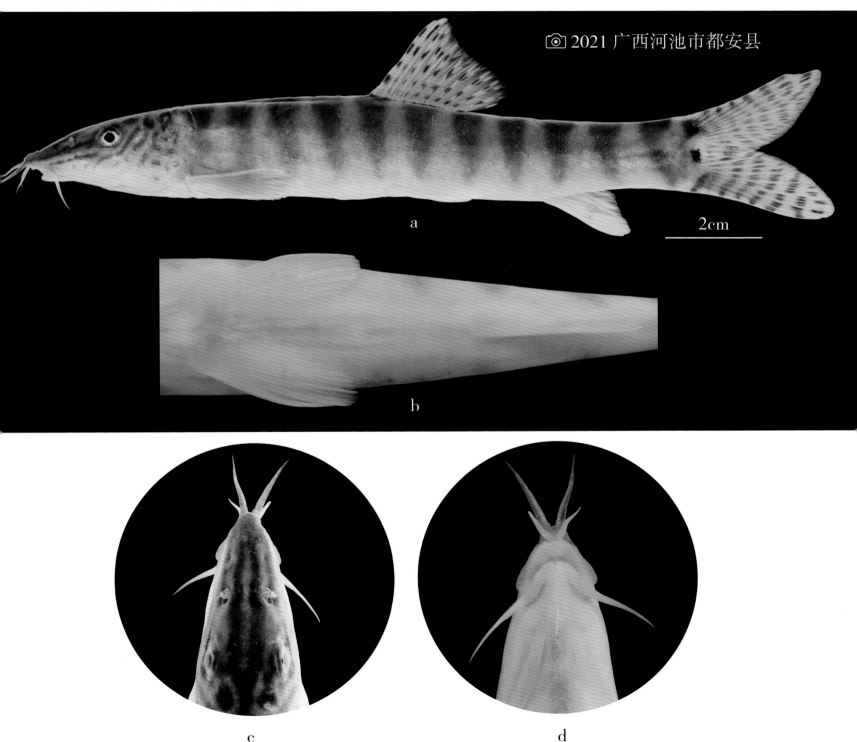

📷 2021 广西河池市都安县

2cm

a

b

c

d

61. 短吻副沙鳅 *Parabotia brevirostris* Zhu & Zhu, 2012

分类地位： 鲤形目 Cypriniformes 鳅科 Cobitidae 副沙鳅属 *Parabotia*。

鉴别特征： 体短而侧扁。吻较短，稍短于眼后头长。口下位，半圆形（图 b）。眼大。具分叉的眼下刺。具 3 对短须（图 d）。颏部无纽状突起。尾柄较高，尾柄高大于尾柄长。身体被有细鳞，颊部有鳞。侧线完全。背鳍起点位于腹鳍起点之前；腹鳍不达肛门（图 b）；尾鳍分叉。头部背面和侧面、体侧侧线以下具圆形斑点；各鳍散布黑色斑点。

生活习性： 生活于河流有岩石的河段。

种群状况： 数量少。

地理分布： 分布于广西河池市都安县红水河段。

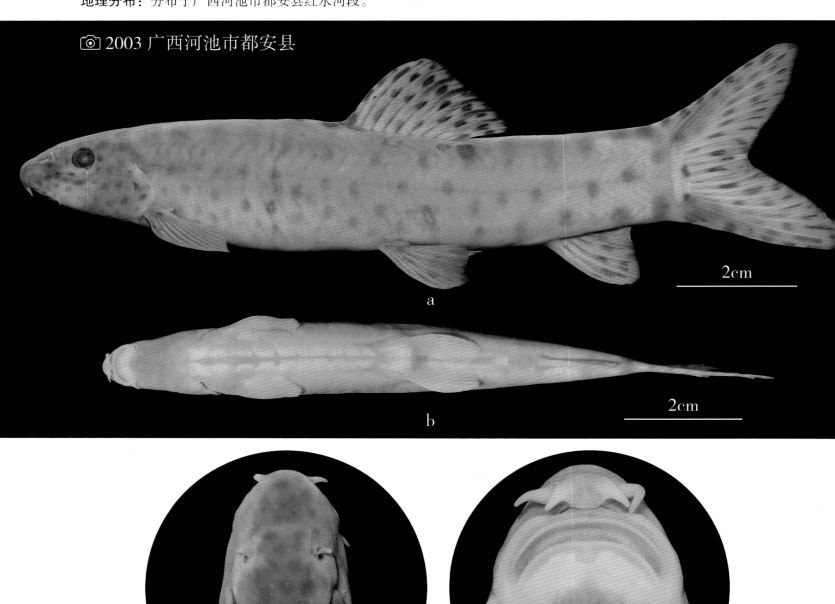

📷 2003 广西河池市都安县

a

2cm

b

2cm

c   d

62. 点面副沙鳅 *Parabotia maculosa* (Wu, 1939)

分类地位： 鲤形目 Cypriniformes 鳅科 Cobitidae 副沙鳅属 *Parabotia*。

鉴别特征： 体细长，侧扁。头长大于体高。吻长大于眼后头长。口下位。须 3 对。眼下刺分叉。侧线完全，平直。颊部有鳞。腹鳍后伸接近肛门（图 b、e）。体棕灰色，腹部浅黄色。背部和体侧具 12 ~ 18 条棕黑色垂直带纹，且延伸至腹部；条纹在体中部减半变窄。尾鳍基中央和上、下缘各具一明显黑斑。头背部和侧面散布许多黑色斑点（图 a、c、d）。背鳍具 3 ~ 5 列由斑点组成的不规则斜行条纹。

生活习性： 栖息于河滩砂岩底河段。

种群状况： 数量少。

地理分布： 分布于广西的柳江、桂江水系。

ⓒ 2005 广西桂林市

2cm

a

b

c   d   e

63. 漓江副沙鳅 *Parabotia lijiangensis* Chen, 1980

分类地位： 鲤形目 Cypriniformes 鳅科 Cobitidae 副沙鳅属 *Parabotia*。

鉴别特征： 体较短，粗壮，侧扁。头长稍大于体高。吻钝，吻长等于或小于眼后头长。口下位。须 3 对（图 d）。眼下刺分叉。侧线完全，平直。颊部有鳞。背鳍起点位于腹鳍起点之前；尾鳍分叉。体棕灰色，腹部浅黄色。背部和体侧具 11 条左右的棕黑色垂直带纹，且在腹鳍后延伸至腹部。尾鳍基中央具一明显黑斑（图 a）。头背面的两眼间具黑色条纹（图 c）。背鳍和尾鳍具 2~3 列由斑点组成的不规则斜行条纹。

生活习性： 生活于砾石、沙滩河段。

种群状况： 数量少。

地理分布： 分布于广西桂林市的漓江及下游桂江，以及柳江水系。

a

2cm

b

2cm

c   d

64. 后鳍薄鳅 *Leptobotia posterodorsalis* Lan & Chen, 1992

分类地位： 鲤形目 Cypriniformes 鳅科 Cobitidae 薄鳅属 *Leptobotia*。

鉴别特征： 体细长，侧扁。头短，头长小于体高。吻长小于眼后头长。口小，下位。颏部无纽状突起（图 d）。须短，3 对（图 d）。眼小。眼下刺不分叉。侧线完全。体被稀疏细鳞，颊部鳞片不明显。各鳍短小。背鳍起点位于腹鳍起点之后（图 a）；腹鳍不达肛门；尾鳍短而宽，分叉。体棕黄色，腹部略白。背鳍鳍间具 1 条由斑点组成的条纹；尾鳍具 1 条黑色宽带纹。尾鳍基具 1 条不甚明显的垂直黑带纹，呈弧形。

生活习性： 栖息于小河沙砾底河滩。

种群状况： 数量少，个体小。

地理分布： 分布于柳江水系支流的河池市环江县、来宾市金秀县境内。

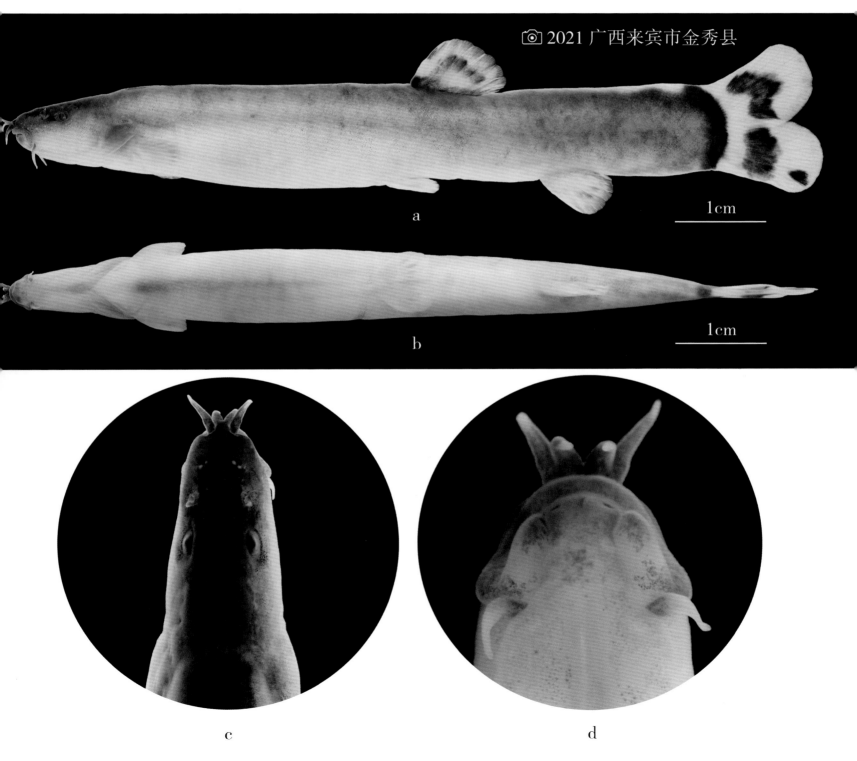

📷 2021 广西来宾市金秀县

a

1cm

b

1cm

c

d

65. 大斑薄鳅 *Leptobotia pellegrini* Fang, 1936

分类地位： 鲤形目 Cypriniformes 鳅科 Cobitidae 薄鳅属 *Leptobotia*。

鉴别特征： 体长，侧扁。吻长小于眼后头长（图 a）。口下位。须 3 对（图 d）。眼中等大。眼下刺不分叉。侧线完全，平直。颊部有鳞。背鳍起点位于腹鳍起点之前；腹鳍伸达肛门（图 b）；尾鳍分叉。身体基色淡黄，腹部略白。背部具 5~6 个马鞍形黑色垂直条纹，延伸至体侧下部（图 a）。背鳍基部具黑色条纹，鳍间有 1 条由黑色斑点组成的斜行条纹；尾叶有 1~2 条黑色斜行带纹。

生活习性： 栖息于岩石底河段。

种群状况： 数量少，但个体大。

地理分布： 广西境内的红水河、柳江、桂江、右江均有分布。

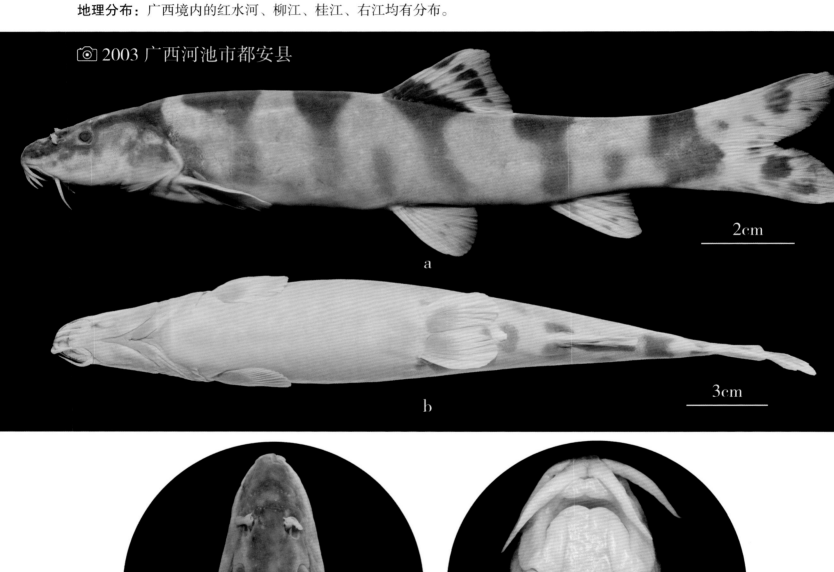

📷 2003 广西河池市都安县

2cm

a

3cm

b

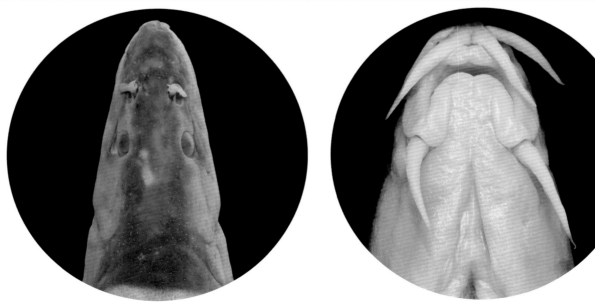

c

d

66. 桂林薄鳅 *Leptobotia guilinensis* Chen, 1980

分类地位：鲤形目 Cypriniformes 鳅科 Cobitidae 薄鳅属 *Leptobotia*。

鉴别特征：体细长，侧扁。吻长小于眼后头长。口下位。颏部无纽状突起（图 d）。须 3 对。眼下刺不分叉。侧线完全，平直。颊部有鳞。背鳍起点位于腹鳍起点之后；腹鳍超过肛门；尾鳍分叉。身体背部棕黑色，腹部棕黄色。体具 15～18 条不规则垂直狭黑条纹，这些条纹仅延伸至侧线上部，靠近尾柄的垂直纹或为马鞍形斑点所代替（图 a）。头部无任何条纹。尾鳍基具 1 条不甚明显的竖状黑条纹。

生活习性：栖息于沙砾、石底河段。

种群状况：有一定的种群数量，个体小无食用价值。

地理分布：目前已知仅分布于桂江水系的漓江、荔浦河、恭城河，以及柳江水系的融江。

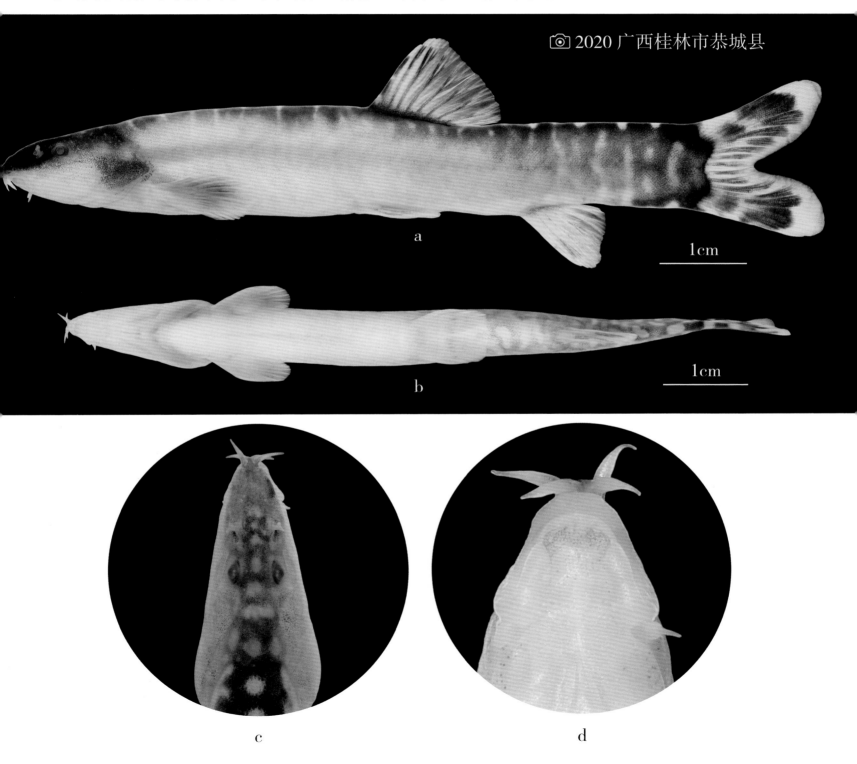

© 2020 广西桂林市恭城县

1cm

a

1cm

b

c

d

67. 斑点薄鳅 *Leptobotia punctatus* Li, Li & Chen, 2008

分类地位： 鲤形目 Cypriniformes 鳅科 Cobitidae 薄鳅属 *Leptobotia*。

鉴别特征： 体细长，侧扁。头小。吻长小于眼后头长。口小，下位。颏部无纽状突起（图 d）。须短小，3 对。眼下刺不分叉。颊部具鳞。背鳍起点位于腹鳍起点之后；腹鳍不达肛门；尾鳍深分叉。体侧无垂直条纹；体侧及背部具白色斑点（图 a、b）；尾鳍具 3~4 条不规则的斜行黑色带纹（图 a）。

生活习性： 喜栖息于砾石底河段。

种群状况： 数量少，个体小。

地理分布： 分布于柳江及其支流。

2019 广西柳州市柳城县

1cm

a

1cm

b

c

d

68. 斑纹薄鳅 *Leptobotia zebra* (Wu, 1939)

分类地位： 鲤形目 Cypriniformes 鳅科 Cobitidae 薄鳅属 *Leptobotia*。

鉴别特征： 体延长，侧扁。头小。吻长小于眼后头长。口小，下位。颏部具 1 对纽状突起（图 d）。须短小，3 对。眼小，侧上位。眼下刺不分叉（图 d）。侧线完全，平直。颊部具鳞。背鳍起点位于腹鳍起点之前或相对；腹鳍后伸末端不达肛门（图 b）；尾鳍分叉。背中线具 1 条棕黄色条纹或具 1 列不规则的棕黄色斑点。体侧具有 14～16 条不规则的分支或不分支的褐色垂直条纹。头侧自鳃孔上角通过眼上缘至吻端各有 1 条明显的棕黄色条纹（图 a、c）。颊部具 5 条不规则斜行条纹。背鳍基具 1 条棕黑色带纹，鳍间具 1 条黑色条纹；尾鳍具 2～3 条不规则的斜行黑色带纹。

生活习性： 喜欢栖息于砾石底河段。

种群状况： 有一定种群数量，但个体较小。

地理分布： 分布于柳江支流的大环江、小环江金秀县境内和桂江水系的漓江、恭城河、荔浦河等支流。

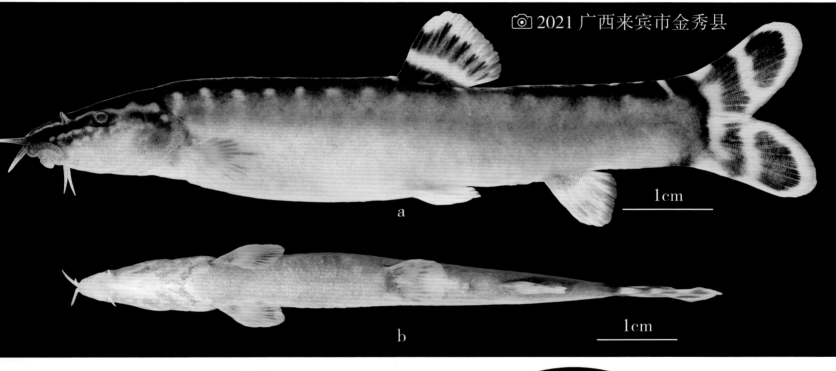

2021 广西来宾市金秀县

a

1cm

b

1cm

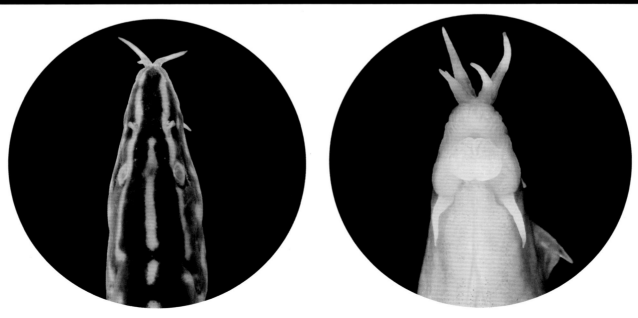

c　　　　　　　　　　　　d

69. 前腹原花鳅 *Protocobitis anteroventris* Lan, 2013

分类地位： 鲤形目 Cypriniformes 鳅科 Cobitidae 原花鳅属 *Protocobitis*。

鉴别特征： 体细长，稍侧扁。头长大于体高。吻肉质，呈锥状。无眼（图 a）。眼下刺细小，分叉。前、后鼻孔相连，前鼻孔呈短管状，后缘具向后延长的膜瓣；口下位。上、下唇在口角处相连。下唇两侧具一发达的肉质颐瓣（图 e）。须 3 对，短小。背鳍起点明显位于腹鳍起点之后（图 a、b）。各鳍短小。尾柄长而侧扁，上、下缘具发达的鳍褶，尾鳍后缘微凹（图 a）。无侧线。通体无鳞。生活时通体乳白色，头背部两侧鳃孔处略红。

生活习性： 盲鱼，典型洞穴鱼类。

种群状况： 种群数量极稀少。

地理分布： 仅分布于广西百色市田林县浪平乡狮子口洞。

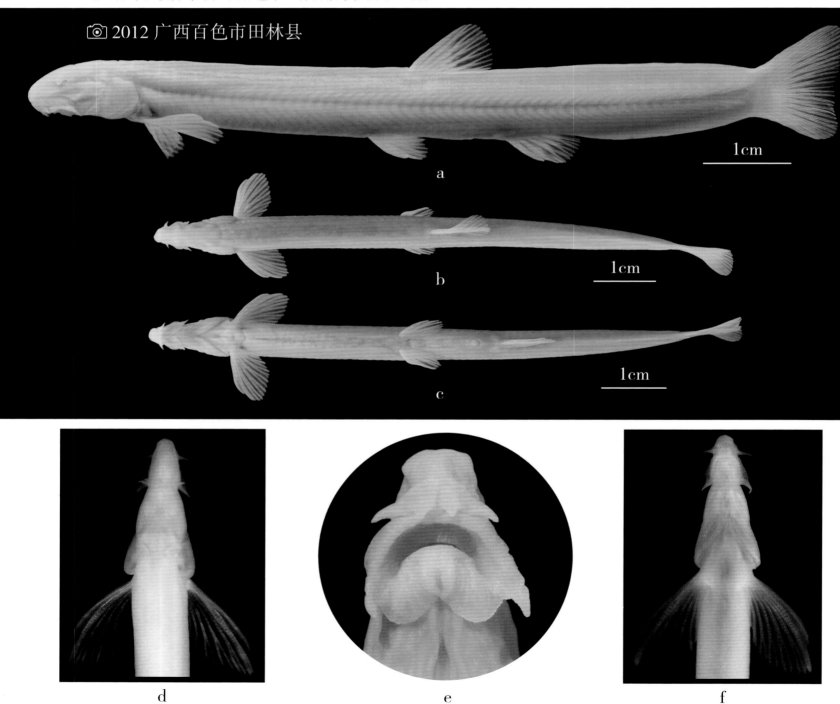

2012 广西百色市田林县

a

b

c

d e f

70. 多鳞原花鳅 *Protocobitis polylepis* Zhu, Lü, Yang & Zhang, 2008

分类地位：鲤形目 Cypriniformes 鳅科 Cobitidae 原花鳅属 *Protocobitis*。

鉴别特征：体延长，稍侧扁，吻圆钝，肉质。无眼（图 a）。眼下刺细小，分叉。前、后鼻孔相连，前鼻孔呈短管状。口下位。下唇分为左、右两部分。须 3 对。背鳍起点位于腹鳍起点稍前。尾柄长而侧扁（图 a）。尾鳍后缘几乎平直或略突。无侧线。除头和腹部外，身体被细小鳞片。浸制标本体浅灰色，头背部和身体沿侧线上部体侧具褐色色素点。

生活习性：盲鱼，典型洞穴鱼类。

种群状况：种群数量极稀少。

地理分布：仅分布于广西南宁市武鸣区广西水产引育种中心周边地下河。

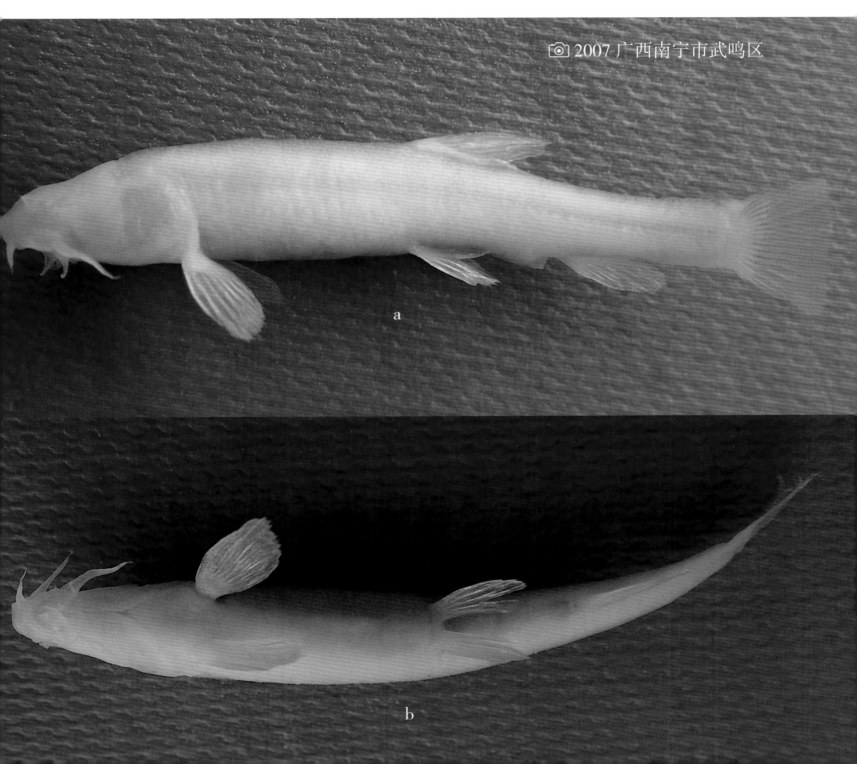

📷 2007 广西南宁市武鸣区

71. 无眼原花鳅 *Protocobitis typhlops* Yang & Chen, 1993

分类地位： 鲤形目 Cypriniformes 鳅科 Cobitidae 原花鳅属 *Protocobitis*。

鉴别特征： 体细长，稍侧扁。头长大于体高。吻肉质，呈锥状。眼下刺细小，分叉。前、后鼻孔相连。无眼（图雄 a、雌 a）。口下位。上唇肉质；下唇分为左、右两部分。须 3 对，无侧线。身体大部分裸露无鳞，仅在体侧中轴有稀疏的鳞片。背鳍起点位于腹鳍起点之前（图雄 a、雌 a）；胸鳍短；腹鳍后伸不达肛门。尾鳍后缘平截或弧形。雄性胸鳍第一分枝鳍条延长且略变厚变粗。生活时体呈乳白色，两侧鳃孔处略红。

生活习性： 盲鱼，典型洞穴鱼类。

种群状况： 数量少。

地理分布： 分布于广西河池市都安县下坳镇坝牙村、高岭镇弄池村、隆福乡隆福村、保安乡巴善村弄黎洞等地溶洞。

2020 广西河池市都安县

a

1cm

b

1cm

c

1cm

d

雄

e

a

1cm

b

1cm

c

1cm

d

雌

e

72. 小眼双须鳅 *Bibarba parvoculus* Wu, Yang & Lan, 2015

分类地位：鲤形目 Cypriniformes 鳅科 Cobitidae 双须鳅属 *Bibarba*。

鉴别特征：体修长，侧扁。头短，吻钝。眼退化，变小；眼下刺细小分叉。须 2 对，短小（图雌 e、雄 e）。背鳍起点位于腹鳍起点之前，分枝鳍条 7~8 根；胸鳍短，雄性胸鳍延长，末端尖，第一分枝鳍条变厚变粗（图雄 a、b、c、d、f）；臀鳍分枝鳍条 5 根；尾鳍凹入（图雄 a，雌 a）。体表大部分裸露无鳞，无侧线；体白色，仅背部、头背面、尾鳍基上下有少量黑色素。

生活习性：典型洞穴鱼类。

种群状况：数量极稀少。

地理分布：仅分布于广西河池市罗城县天河镇附近一洞穴。

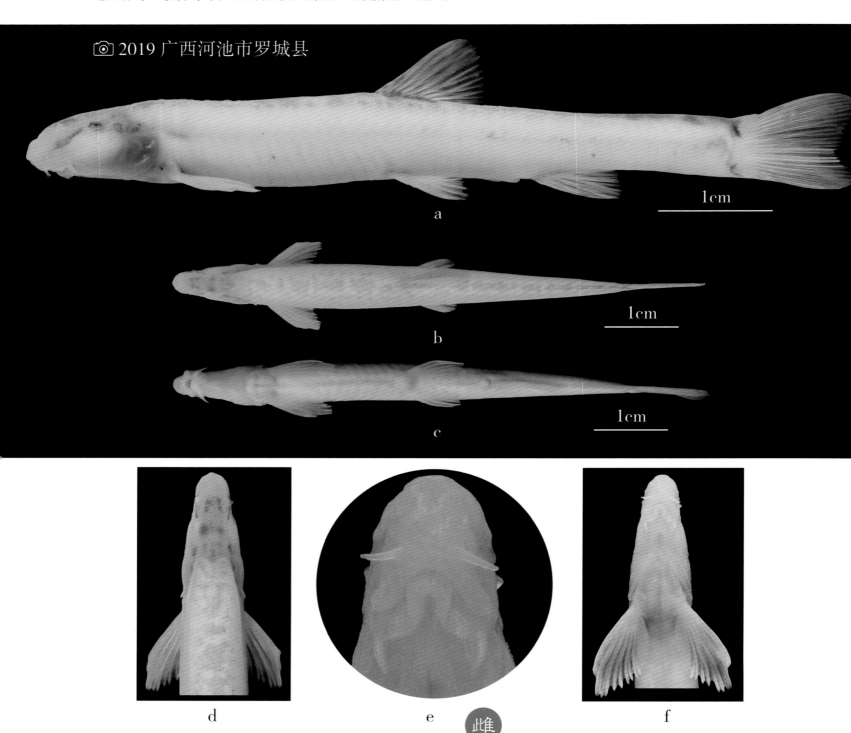

2019 广西河池市罗城县

a

1cm

b

1cm

c

1cm

d　　　　　e　此雌　　　　　f

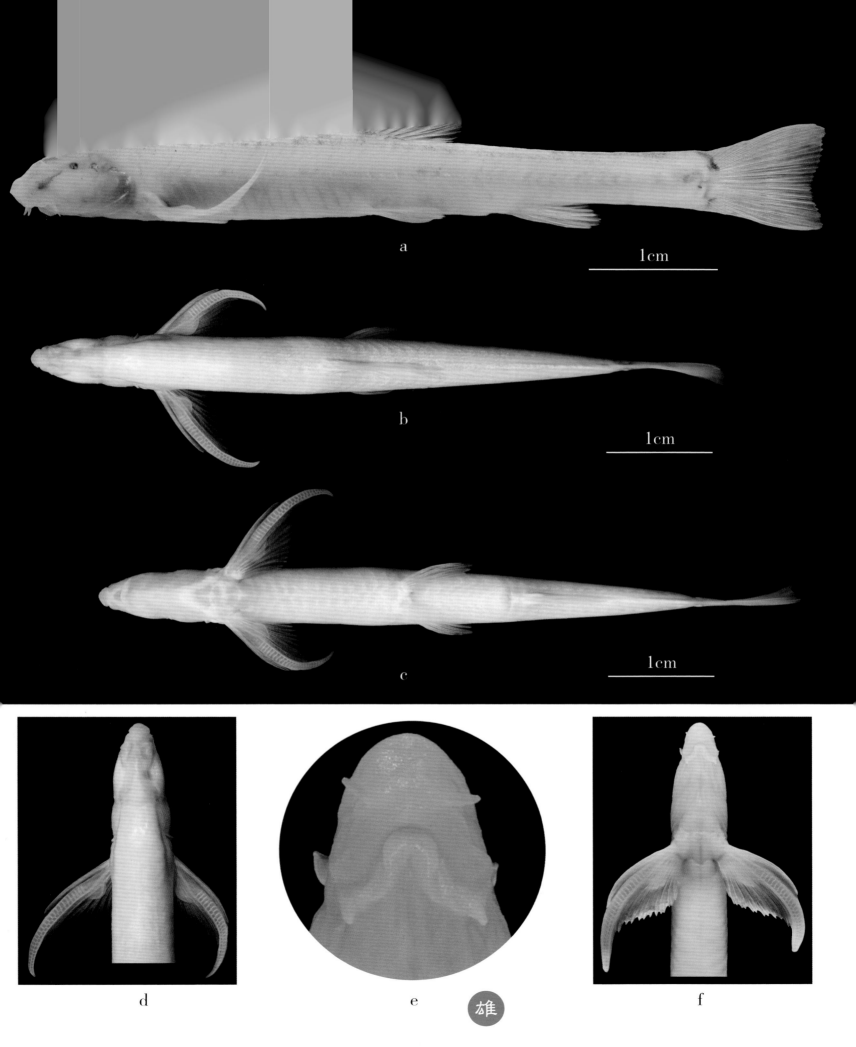

a

1cm

b

1cm

c

1cm

d   e 雄   f

73. 武鸣鳅 *Cobitis wumingensis* Chen, Sui, He & Chen, 2015

分类地位： 鲤形目 Cypriniformes 鳅科 Cobitidae 鳅属 *Cobitis*。

鉴别特征： 体修长，侧扁。眼较小。眼下刺分叉。口下位。颏叶发达，自下唇中间分为两片，后缘略圆钝。须 3 对，口角须短于眼径。侧线不完全，仅至胸鳍上方。体被细鳞，颊部无鳞；鳞近圆形，每片鳞具 20～24 条辐射沟。背鳍位于腹鳍起点之前；尾鳍平截或略凸。雄性胸鳍基部具指状骨质突。身体 5 条噶氏斑纹明显；第二条斑纹为两行不规则的斑纹形成的带斑；第五条斑纹在雌性沿体侧中线形成一深褐色纵纹，雄性在纵纹上有 13～14 个块状斑；尾鳍基上侧具一明显黑斑。

生活习性： 喜生活在有石和沙底的河流。

种群状况： 种群数量少。

地理分布： 分布于广西南宁市武鸣区武鸣河（属右江水系），上林县境内河流。

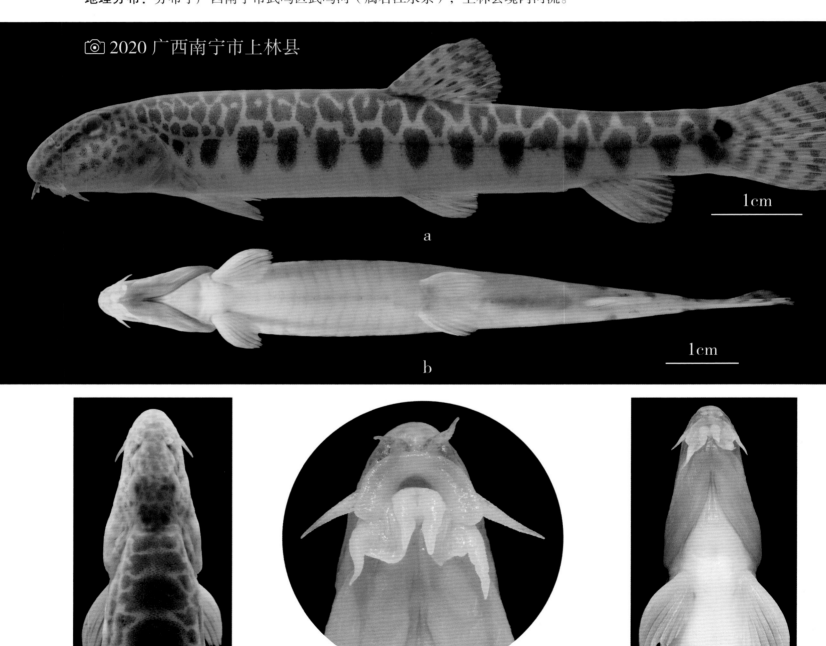

2020 广西南宁市上林县

a

b

c　　　　d　雌　　　　e

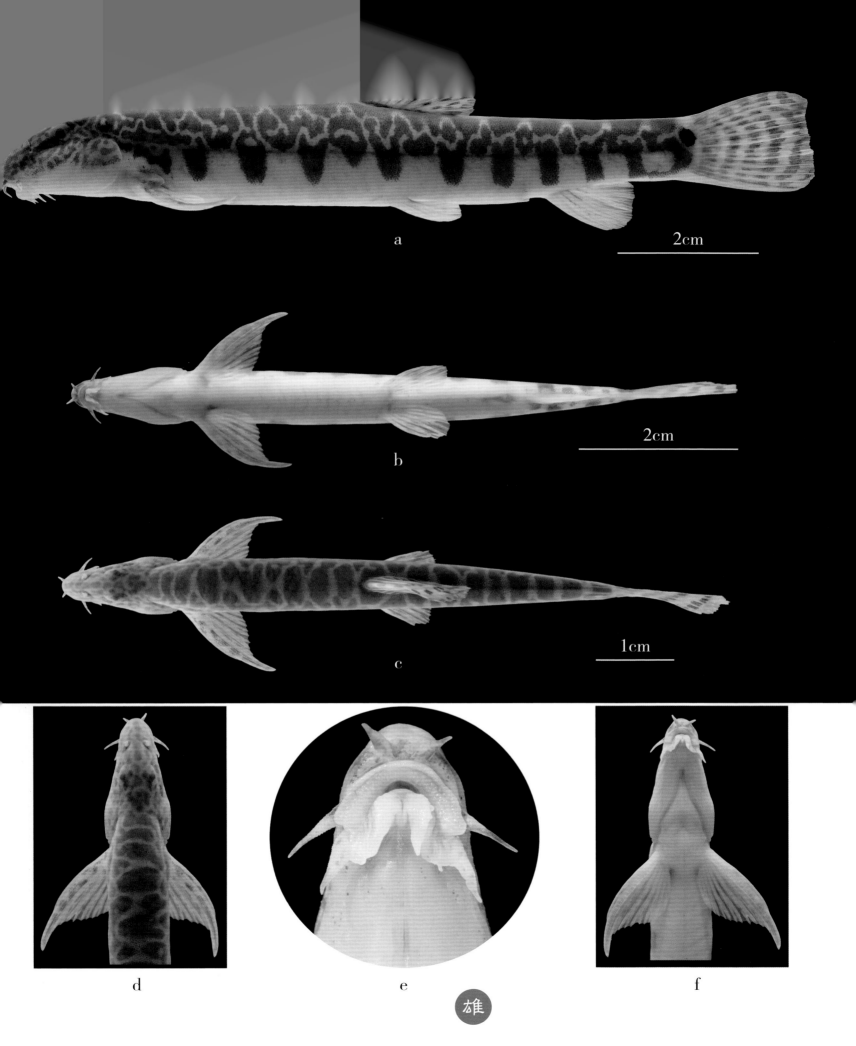

a

2cm

b

2cm

c

1cm

d

e

f

雄

74. 修长鳅 *Cobitis leptosoma* Chen, Sui, He & Chen, 2015

分类地位：鲤形目 Cypriniformes 鳅科 Cobitidae 鳅属 *Cobitis*。

鉴别特征：体修长，侧扁。眼较小。眼下刺分叉。口下位。颏叶不发达，自下唇中间分为两片，后缘略圆钝。须 3 对，口角须短于眼径。侧线不完全，仅至胸鳍上方。体被细鳞，颊部无鳞；鳞近圆形，中央区圆形，每片鳞具 19 ~ 25 条辐射沟。背鳍位于腹鳍起点之前；尾鳍平截或略凹。雄性胸鳍基部具指状骨质突。身体只有 4 条噶氏斑纹，第二条斑纹缺失；体侧中线的第五条斑纹由 10 ~ 12 个卵圆斑组成；尾鳍基上侧具一明显黑斑。

生活习性：喜生活在有石和沙底的河流。

种群状况：种群数量少。

地理分布：分布于广西桂林市灵川县境内的漓江，永福县境内的洛清河。

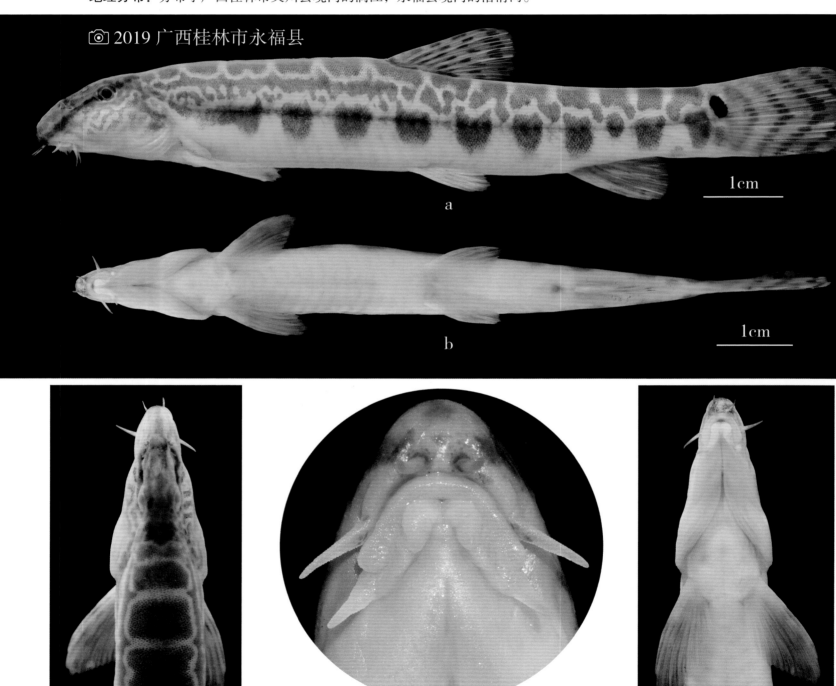

c　　　　　　　　　　　d　雌　　　　　　　　　　　e

a

b

c

d

e

f

雄

75. 异斑鳅 *Cobitis heteromacula* Chen, Sui, Liang & Chen, 2016

分类地位： 鲤形目 Cypriniformes 鳅科 Cobitidae 花鳅属 *Cobitis*。

鉴别特征： 体修长，侧扁。吻圆钝。眼较小，眼下刺分叉。口下位。颏叶不发达，自下唇中间分为两片，后缘尖。须 3 对，外侧吻须最长。体被细鳞，颊部无鳞；鳞近圆形，中央区圆形，每片鳞具 19 ~ 25 条辐射沟。背鳍位于腹鳍起点之前；尾鳍平截或略凹。雄性胸鳍基部具针状骨质突。身体只有 3 条噶氏斑纹，第二条和第三条斑纹缺失。体侧中线的第五条斑纹由 13 ~ 16 个卵圆形或长方形的斑块组成；吻端至眼前缘具 1 条黑色条纹。尾鳍基上侧具一明显黑斑，尾鳍具 5 ~ 6 列细斑组成的纵纹。

生活习性： 栖息于山区溪流，喜欢底质石砾和沙底环境。

种群状况： 数量较多，小型经济鱼类。

地理分布： 广西防城港市防城区、东兴市及沿海单独入海河流。

📷2020 广西防城港市东兴市

a

b

c　　　　　　　　　d　　　　　　　　　e

此雌

a

2cm

b

2cm

c

2cm

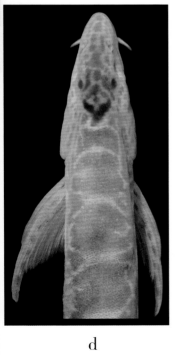

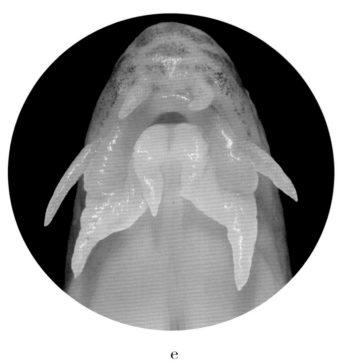

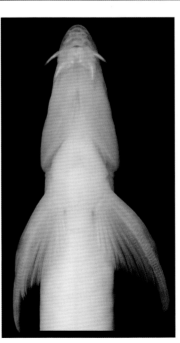

d

e

f

雄

76. 徐氏鳅 *Cobitis xui* Tan, Li, Wu & Yang, 2019

分类地位： 鲤形目 Cypriniformes 鳅科 Cobitidae 鳅属 *Cobitis*。

鉴别特征： 体细长，侧扁。吻圆钝。眼较小，眼下刺分叉。口下位。颏叶不发达，自下唇中间分为两片，每片具 3 个缺刻，其后缘尖。须 3 对，外侧吻须最长，其长度大于眼径。体被细鳞，颊部无鳞；鳞近圆形。背鳍位于腹鳍起点之前；尾鳍平截或略凸。雄性胸鳍基部具匕首状骨质突。身体具 5 条噶氏斑纹，第一条斑纹由体背面 9～12 个横斑组成；体侧中线的第五条斑纹由 8～11 个横向长方形的斑块组成；吻端至眼前缘具 1 条黑色条纹。尾鳍基上侧具一明显黑斑，尾鳍具 4～5 列细斑组成的纵纹。

生活习性： 生活于砾石底、砂岩底水流较急河段。

种群状况： 有一定的种群数量。

地理分布： 模式种采集于右江水系的广西南宁市隆安县境内，左江水系崇左市大新县也有分布。

2021 广西崇左市大新县

a

1cm

b

2cm

c　　　　　　　　d　此雌　　　　　　　e

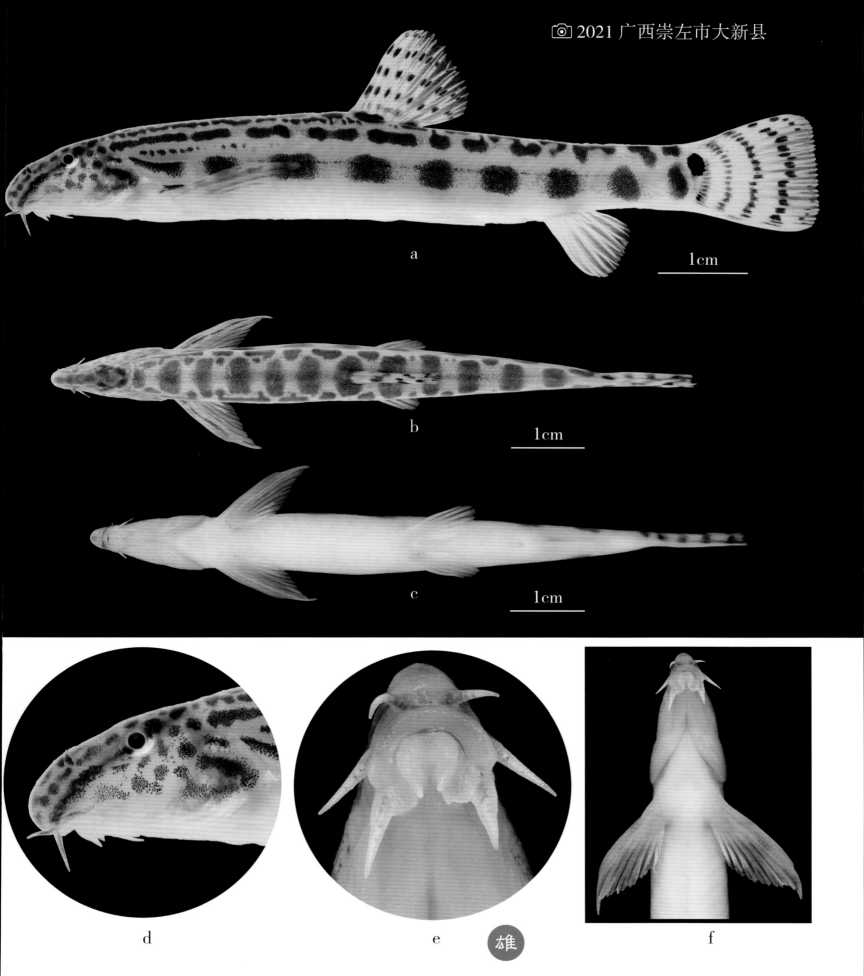

a

1cm

b

1cm

c

1cm

d

e 雄

f

77. 泥鳅 *Misgurnus anguillicaudatus* (Cantor, 1842)

分类地位：鲤形目 Cypriniformes 鳅科 Cobitidae 泥鳅属 *Misgurnus*。

鉴别特征：体细长，前躯近圆筒形，尾柄侧扁。头小。吻圆钝，吻长小于眼后头长。须较短，5 对。眼小，侧上位。口下位（图 c）。侧线不完全。体被小鳞。背鳍起点位于腹鳍起点之前。尾鳍圆弧形（图 a）。体色差异较大，与生活环境相关。一般体淡黄色，体上半部色深，散布有斑点。背鳍和尾鳍具有不规则小斑点。尾鳍基中线上沿具一块状黑色斑纹。

生活习性：喜栖息于具泥底的水体，可人工繁殖和养殖。

种群状况：数量较多，重要的经济物种。

地理分布：广泛分布于广西各地江河、水库、小河沟、稻田。

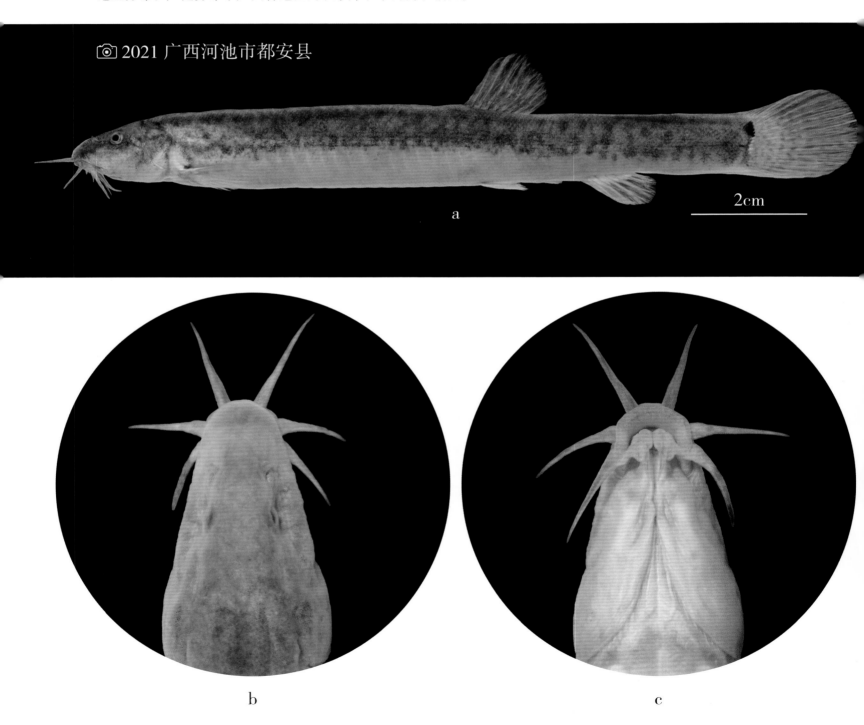

2021 广西河池市都安县

2cm

a

b

c

78. 大鳞副泥鳅 *Paramisgurnus dabryanus* (Dabry & Thiersant, 1872)

分类地位：鲤形目 Cypriniformes 鳅科 Cobitidae 副泥鳅属 *Paramisgurnus*。

鉴别特征：体延长，侧扁。头短。眼小，位于头侧上方。须 5 对，吻须和口角须长大于吻长。尾鳍末端圆形。鳞片较大，纵列鳞 130 枚以下。各鳍短小，背鳍起点位于腹鳍起点之前；尾鳍圆弧形（图 a）。尾柄上、下缘具发达的鳍褶（图 a）。体灰褐色，体侧中线上部及背部颜色较深。背部及体侧具有不规则的斑点。背鳍、臀鳍和尾鳍具不规则的黑色斑点。

生活习性：喜生活于泥底的各类水体。

种群状况：分布地有一定的种群数量。

地理分布：野外主要分布于广西河池市都安县、桂林市兴安县境内；各地有人工养殖。

© 2021 广西河池市都安县

2cm

a

b   c

鲤科 Cyprinidae

79. 异鱲 *Parazacco spilurus* (Günther, 1868)

分类地位： 鲤形目 Cypriniformes　鲤科 Cyprinidae　异鱲属 *Parazacco*。

鉴别特征： 体延长，侧扁。口大，斜向下倾斜。下颌前端具 1 个钩状凸起与上颌凹陷相吻合。背鳍短，位于腹鳍起点之后；胸鳍长，接近腹鳍起点；腹鳍基部至肛门有明显的腹棱（图雌 b，雄 b）；臀鳍起点位于背鳍基部之后的下方，分枝鳍条 11～12 根，后缘略平直，雄性臀鳍鳍条延长（图雄 a，d）；尾鳍叉形。侧线完全，在腹部向下弯曲，侧线鳞 42～47 枚（图雌 a，雄 a）。体侧自鳃孔至尾鳍基有 1 条墨绿色纵带，后部显著；臀鳍与腹鳍橙黄色；尾鳍基具一大黑斑。

生活习性： 生活于山间溪流水质清澈的环境。

种群状况： 种群数量少。

地理分布： 分布于大明山自然保护区的南宁市上林县、武鸣区及其周边溪流。

📷 2020 广西南宁市上林县

2cm

a

雌

a

2cm

b

c

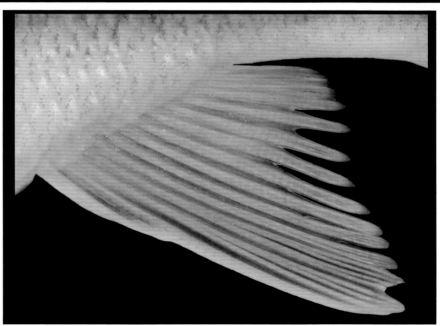

d

雄

80. 海南异鱲 *Parazacco spilurus fasciatus* (Koller, 1927)

分类地位：鲤形目 Cypriniformes　鲤科 Cyprinidae　异鱲属 *Parazacco*。

鉴别特征：体延长，侧扁。口大，斜向下倾斜。下颌前端具 1 个钩状凸起与上颌凹陷相吻合。眼大。背鳍短，其起点位于腹鳍起点之后；腹鳍基部至肛门有明显的腹棱（图雄 b）；臀鳍起点与背鳍基后缘相对或略后，分枝鳍条 12～13 根，后缘内凹，雄性臀鳍鳍条延长（图雄 a）；尾鳍叉形。体侧自鳃孔至尾鳍基有 1 条不明显的墨绿色纵带，后部更为显著；体侧中部散布黑色垂直条纹；臀鳍与背鳍橙色。雄性个体颌部橙黄色，具珠星。

生活习性：生活于山溪及砾石底的小河。

种群状况：个体较小，有一定种群数量，是广西防城港市十万大山常见鱼类。

地理分布：分布于广西防城港市十万大山溪流及沿海山溪。

2020 广西防城港市上思县

2cm

a

b

c

此雄

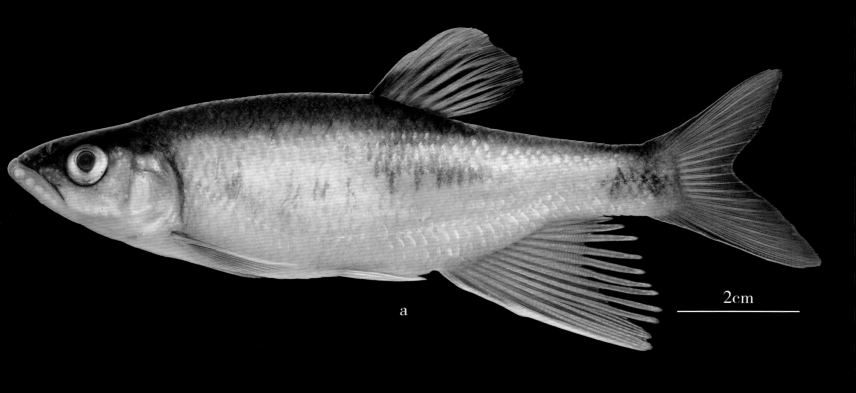

a

2cm

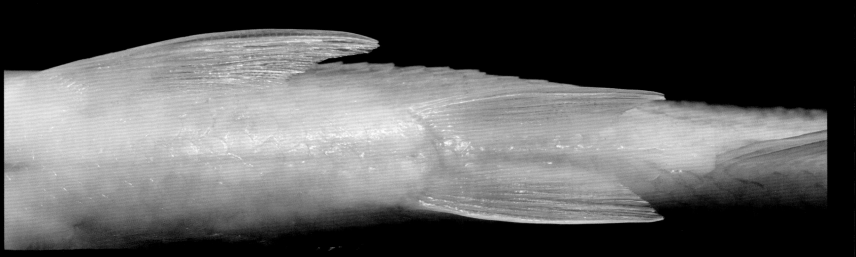

b

雄

81. 宽鳍鱲 *Zacco platypus* (Temminck & Schlegel, 1846)

分类地位：鲤形目 Cypriniformes 鲤科 Cyprinidae 鱲属 *Zacco*。

鉴别特征：体延长，侧扁。口端位，口角不达眼中部下缘。下颌前端具 1 个凸起与上颌凹陷相吻合（图雌 b，雄 b）。侧线完全。鳞片较大，侧线鳞 40~49 枚。背鳍起点约与腹鳍起点相对。胸鳍尖长。雄性臀鳍延长（图雄 a、c）。尾鳍深分叉。生活时腹部银白色，体侧有 10~13 条垂直蓝绿色条纹。雄性在生殖期头部及臀鳍具珠星，体色艳丽（图雄 a、c）。

生活习性：生活于水体上层，喜在河滩、溪流急流中生活。

种群状况：小河溪常见鱼类，数量多，体型小。

地理分布：广西各地均有分布。

📷 2020 广西南宁市上林县

2cm

a

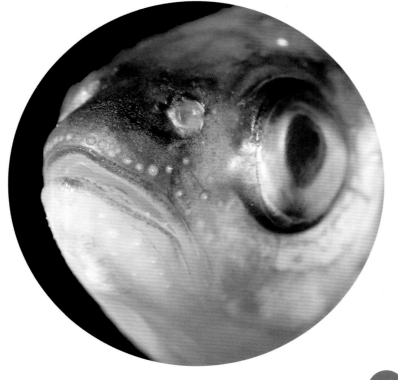

b　　　　　　　　雌　　　　　　　　c

📷 2020 广西南宁市上林县

2cm

a

b

雄

c

82. 马口鱼 *Opsariichthys bidens* Günther, 1873

分类地位：鲤形目 Cypriniformes 鲤科 Cyprinidae 马口鱼属 *Opsariichthys*。

鉴别特征：体延长，侧扁。口大，亚上位；下颌前端具 1 个凸起与上颌凹陷相吻合，上、下颌侧缘凹凸相嵌（图雌 b、雄 b）。眼中等大，位于头侧上方。背鳍起点与腹鳍起点相对或略后；臀鳍延长，分枝鳍条 8～9 根（图雌 a、c，雄 a、c）。尾鳍叉形。侧线完全，前部稍微下弯，侧线鳞 40～44 枚。生活时雄性腹部银白色，背侧部浅灰带红色；体侧有 10 余条浅蓝色垂直条纹；胸鳍橙黄色；生殖期下颌和颊部下缘有显著的珠星（图雄 a、b），臀鳍的分枝鳍条延长。

生活习性：喜栖息于江河及山间溪流的流水中，为小型凶猛肉食性鱼类。

种群状况：数量多，小型经济鱼类。

地理分布：广西各地均有分布。

📷 2021 广西河池市金城江区

2cm

a

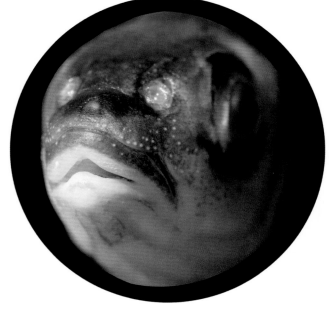

b

c

雌

a

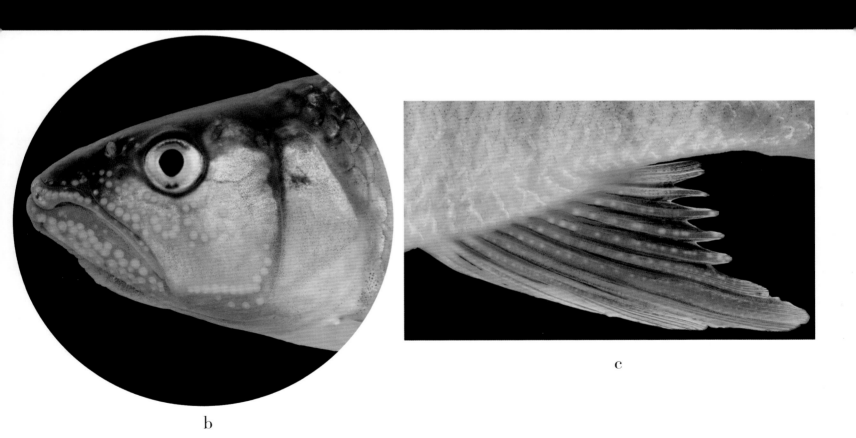

b

c

雄

83. 唐鱼 *Tanichthys albonubes* Lin, 1932

分类地位： 鲤形目 Cypriniformes 鲤科 Cyprinidae 唐鱼属 *Tanichthys*。

鉴别特征： 体小，侧扁，腹部圆。吻短钝。口亚上位，下颌稍突出。唇薄。无须。眼大。体被中等大的圆鳞，无侧线。背鳍无硬刺，其起点明显位于腹鳍起点之后、臀鳍起点之前。臀鳍长，分枝鳍条 8 根（图 a、b）。尾鳍深叉形。生活时体色艳丽。体背棕色，腹部银白色；沿体侧中轴具一灰色条纹延伸至尾鳍基部；尾鳍基部具一黑色圆斑（图 a、b）；除尾鳍外，各鳍边缘具银白色亮斑。

生活习性： 生活于山间小溪，喜集群。

种群状况： 产地有一定种群数量，但体型小，分布区域窄。

地理分布： 分布于广西贵港市桂平市郊的山溪。

📷 2021 广西贵港市桂平市

a

b

84. 南方波鱼 *Rasbora steineri* Nichols & Pope, 1927

分类地位： 鲤形目 Cypriniformes 鲤科 Cyprinidae 波鱼属 *Rasbora*。

鉴别特征： 体小，侧扁，腹部略圆。吻短钝。口上位，下颌前端有突起与上颌凹陷相吻合。唇薄。眼大。背鳍起点位于腹鳍起点之后，分枝鳍条 7 根（图 a、b）。臀鳍分枝鳍条 5 根（图 a、b）。尾鳍深叉形。体被中等大的圆鳞，侧线完全，前部下弯，侧线鳞 27～29 枚。生活时背部灰色，腹部银白色。体侧沿中轴线至尾鳍基有 1 条黑色纵纹（图 a）。

生活习性： 生活于水体上层，喜集群。

种群状况： 有一定种群数量，但体型小，经济价值不大。

地理分布： 广西防城港市上思县，河池市宜州区、都安县、大化县，玉林市博白县境内均有分布。

© 2021 广西河池市都安县

1cm

a

b

c

85. 瑶山细鲫 *Aphyocypris arcus* (Lin, 1931)

分类地位： 鲤形目 Cypriniformes 鲤科 Cyprinidae 细鲫属 *Aphyocypris*。

鉴别特征： 体延长，侧扁，腹稍圆。腹部从腹鳍基至肛门间具腹棱。头小。口端位。无须。眼大。背鳍无硬刺，其起点位于腹鳍起点之后，分枝鳍条7根；臀鳍分枝鳍条7根，外缘略凹；尾鳍深分叉。下咽齿3行（图b）。侧线完全，前段下弯曲，侧线鳞36～39枚（图a）。生活时背部和侧线以上体侧暗灰色，侧线以下体侧及腹部银白色；体侧沿中轴线具一枚鳞片宽的浅黑色条纹。

生活习性： 生活于山间溪流、小河沟中。

种群状况： 数量较多，但个体小。

地理分布： 广西内陆河流，柳江、桂江、红水河、左江、右江等各支流山区均有分布。

2020 广西南宁市上林县

1cm

a

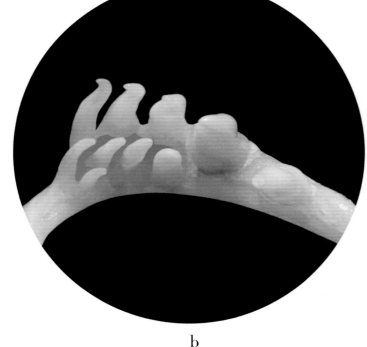

b

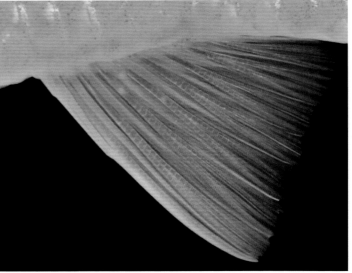

c

86. 拟细鲫 *Aphyocypris normalis* Nichols & Pope, 1927

分类地位： 鲤形目 Cypriniformes 鲤科 Cyprinidae 细鲫属 *Aphyocypris*。

鉴别特征： 体延长，侧扁，腹部圆。腹鳍基部至肛门有腹棱。口裂稍向上倾斜，口端位。眼较大。背鳍无硬刺，其起点位于腹鳍起点之后。胸鳍末端接近腹鳍起点。臀鳍分枝鳍条 8 根，外缘平截（图 a、c）；尾鳍叉形。侧线完全，前部弯曲，侧线鳞 35～38 枚（图 a）。下咽齿 2 行（图 b）。生活时体背部呈褐色，腹部银白色。体侧及背部部分鳞片后缘有新月形黑斑。

生活习性： 生活于山溪及小河。

种群状况： 有一定种群数量，是分布地常见鱼类，但个体小。

地理分布： 分布于广西沿海各单独入海河流的山溪，防城港市上思县的十万大山溪流。

2019 广西防城港市防城区

2cm

a

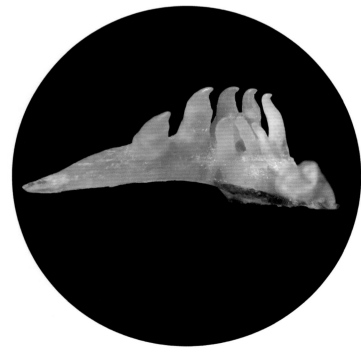

b

c

87. 丽纹细鲫 *Aphyocypris pulchrilineata* Zhu, Zhao & Huang, 2013

分类地位： 鲤形目 Cypriniformes 鲤科 Cyprinidae 细鲫属 *Aphyocypris*。

鉴别特征： 体延长，侧扁，腹部圆。口端位，口裂小。眼大。腹部从腹鳍基至肛门具腹棱。背鳍无硬刺，其起点位于腹鳍起点之后，分枝鳍条 7 根；臀鳍不延长，分枝鳍条 7 根；尾鳍分叉。体被小圆鳞，无侧线。体背棕褐色。体侧中部具 1 条浅黑色纵纹自吻端延伸至尾鳍基；黑色纵纹上方具 1 条金色纵带自眼后缘延伸至尾柄。沿臀鳍基部体侧具 1 条黑纵带。各鳍透明，略呈金黄色。

生活习性： 生活于杂草丛生的小水潭，尤其是有地下水出口的龙潭。

种群状况： 所分布的水域种群数量多，但个体很小。

地理分布： 广西河池市都安县澄江的各大小支流及地下水出口处，属红水河水系。百色市平果市果化镇一处小龙潭，属右江水系。

2016 广西百色市平果市

88. 丁鲅 *Tinca tinca* (Linnaeus, 1758)

分类地位： 鲤形目 Cypriniformes 鲤科 Cyprinidae 丁鲅属 *Tinca*。

鉴别特征： 体延长，躯干部较高、侧扁。吻钝。口端位。口角须 1 对，须长小于眼径（图 b、c）。鳞细小，侧线平直，侧线鳞 87～120 枚。背鳍位于腹鳍基之后的上方，无硬刺，分枝鳍条 7～9 根。胸鳍短。臀鳍分枝鳍条 6～8 根。尾鳍略凹。体背及体侧青黑色，腹部黄褐色，各鳍青灰色。

生活习性： 无天然分布种群，目前已大量人工养殖。

种群状况： 近年引入广西各地养殖，已成为水产市场常见鱼类。

地理分布： 原产于我国新疆额尔齐斯河及乌伦古河，广西各地市场均有。

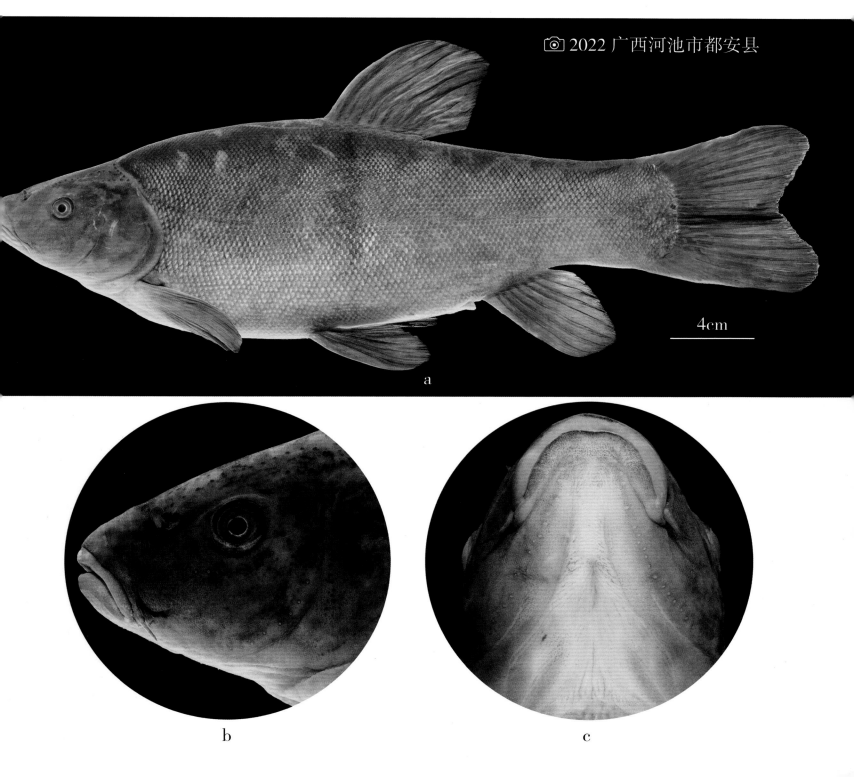

2022 广西河池市都安县

4cm

a

b

c

89. 尖头大吻鱥 *Rhynchocypris oxycephalus* (Sauvage & Dabry de Thiersant, 1874)

分类地位： 鲤形目 Cypriniformes 鲤科 Cyprinidae 大吻鱥属 *Rhynchocypris*。

鉴别特征： 体延长、略侧扁，腹部圆。吻钝。口下位，下唇褶皱发达。背鳍起点位于腹鳍起点之后；胸鳍短；尾鳍凹入。鳞小，侧线完全，侧线鳞 63 ~ 83 枚。体具不规则的黑色小点；尾鳍基具 1 条黑色小点组成的纵纹；各鳍浅灰色。

生活习性： 生活于高海拔溪流的冷水性鱼类。

种群状况： 分布地有一定种群数量，但个体小。

地理分布： 分布于广西桂林市资源县。

📷 2019 广西桂林市资源县

1cm

a

2cm

b

90. 青鱼 *Mylopharyngodon piceus* (Richardson, 1846)

分类地位： 鲤形目 Cypriniformes 鲤科 Cyprinidae 青鱼属 *Mylopharyngodon*。

鉴别特征： 体长形，前部近圆筒形。口端位。背鳍短，无硬刺，分枝鳍条 7 根（图 a），其起点位于腹鳍起点之前；胸鳍后伸接近背鳍起点下方；臀鳍分枝鳍条 8 根；尾鳍叉形。鳞中等大，侧线完全，侧线鳞 39~44 枚（图 a）。下咽齿 1 行，4（5）~（5）4 枚（图 d）。生活时体呈青黑色，背部较深，腹部灰白色，各鳍灰黑色。

生活习性： 栖息于水体底层，以螺、蚌、蚬类为主要饵料。

种群状况： 在红水河有一定的天然种群，是红水河大型经济鱼类之一。

地理分布： 桂江、柳江、红水河、左江、右江等各大江河均有分布，亦为池塘养殖鱼类，目前市场出售的个体多为人工养殖。

📷 2021 广西河池市都安县

a

3cm

b

3cm

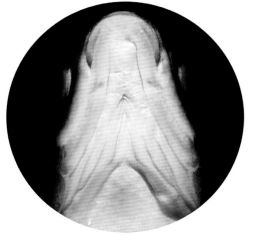

c

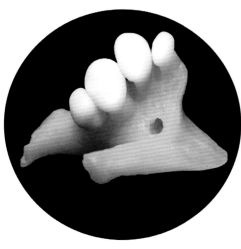

d

91. 鯮 *Luciobrama macrocephalus* (Lacépède, 1803)

分类地位：鲤形目 Cypriniformes 鲤科 Cyprinidae 鯮属 *Luciobrama*。

鉴别特征：体延长，稍侧扁。头尖长，前端呈管状（图 a ~ d）。吻略平扁。口端位，下颌长于上颌（图 b）；口裂大，末端接近眼前缘下方。眼小。鳞小，侧线完全，侧线鳞 130 枚以上。背鳍短，起点位于腹鳍起点之后。背鳍和臀鳍外缘内凹。尾鳍深分叉。体背呈浅灰色，体侧及腹部呈银白色；胸鳍、腹鳍和臀鳍基部黄色，背鳍和尾鳍深灰色。

生活习性：生活于水体上层，以小鱼为食。

种群状况：数量极为稀少，已有标本大都为 20 世纪 80 年代在红水河采集。推测广西境内的西江干流可能还有少量个体，但已很难见到。

地理分布：历史上分布于红水河及西江干流。

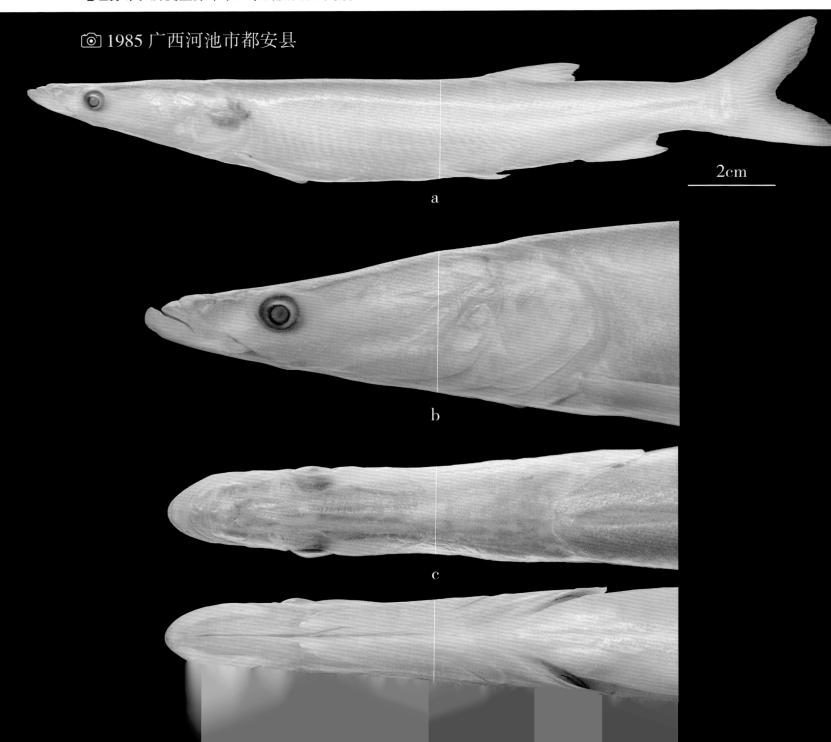

1985 广西河池市都安县

2cm

a

b

c

92. 草鱼 *Ctenopharyngodon idellus* (Valenciennes, 1844)

分类地位：鲤形目 Cypriniformes 鲤科 Cyprinidae 草鱼属 *Ctenopharyngodon*。

鉴别特征：体长形，前躯近圆筒形，尾部侧扁。口端位。唇后沟中断。无须。背鳍无硬刺，分枝鳍条 7 根（图 a、b），外缘平直，其起点与腹鳍起点相对或略前；臀鳍分枝鳍条 8 根（图 a）；尾鳍叉形。侧线完全，平直，侧线鳞 38 ~ 42 枚（图 a）。下咽齿 2 行，2·4（5）~（5）4·2 枚（图 c）。生活时体呈黄绿色，腹部灰白色。

生活习性：为草食性鱼类，产漂浮性卵。

种群状况：广西各大江河均有较多的数量，体型大，为重要的经济鱼类之一，亦为四大家鱼养殖种类之一。

地理分布：桂江、柳江、红水河、左江、右江等各大江河均有天然种群分布。池塘、水库、湖泊有大量人工养殖群体。

2021 广西河池市都安县

2cm

a

b

c

93. 鳡 *Ochetobius elongatus* (Kner, 1867)

分类地位： 鲤形目 Cypriniformes 鲤科 Cyprinidae 鳡属 *Ochetobius*。

鉴别特征： 体细长，近圆筒形。头小，呈锥形。口小，端位，上颌稍长于下颌。背鳍短，其起点约与腹鳍起点相对，分枝鳍条 9～10 根（图 a、c）；臀鳍分枝鳍条 9 根。尾鳍深分叉。鳞小，腹鳍基部腋鳞发达。侧线完全，侧线鳞 68～70 枚。下咽齿 3 行。体背部及体侧上半部呈深褐色，体侧及腹部银白色，尾鳍后缘呈浅灰色。

生活习性： 生活于水体上层，以小鱼为食。

种群状况： 数量稀少，但个体较大。

地理分布： 分布于桂江、柳江、红水河、左江、右江等各大江河。

2020 广西河池市天峨县

3cm

a

b

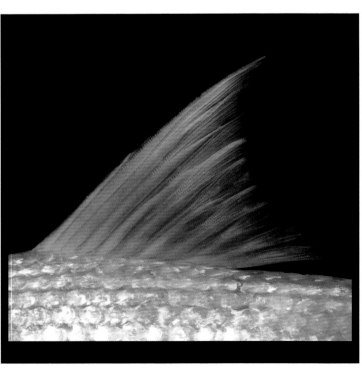

c

94. 鳡 *Elopichthys bambusa* (Richardson, 1845)

分类地位：鲤形目 Cypriniformes 鲤科 Cyprinidae 鳡属 *Elopichthys*。

鉴别特征：体细长，稍侧扁。头长，呈锥形。吻长而尖。口端位；口裂大，末端达眼中部下方。鳞小，侧线完全，在胸鳍处下弯，侧线鳞 100 枚以上。背鳍短，起点位于腹鳍起点之后。臀鳍外缘内凹（图 a、d）。尾鳍分叉深（图 a）。体背呈浅灰色，体侧及腹部呈银白色；胸鳍、腹鳍和臀鳍基部黄色，背鳍和尾鳍深灰色。

生活习性：为大型凶猛肉食性鱼类，以小鱼为食。

种群状况：种群数量少，但体型大。

地理分布：分布于西江干流，以及红水河、桂江、柳江、左江、右江。

2021 广西梧州市龙圩区

3cm

a

3cm

b

c

d

95. 赤眼鳟 *Squaliobarbus curriculus* (Richardson, 1846)

分类地位： 鲤形目 Cypriniformes 鲤科 Cyprinidae 赤眼鳟属 *Squaliobarbus*。

鉴别特征： 体延长，前躯圆筒形，尾部侧扁。口端位。须 2 对，极短小。眼中等大，上缘具 1 个红斑（图 a）。背鳍起点位于腹鳍起点之前，背鳍无硬刺，外缘内凹，分枝鳍条 7 根（图 a、b）；胸鳍和腹鳍短；臀鳍内凹，分枝鳍条 8 根（图 a、c）；尾鳍深分叉。下咽齿 3 行。鳞较大，侧线完全，侧线鳞 43～45 枚（图 a）。生活时体背部青灰色，体侧银白色。体侧各鳞片基部有 1 个黑斑，在体侧沿侧线及以上形成 6～7 条黑斑组成的纵纹。

生活习性： 生活于水面开阔的江段，为江河、湖泊的中层鱼类，喜栖于水流缓慢的水体环境中。

种群状况： 数量较多，个体大，是主要经济鱼类之一。

地理分布： 贵港市桂平市、梧州市的西江干流是天然种群主要分布地，近年人工增殖放流较多，西江各支流、水库也常见。

📷 2020 广西河池市都安县

3cm

a

b

c

96. 红鳍鲌 *Chanodichthys erythropterus* (Basilewsky, 1855)

分类地位： 鲤形目 Cypriniformes 鲤科 Cyprinidae 红鳍鲌属 *Chanodichthys*。

鉴别特征： 体延长，侧扁。口上位，口裂几与身体垂直，下颌向上翘。眼大，吻长小于眼后头长。背鳍起点位于腹鳍起点之前，末根不分枝鳍条为硬刺；胸鳍尖，末端伸达腹鳍起点，胸鳍基部至肛门具完全腹棱（图 b）；臀鳍外缘略凹，分枝鳍条 25 ~ 27 根；尾鳍深分叉。侧线完全，侧线鳞 63 ~ 69 枚。体侧面及腹部银白色，背鳍、尾鳍浅灰色。

生活习性： 生活于开阔水域的上层，以小鱼为食。

种群状况： 种群数量不多，但分布广。

地理分布： 广西各大江河红水河、桂江、柳江、左江、右江、南流江都有分布。

2020 广西贵港市桂平市

2cm

a

b

97. 飘鱼 *Pseudolaubuca sinensis* Bleeker, 1864

分类地位：鲤形目 Cypriniformes 鲤科 Cyprinidae 飘鱼属 *Pseudolaubuca*。

鉴别特征：体延长、薄，侧扁；背部平直。吻长略大于眼径。口端位，口裂斜，下颌中央具 1 个凸起。唇薄。眼中等大。侧线完全，前部向下倾斜，至胸鳍后端急弯折（图 a）；侧线鳞 62~72 枚。背鳍短小，无硬刺，分枝鳍条 7 根（图 a、c）。胸鳍长。腹鳍短，末端不达肛门。臀鳍长，外缘凹入，分枝鳍条 17~26 根（图 a、d）。尾鳍分叉深，叶端尖。腹棱完全（图 b）。背部灰色，体侧银白色。胸鳍、腹鳍基部淡黄色，臀鳍和尾鳍灰黑色。

生活习性：生活于水面开阔的水体上层。

种群状况：数量较少，但分布较广。

地理分布：西江干流上中下游的田林县、东兰县、都安县、桂平市、梧州市，以及左江、右江、柳江、桂江的下游均有分布。

2020 广西河池市都安县

3cm

a

b

98. 寡鳞飘鱼 *Pseudolaubuca engraulis* (Nichols, 1925)

分类地位： 鲤形目 Cypriniformes 鲤科 Cyprinidae 飘鱼属 *Pseudolaubuca*。

鉴别特征： 体延长，侧扁；背部平直。吻长大于眼径。口端位，口裂斜，下颌中央具 1 个凸起。唇薄。眼中等大。侧线完全，胸鳍处向下弧形弯曲延伸至腹鳍基后平直达尾鳍基（图 a）；侧线鳞 46～50 枚。背鳍短小，无硬刺，分枝鳍条 7 根（图 a、b）。胸鳍长。腹鳍短，末端不达肛门。臀鳍长，外缘凹入，分枝鳍条 18～21 根（图 a、c）。尾鳍分叉深，叶端尖，下叶稍长。腹棱完全。浸制标本体黄色，背部颜色略深，各鳍边缘颜色变浅。

生活习性： 生活于水面开阔的水体上层。

种群状况： 种群数量极稀少。20 世纪 80 年代在红水河都安段可采集到标本。

地理分布： 广西各主要河流红水河、柳江、桂江、左江、右江的中下游历史上均有分布。

📷 1985 广西河池市都安县

2cm

a

b   c

99. 鳊 *Parabramis pekinensis* (Basilewsky, 1855)

分类地位: 鲤形目 Cypriniformes 鲤科 Cyprinidae 鳊属 *Parabramis*。

鉴别特征: 体菱形、侧扁,身体高。头较小。吻短,小于眼径。口亚下位,弧形。眼中等大。背鳍末根不分枝鳍条为硬刺,起点位于腹鳍起点之后,外缘略凹(图 a)。胸鳍尖,末端不达腹鳍起点。腹鳍末端不达肛门。臀鳍长,外缘略凹,分枝鳍条 27~35 根。尾鳍分叉深。腹棱完全(图 c)。侧线完全,平直,侧线鳞 52~59 枚(图 a)。体侧及背部青灰色,胸鳍、腹鳍略黑,背鳍、尾鳍灰色。

生活习性: 水体中上层鱼类,生活于水面开阔的江段。

种群状况: 西江干流的桂平市、梧州市数量多,是常见的经济鱼类。

地理分布: 分布于红水河、柳江、桂江、左江、右江的中下游,西江干流桂平市、梧州市。

📷 2020 广西梧州市龙圩区

3cm

a

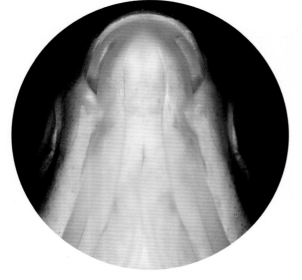

b

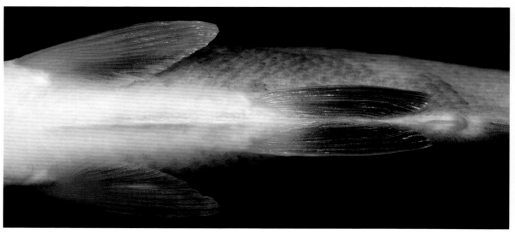

c

100. 海南似鲚 *Toxabramis houdemeri* Pellegrin, 1932

分类地位： 鲤形目 Cypriniformes 鲤科 Cyprinidae 似鲚属 *Toxabramis*。

鉴别特征： 体梭形，极侧扁。头小。吻短。口端位。眼中大。第一鳃弓外侧鳃耙 29～36 枚。背鳍末根不分枝鳍条为硬刺，后缘有锯齿（图 a、c），起点约与腹鳍起点相对或略后。胸鳍尖，末端不达腹鳍起点。腹棱完全（图 b）。臀鳍长，外缘内凹，分枝鳍条 15～16 根（图 d）。尾鳍分叉深。鳞中等大，侧线完全，在胸鳍上方处急向下弯折，后段平直，侧线鳞 50～53 枚。体侧及背部青灰色，背鳍、尾鳍灰色。

生活习性： 生活于水体表层。

种群状况： 数量多。

地理分布： 分布于红水河、柳江、桂江、左江、右江的开阔水域，以及各大水库。

◎2020 广西百色市靖西市

1cm

a

b

101. 䱗 *Hemiculter leucisculus* (Basilewsky, 1855)

分类地位：鲤形目 Cypriniformes 鲤科 Cyprinidae 䱗属 *Hemiculter*。

鉴别特征：体长，侧扁。口端位，斜裂，上、下颌约等长。背鳍起点位于腹鳍起点之后，末根不分枝鳍条为硬刺，后缘光滑（图 c），分枝鳍条 7 根；臀鳍外缘内凹，分枝鳍条 11～13 根（图 d）。尾鳍分叉深。腹棱完全（图 b）。侧线完全，侧线前部向下倾斜，至胸鳍后端急弯折，侧线鳞 49～58 枚。体背部青灰色，腹面银白色，尾叉边缘灰黑色。

生活习性：为杂食性小型鱼类，生活于水体中上层，游动活跃。

种群状况：数量较多，为常见种。

地理分布：各江河、水库、湖泊等均广泛分布，是广西分布最广、数量最多的鱼类之一。

📷 2020 广西河池市都安县

2cm

a

b

102. 伍氏半鲚 *Hemiculterella wui* (Wang, 1935)

分类地位： 鲤形目 Cypriniformes 鲤科 Cyprinidae 半鲚属 *Hemiculterella*。

鉴别特征： 体长形，侧扁。口端位，口裂斜，上、下颌约等长。背鳍起点位于腹鳍起点之后，分枝鳍条 7 根；胸鳍后伸不达腹鳍起点（图 a、b）；腹鳍末端不达肛门（图 b）；臀鳍外缘平截，分枝鳍条 11～12 根；尾鳍分叉深。腹棱存在于腹鳍与肛门之间（图 b）。侧线完全，侧线前部向下倾斜，至胸鳍末端急弯折，侧线鳞 49～56 枚。固定标本体浅褐色，体侧上部及背部颜色略深。

生活习性： 为杂食性鱼类，生活于水体中上层。

种群状况： 数量少。

地理分布： 分布于广西河池市巴马县的盘阳河。资料记载在兴安县、阳朔县、横州市也有分布。

📷 1986 广西河池市巴马县

1cm

a

103. 线纹梅氏鳊 *Metzia lineata* (Pellegrin, 1907)

分类地位：鲤形目 Cypriniformes 鲤科 Cyprinidae 梅氏鳊属 *Metzia*。

鉴别特征：体延长，侧扁。体长为体高的 3.1～3.6 倍。腹部圆，腹棱自腹鳍基至肛门（图 b）。头小，吻长小于眼径。口端位，鳞中等大，侧线完全，侧线鳞 37～40 枚（图 a）。背鳍无硬刺，起点在腹鳍之后，分枝鳍条 7 根（图 a）；胸鳍长，接近腹鳍起点；臀鳍外缘略凹，分枝鳍条 14～18 根（图 a）。尾鳍分叉，下叶略长于上叶。体背灰色，体侧下部及腹部银白色。

生活习性：生活于水体中上层。

种群状况：数量多，但个体小。

地理分布：广西各大小江河及湖泊、水库均有分布。

📷 2021 广西河池市都安县

a

b

104. 台梅氏鳊 *Metzia formosae* (Oshima, 1920)

分类地位： 鲤形目 Cypriniformes 鲤科 Cyprinidae 梅氏鳊属 *Metzia*。

鉴别特征： 体小、延长，侧扁。头短，吻钝。口亚上位。背鳍无硬刺（图a、c），起点在腹鳍之后，背鳍分枝鳍条7根；胸鳍分枝鳍条13～14根；腹鳍分枝鳍条8根；臀鳍外缘内凹，分枝鳍条14～18根（图a、c）；尾鳍深分叉。腹棱自腹鳍基至肛门。鳞小，侧线鳞43～44枚。体银白色，背部灰色。体侧沿中轴线有1条黑色的纵纹（图a）。

生活习性： 生活于水体中上层。

种群状况： 数量少，个体较小。

地理分布： 分布于沿海各单独入海河流。

©2020 广西钦州市

1cm

a

b

c

105. 小梅氏鳊 *Metzia parva* Luo, Sullivan, Zhao & Peng, 2015

分类地位： 鲤形目 Cypriniformes 鲤科 Cyprinidae 梅氏鳊属 *Metzia*。

鉴别特征： 体小，细长，侧扁。头短，吻钝。口亚上位。背鳍无硬刺（图 a、c），起点在腹鳍之后，背鳍分枝鳍条 7 根；胸鳍分枝鳍条 10 根；腹鳍分枝鳍条 6 根；臀鳍外缘内凹，分枝鳍条 12 ～ 14 根（图 d）；尾鳍深分叉。腹棱自腹鳍基至肛门（图 b）。鳞中等大，侧线鳞 40 ～ 44 枚。体银白色，背部灰色。体侧沿中轴线有 1 条黑色的纵纹（图 a）。

生活习性： 生活于水体中上层。

种群状况： 模式产地数量多，但个体较小。

地理分布： 分布于红水河支流的澄江。

2021 广西河池市都安县

a

1cm

b

106. 长鼻梅氏鳊 *Metzia longinasus* Gan, Lan & Zhang, 2009

分类地位： 鲤形目 Cypriniformes 鲤科 Cyprinidae 梅氏鳊属 *Metzia*。

鉴别特征： 体小，侧扁。口亚上位。背鳍无硬刺，起点在腹鳍之后，背鳍分枝鳍条 7 根；胸鳍基长，接近或达到腹鳍起点；臀鳍外缘凹入，分枝鳍条为 10～11 根（图 a）；尾鳍深分叉，下叶长于上叶。腹棱自腹鳍基至肛门（图 b）。鳞中等大小，侧线鳞 43～44 枚。体银白色，背部灰色，尾柄处颜色略深。

生活习性： 生活于水体中上层。

种群状况： 数量多，但分布窄。

地理分布： 仅分布于红水河流域澄江支流的部分洞穴出口水域。

📷 2021 广西河池市都安县

2cm

a

b

107. 大眼华鳊 *Sinibrama macrops* (Günther, 1868)

分类地位：鲤形目 Cypriniformes 鲤科 Cyprinidae 华鳊属 *Sinibrama*。

鉴别特征：鳞中等大小，侧线完全。侧线鳞 54～60 枚（图 a）。体侧扁，略高。吻短而钝，吻长小于眼径。口端位。眼大（图 a）。背鳍具硬刺（图 a），其起点位于腹鳍起点之后，分枝鳍条 7 根；臀鳍分枝鳍条 21～25 根（图 a）；尾鳍分叉。腹棱自腹鳍基至肛门（图 b）。体背部灰色，体侧及腹面灰白色。腹鳍前部的侧线鳞表面具黑点，形成一条不明显的黑线。

生活习性：生活于水体中上层，水面较开阔的河段。

种群状况：有一定种群数量，是经济鱼类之一。

地理分布：桂江、柳江、红水河、左江、右江等内陆大小河流均有分布。

2021 广西桂林市恭城县

2cm

a

b

108. 海南华鳊 *Sinibrama melrosei* (Nichols & Pope, 1927)

分类地位： 鲤形目 Cypriniformes 鲤科 Cyprinidae 华鳊属 *Sinibrama*。

鉴别特征： 体侧扁，略高。吻短而钝，吻长短于眼径。口端位。眼大，头长为眼径的 3 倍以下。背鳍具硬刺，背鳍分枝鳍条 7 根（图 a）；腹鳍起点位于背鳍起点之前；臀鳍分枝鳍条 20～25 根（图 a）；尾鳍分叉。腹棱自腹鳍基至肛门（图 b）。鳞中等大小，侧线完全；侧线鳞 43～50 枚（图 a）。围尾柄鳞 16～18 枚。体背部灰色，体侧及腹面灰白色，各鳍透明。

生活习性： 生活于水体中上层，水流缓慢的河段。

种群状况： 沿海河流常见种类，但个体较小。

地理分布： 分布于广西沿海各单独入海河流。

📷 2020 广西防城港市防城区

2cm

a

b

109. 大眼近红鲌 *Ancherythroculter lini* Luo, 1994

分类地位： 鲤形目 Cypriniformes 鲤科 Cyprinidae 近红鲌属 *Ancherythroculter*。

鉴别特征： 体延长，侧扁。头背交界处略隆起。吻短钝，吻长小于眼径。口上位，口裂与体轴近乎垂直。眼大（图 a）。背鳍起点位于腹鳍之后，末根不分枝鳍条为硬刺（图 a）。胸鳍长，末端接近或达到腹鳍起点。腹鳍末端不达肛门。臀鳍外缘内凹，分枝鳍条 24～28 根（图 a）。尾鳍分叉深。腹棱自腹鳍基至肛门（图 b）。鳞中等大小，侧线完全，侧线鳞 61～68 枚（图 a）。鳔 2 室，后室大，末端有一细长小突类似 3 室（图 c）。体背部深灰色，体侧及腹部银白色。胸鳍、背鳍和尾鳍灰黑色。

生活习性： 生活于水体中上层，以小鱼为食，为小型凶猛鱼类。

种群状况： 数量较多，是当地重要的经济鱼类之一。

地理分布： 桂江、柳江、红水河、左江、右江等内陆河流均有分布。

⊙ 2020 广西河池市都安县

3cm

a

b

c

110. 南方拟鿕 *Pseudohemiculter dispar* (Peters, 1881)

分类地位： 鲤形目 Cypriniformes 鲤科 Cyprinidae 拟鿕属 *Pseudohemiculter*。

鉴别特征： 体延长，侧扁。吻尖。口端位，下颌中央具一凸起，与上颌中央的凹陷吻合。背鳍起点位于腹鳍起点之后，末根不分枝鳍条为光滑硬刺（图 a）。胸鳍尖，分枝鳍条 13 根。尾鳍分叉深，叶端尖。腹棱不完全，自腹鳍至肛门（图 b）。鳞中等大，侧线完全，侧线前部在胸鳍后端急弯折。体侧及背部浅灰色，腹部银白色；尾鳍边缘灰黑色。

生活习性： 生活于水体上层，游动迅速，杂食性。

种群状况： 数量多，是各大江河静水区的优势种群，是小型经济鱼类之一。

地理分布： 广西各大江河均有分布。

📷 2020 广西河池市都安县

2cm

a

b

111. 海南拟鲚 *Pseudohemiculter hainanensis* (Boulenger, 1900)

分类地位：鲤形目 Cypriniformes 鲤科 Cyprinidae 拟鲚属 *Pseudohemiculter*。

鉴别特征：体长，稍侧扁。腹棱自腹鳍起点至肛门（图 b）。吻尖。口端位。背鳍具硬刺，后缘光滑（图 a），分枝鳍条 7 根；胸鳍尖；臀鳍分枝鳍条 14～15 根（图 a）；尾鳍深分叉。鳞中等大，侧线完全，侧线前部向下倾斜，达胸鳍后端急弯折与腹部平行于体侧中轴之下；侧线鳞 47～50 枚。围尾柄鳞 16～18 枚。第一鳃弓外侧鳃耙 12 枚。下咽齿 3 行。体呈银色，体侧沿中轴线具一淡黄色纵纹。

生活习性：生活于水体上层，杂食性。

种群状况：数量多，但个体小，是小型经济鱼类之一。

地理分布：广西各大江河的支流、山溪、水库、湖泊均有分布。

📷 2020 广西河池市都安县

2cm

a

b

112. 三角鲂 *Megalobrama terminalis* (Richardson, 1846)

分类地位： 鲤形目 Cypriniformes 鲤科 Cyprinidae 鲂属 *Megalobrama*。

鉴别特征： 体菱形，侧扁。体长为体高的 2.4 ~ 2.9 倍。头小。吻短。口端位，马蹄形。眼中等大。背鳍末根不分枝鳍条为硬刺，后缘光滑（图 a）。胸鳍长，末端接近或达到腹鳍起点。腹鳍起点位于背鳍起点的前下方。臀鳍外缘略凹（图 a）。尾鳍分叉深。腹棱自腹鳍基至肛门（图 b）。鳞中等大，侧线完全，侧线鳞 53 ~ 58 枚（图 a）。体浅灰色，背部颜色稍深；体侧鳞片中部具半月形黑斑。各鳍略淡红色。

生活习性： 生活于水面开阔的江段。

种群状况： 西江干流，梧州市、桂平市数量多，是当地主要经济鱼类之一。

地理分布： 西江干流及各主要支流均有分布。

📷 2021 广西梧州市龙圩区

4cm

a

b

113. 团头鲂 *Megalobrama amblycephala* Yih, 1955

分类地位： 鲤形目 Cypriniformes 鲤科 Cyprinidae 鲂属 *Megalobrama*。

鉴别特征： 体菱形，侧扁。体长为体高的 1.9～2.4 倍。腹棱自腹鳍基至肛门（图 b）。头小。吻钝圆。口端位，颌具薄角质。眼中等大。鳞中等大，侧线完全。背鳍末根不分枝鳍条为粗短的硬刺（图 a）。胸鳍短。腹鳍起点位于背鳍的前下方。尾鳍分叉深。体灰黑色，腹部白色，各鳍灰黑色。

生活习性： 生活于水体中上层，喜欢水面开阔的湖泊、水库。

种群状况： 广西各水产市场常见鱼类，是经济鱼类之一。

地理分布： 广西各地均有人工养殖。

📷 2021 广西河池市都安县

4cm

a

b

114. 翘嘴鲌 *Culter alburnus* Basilewsky, 1855

分类地位： 鲤形目 Cypriniformes 鲤科 Cyprinidae 鲌属 *Culter*。

鉴别特征： 体长，侧扁。头长小于体高。吻钝，吻长大于眼径。口上位（图 a、c），口裂后端达鼻孔前缘的下方，下颌长于上颌，下颌向上翘，口裂几与体轴垂直（图 a、c）。眼大。背鳍起点位于腹鳍起点之后，末根不分枝鳍条为光滑粗壮的硬刺（图 a、d），分枝鳍条 7 根。胸鳍尖，末端近腹鳍起点。臀鳍外缘凹入，分枝鳍条 23～24 根（图 a）。尾鳍分叉深，叶端尖，下叶稍长。腹棱自腹鳍基至肛门（图 b）。鳞小；侧线完全，前部浅弧形，后部平直伸达尾柄中央，侧线鳞 78～89 枚（图 a）。体背侧呈青灰色，腹侧白色，各鳍灰黑色。

生活习性： 生活于水体上层，水面开阔的水库库区，以同一水层生活的小型鱼类为食。

种群状况： 广西各大型水库已形成优势种群，体型较大，在龙滩库区常见 10～15 kg 的个体，是主要经济鱼类之一。

地理分布： 西江水系干流及各大支流均有分布。

© 2020 广西河池市都安县

3cm

a

b

c　　d

115. 海南鲌 *Culter recurviceps* (Richardson, 1846)

分类地位： 鲤形目 Cypriniformes 鲤科 Cyprinidae 鲌属 *Culter*。

鉴别特征： 体延长，侧扁。头背交界处微隆起。吻短钝。口上位，口裂几与体纵轴垂直（图 a）。眼大。背鳍起点位于腹鳍起点之后，末根不分枝鳍条为光滑粗壮的硬刺（图 a）。胸鳍长，伸达腹鳍起点。腹鳍尖，不伸达肛门。臀鳍外缘凹入，分枝鳍条 24~26 根（图 a）。尾鳍分叉深。腹棱自腹鳍基至肛门（图 b）。鳞中等大，侧线完全，侧线鳞 72~76 枚（图 a）。鳔 3 室，中室最大，后室短小（图 c）。体浅灰色，腹部银白色；胸鳍前部、腹鳍和臀鳍基淡橘红色。

生活习性： 生活于水体上层，河段水面宽阔区，主要以小鱼为食，游动迅速。

种群状况： 数量较多，是宽阔水面河段主要经济鱼类之一。

地理分布： 西江干流、红水河、桂江、柳江、左江、右江均有分布。

📷 2020 广西河池市都安县

4cm

a

b

c

116. 蒙古红鲌鲌 *Chanodichthys mongolicus* (Basilewsky, 1855)

分类地位： 鲤形目 Cypriniformes 鲤科 Cyprinidae 红鳍鲌属 *Chanodichthys*。

鉴别特征： 体延长，侧扁。头背交界处微隆起。吻短钝。口端位，口裂斜，下颌略长于上颌。眼中等大。背鳍起点位于腹鳍起点之后，末根不分枝鳍条为光滑粗壮的硬刺。胸鳍短，远不达腹鳍起点。臀鳍凹入，分枝鳍条18～22根（图a）。尾鳍分叉深。鳞中等大，侧线完全，侧线鳞73～76枚（图a）。腹棱自腹鳍基至肛门（图b）。体浅灰色，腹部银白色；胸鳍前部、腹鳍和臀鳍基淡橘红色；尾鳍下叶橘红色更为明显。

生活习性： 生活于水面开阔的江段，以小型鱼类为食。

种群状况： 目前数量少。

地理分布： 西江干流梧州段，柳江象州段偶尔还能采集到标本。

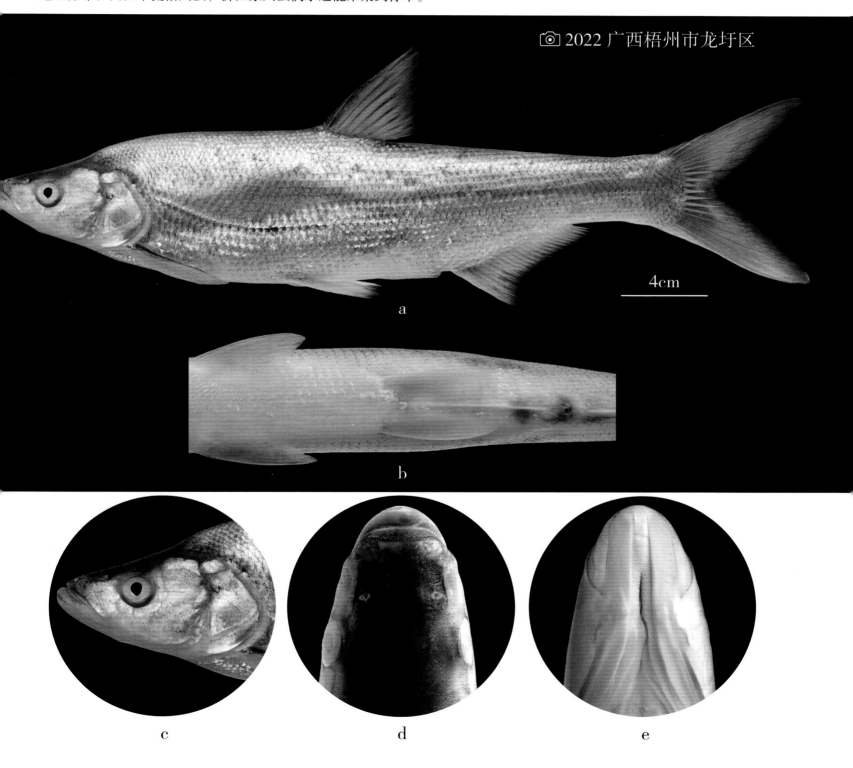

2022 广西梧州市龙圩区

4cm

a

b

c   d   e

117. 圆吻鲴 *Distoechodon tumirostris* Peters, 1880

分类地位： 鲤形目 Cypriniformes 鲤科 Cyprinidae 圆吻鲴属 *Distoechodon*。

鉴别特征： 体延长，侧扁。腹部圆。头小。吻钝。口下位，横裂（图 c）；上、下颌前缘具角质（图 c）。眼中等大。背鳍起点约与腹鳍起点相对或略后，末根不分枝鳍条为光滑的硬刺；胸鳍尖，末端不达腹鳍起点；臀鳍内凹；尾鳍分叉深。鳞中等大，侧线完全，侧线鳞 57～62 枚（图 a）。下咽齿 2 行，2·6—6·2 或 3·7—7·2（图 d）。肛门前无腹棱或腹棱极弱（图 b）。背鳍、尾鳍灰黑色，胸鳍基部、臀鳍前部浅黄色。

生活习性： 生活于水体中上层，喜欢静水河段、拦河大坝的库区，以固着藻类为食。

种群状况： 是广西江河主要经济鱼类之一。

地理分布： 桂江、柳江、郁江数量较多。

📷2019 广西桂林市永福县

3cm

a

b

c

d

118. 银鲴 *Xenocypris argentea* Günther, 1868

分类地位： 鲤形目 Cypriniformes 鲤科 Cyprinidae 鲴属 *Xenocypris*。

鉴别特征： 体延长，侧扁。体长为体高的 3.7～4.2 倍。头小。吻钝。口下位，横裂；上、下颌前缘具角质（图 c）。眼较大。背鳍起点与腹鳍起点相对或稍后，末根不分枝鳍条为光滑的硬刺（图 a、d），分枝鳍条 7 根；胸鳍尖，末端不达腹鳍起点；臀鳍凹入，分枝鳍条 8～9 根（图 a）；尾鳍分叉深。肛门前有不太明显的短腹棱（图 ab）。鳞中等大，侧线完全，侧线鳞 57～62 枚（图 a）。体银白色；背鳍、尾鳍灰黑色，胸鳍基部浅黄色。

生活习性： 喜欢生活于静水河段，尤其是拦河大坝的库区。

种群状况： 有一定种群数量，是经济鱼类之一。

地理分布： 分布广，广西境内各江河均有分布。

2020 广西钦州市

2cm

a

b

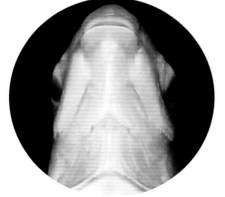

c

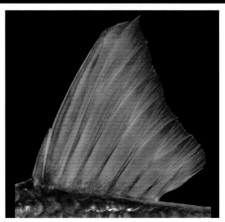

d

119. 黄尾鲴 *Xenocypris davidi* **Bleeker, 1871**

分类地位： 鲤形目 Cypriniformes 鲤科 Cyprinidae 鲴属 *Xenocypris*。

鉴别特征： 体延长，侧扁。体长为体高的 3.0 ~ 3.7 倍。头小。吻钝。口下位，横裂；上、下颌前缘具角质（图 c）。眼较大。背鳍起点位于腹鳍起点相对或稍前，末根不分枝鳍条为光滑的硬刺（图 a）；胸鳍尖，末端不达腹鳍起点；尾鳍分叉深。鳞中等大，侧线完全，侧线鳞 63 ~ 65 枚（图 a）。下咽齿 3 行，2·4·6—6·4·2（图 d）。在肛门前有短的腹棱（图 b）。体银白色；背鳍、尾鳍灰黑色，胸鳍基部浅黄色，尾鳍上、下叶黄色（图 a）。

生活习性： 生活于水面开阔的河段，尤其是拦河大坝的库区。

种群状况： 在梧州市、桂平市西江河段，天峨县的龙滩、岩滩库区数量多，是当地主要经济鱼类之一。

地理分布： 在广西境内的桂江、柳江、红水河、右江、左江均有分布。

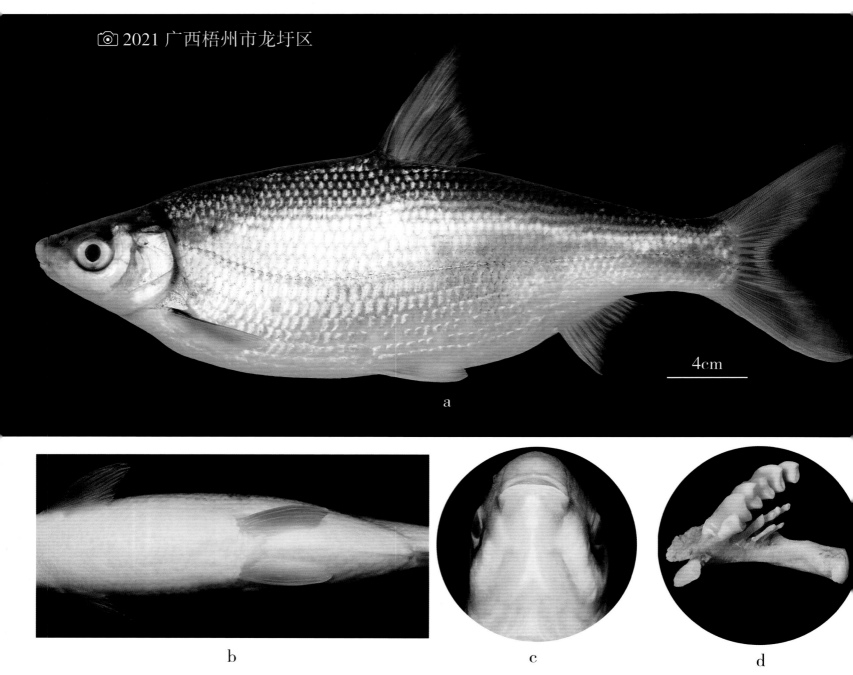

2021 广西梧州市龙圩区

4cm

a

b　　　c　　　d

120. 细鳞鲴 *Xenocypris microlepis* Bleeker, 1871

分类地位： 鲤形目 Cypriniformes 鲤科 Cyprinidae 鲴属 *Xenocypris*。

鉴别特征： 体延长，侧扁。头小。吻钝。口下位，横裂；上、下颌前缘具角质（图 c）。眼中等大。背鳍起点与腹鳍起点相对或稍前，末根不分枝鳍条为光滑的硬刺（图 a）；胸鳍尖，末端不达腹鳍起点；腹鳍短，远不达肛门；臀鳍凹入；尾鳍深分叉。鳞中等大，侧线完全，侧线鳞 76~77 枚（图 a）。肛门前有腹棱，向前伸达腹鳍基部（图 b）。下咽齿 3 行，2·4·6—6·4·2 或 2·4·7—7·4·2（图 d）。体银白色；背鳍、尾鳍灰黑色，胸鳍基部浅黄色，尾鳍橘黄色。

生活习性： 生活于水体中上层，喜欢静水河段，尤其是拦河大坝的库区。

种群状况： 成鱼个体大，是江河经济鱼类之一。

地理分布： 广西境内桂江、柳江、红水河、左江、右江均有分布。

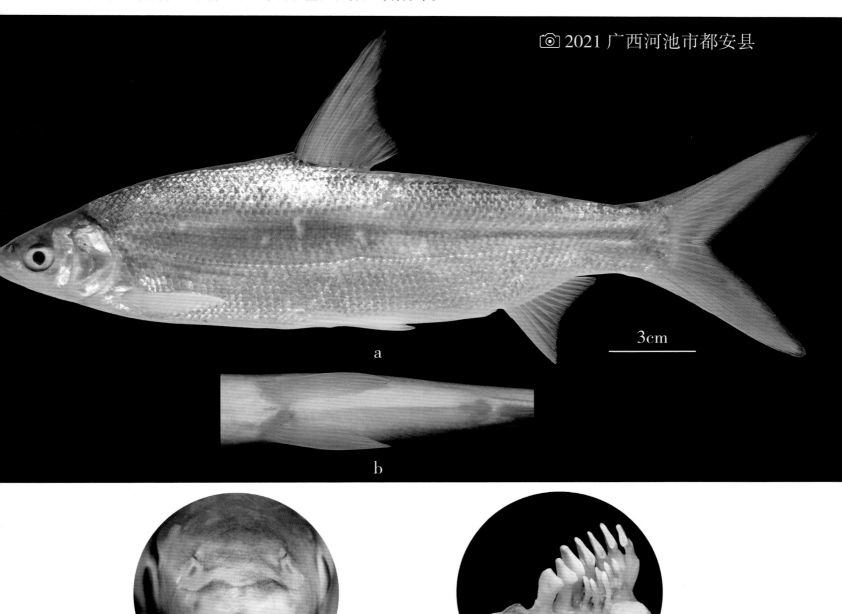

2021 广西河池市都安县

3cm

a

b

c

d

121. 花鲢 *Hypophthalmichthys nobilis* (Richardson, 1845)

分类地位： 鲤形目 Cypriniformes 鲤科 Cyprinidae 鲢属 *Hypophthalmichthys*。

鉴别特征： 体较高，侧扁。头大。口大，端位，口裂稍向上倾斜。背鳍短，起点位于腹鳍起点之后；胸鳍长，末端超过腹鳍起点（图 a）；腹鳍短；臀鳍较长，外缘凹入，分枝鳍条 10～13 根（图 a）；尾鳍深叉形。鳞细小，侧线完全，侧线前部向腹部下弯，后延伸至尾柄中央；侧线鳞 99～108 枚（图 a）。腹棱自腹鳍至肛门（图 b）。生活时背部及体侧上半部灰黑色，腹部灰白色，各鳍灰色，体侧有许多不规则的黑色斑点（图 a）。

生活习性： 生活在水体的中上层，性情温和；产漂流性卵，以浮游生物为食。

种群状况： 是重要的养殖对象之一，各大水库和江河数量较多。

地理分布： 分布广，广西境内各江河、水库均有分布。

2021 广西河池市都安县

3cm

a

b

122. 白鲢 *Hypophthalmichthys molitrix* (Valenciennes, 1844)

分类地位： 鲤形目 Cypriniformes 鲤科 Cyprinidae 鲢属 *Hypophthalmichthys*。

鉴别特征： 体较高，侧扁。头较大。吻圆钝。口大，端位。背鳍短，起点位于腹鳍起点之后；胸鳍短，末端不达腹鳍起点（图 a）；腹鳍短；臀鳍较长，外缘凹入，分枝鳍条 11～13 根（图 a）；尾鳍深叉形。鳞小，侧线完全，侧线前部向腹部下弯；侧线鳞 103～144 枚（图 a）。腹棱完全（图 b）。下咽齿 1 行，4—4。体背部灰黑色，体侧和腹部银白色；背鳍、尾鳍边缘稍黑。

生活习性： 生活在水体的中上层；产漂流性卵，以浮游生物为食。

种群状况： 重要的养殖对象之一，各大水库和江河数量较多。

地理分布： 分布广，广西境内各江河、水库均有分布。

📷 2020 广西河池市都安县

3cm

a

b

123. 间鳎 *Hemibarbus medius* Yue, 1995

分类地位： 鲤形目 Cypriniformes 鲤科 Cyprinidae 鳎属 *Hemibarbus*。

鉴别特征： 体延长，腹部圆，后躯侧扁。吻钝圆，吻长等于或稍大于眼后头长。口下位。唇稍薄，唇后沟中断。须 1 对。眼大。背鳍具粗长的光滑硬刺（图 a、d），分枝鳍条 7 根；臀鳍分枝鳍条 6 根（图 a）；尾鳍叉形。鳞中等大。侧线完全，平直；侧线鳞 47～49 枚（图 a）。生活时体背青灰色，腹部略白。侧线上方具 7～10 个纵列圆黑斑。

生活习性： 多生活于支流的小河，杂食性底层鱼类。

种群状况： 有一定种群数量，是小型经济鱼类。

地理分布： 红水河、柳江、桂江、右江、左江、南流江均有分布。

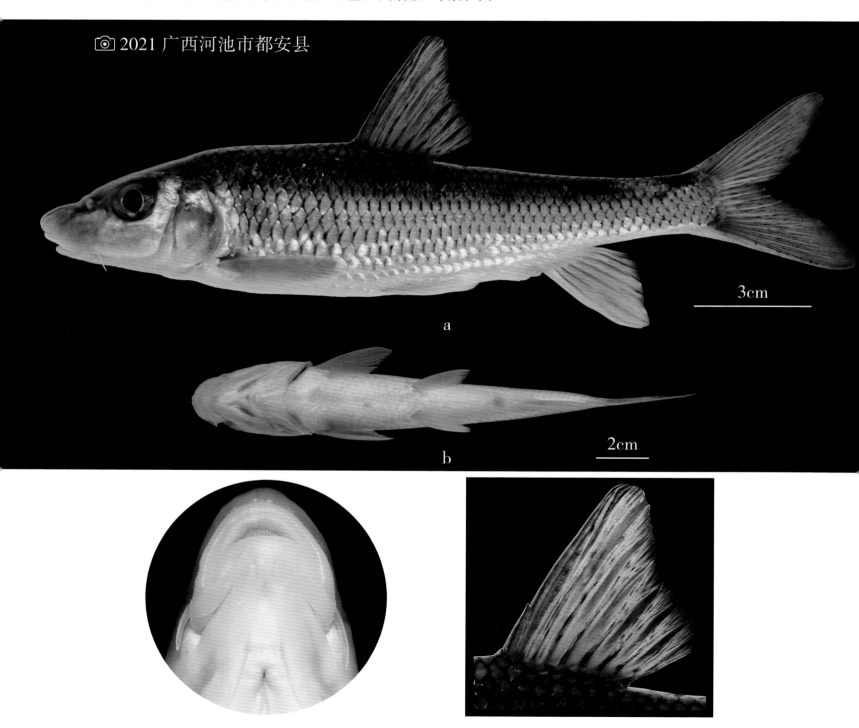

2021 广西河池市都安县

3cm

a

2cm

b

c

d

124. 大刺鳕 *Hemibarbus macracanthus* Lu, Luo & Chen, 1977

分类地位： 鲤形目 Cypriniformes 鲤科 Cyprinidae 鳕属 *Hemibarbus*。

鉴别特征： 体延长，腹部圆，后躯侧扁。吻钝圆。口下位。唇稍薄，唇后沟中断。须1对，须长略小于眼径。眼大。背鳍具粗长的光滑硬刺，其长度远大于头长（图a、c），分枝鳍条7根；臀鳍分枝鳍条6根（图a）；尾鳍叉形。鳞中等大。侧线完全，平直；侧线鳞47~49枚（图a）。生活时体背青灰色，腹部略白。侧线上方具7~10个纵列圆黑斑，圆斑直径小于眼径。

生活习性： 生活于水体下层，杂食性。

种群状况： 分布地小河流有一定数量，是当地小型经济鱼类之一。

地理分布： 分布于广西沿海各单独入海诸河。

📷 2019 广西防城港市东兴市

2cm

a

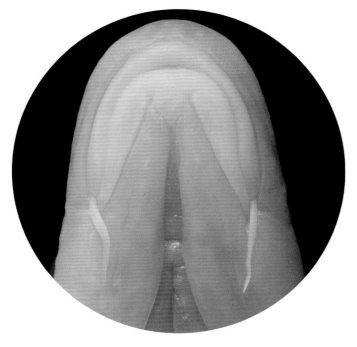

b

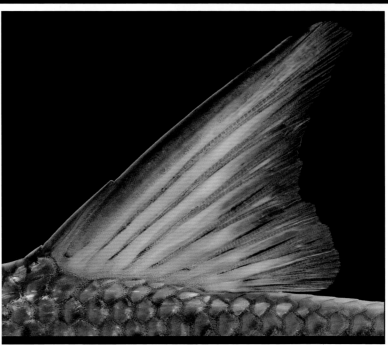

c

125. 花棘鳎 *Hemibarbus umbrifer* (lin, 1931)

分类地位: 鲤形目 Cypriniformes 鲤科 Cyprinidae 鳎属 *Hemibarbus*。

鉴别特征: 体长,腹部圆,后躯侧扁。吻钝圆,吻长等于或稍大于眼后头长。口下位。唇稍薄,唇后沟中断。须1对,须长小于眼径。眼大。背鳍刺纤细且短小(图a、d),分枝鳍条7根(图a、d);臀鳍分枝鳍条6根(图a)。鳞中等大。侧线完全,平直;侧线鳞43~44枚(图a)。生活时体背青灰色,腹部略白。侧线上方具7~10个纵列圆黑斑;体侧上部鳞片具黑斑;背、尾鳍具有许多小黑点。

生活习性: 多生活于支流的小河,底层鱼类,杂食性。

种群状况: 种群数量少。

地理分布: 分布于左江、右江上游的支流。文献记载在广西桂林、象州、金秀大瑶山有分布。

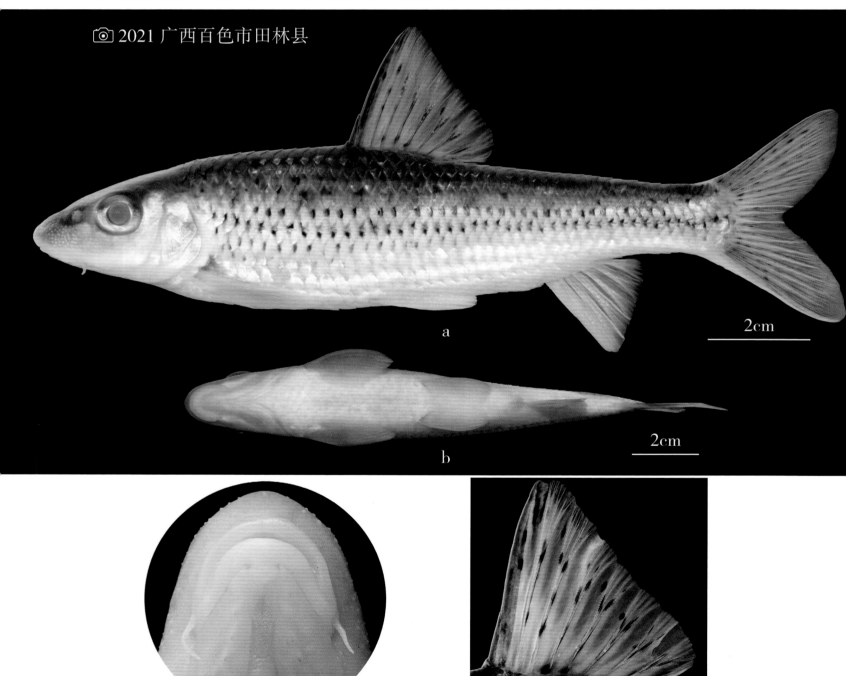

📷 2021 广西百色市田林县

a

2cm

b

2cm

c

d

126. 长麦穗鱼 *Pseudorasbora elongata* Wu, 1939

分类地位： 鲤形目 Cypriniformes 鲤科 Cyprinidae 麦穗鱼属 *Pseudorasbora*。

鉴别特征： 体细长，近圆筒形，尾部侧扁。头尖（图 a、b）。吻略平扁。口小。无须。眼大。背鳍起点位于腹鳍起点之后，分枝鳍条 7 根（图 a）；臀鳍分枝鳍条 6 根（图 a）。尾鳍分叉。侧线完全，平直；侧线鳞 44～45 枚（图 a）。生活时体呈暗灰色，体侧自吻端过眼向后沿侧线至尾鳍基部的末端具一宽阔的黑色纵纹（图 a）；尾鳍基中央有一黑斑；腹部白色。

生活习性： 山间溪流中的小型鱼类。

种群状况： 种群数量稀少。

地理分布： 分布于广西来宾市金秀县境内大瑶山的溪流。

© 2021 广西来宾市金秀县

2cm

a

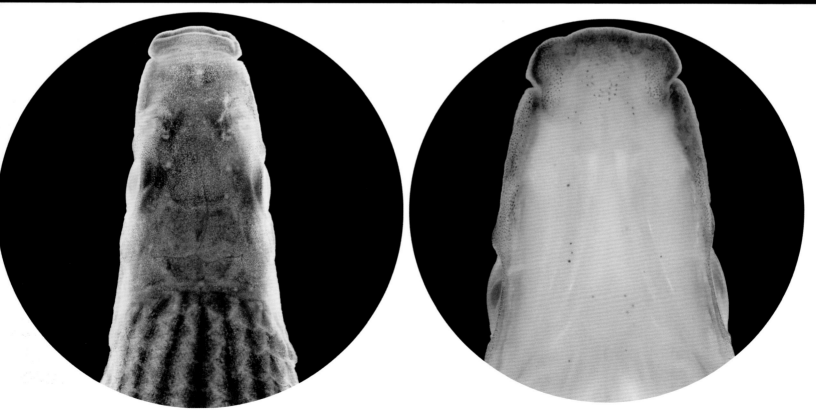

b

c

127. 小麦穗鱼 *Pseudorasbora parva* (Temminck & Schlegel, 1846)

分类地位： 鲤形目 Cypriniformes 鲤科 Cyprinidae 麦穗鱼属 *Pseudorasbora*。

鉴别特征： 体短小，略侧扁。口较小，亚上位。唇薄，无乳突。背鳍起点位于腹鳍起点相对略稍前，外缘弧形；胸鳍和腹鳍短；臀鳍分枝鳍条6根（图雌a，雄a）。尾鳍浅分叉，上、下叶等长，末端圆钝。通体被鳞，侧线鳞33～38枚（图雌a，雄a）。生活时背侧灰青色，腹部浅灰色，体侧各鳞片后缘具新月形黑斑。背鳍有暗色斜纹2条，臀鳍有暗纹1条。生殖期雄性体色变暗，在吻部及眼下具珠星（图雄a、b）。

生活习性： 喜欢生活于静止的小水体、小溪、沟渠中，喜成群在静水或缓流水区游动。杂食性，对环境的适应力强。

种群状况： 个体小，繁殖力强，人工养殖水体常需清除。

地理分布： 广西各水系池塘、沟溪均有分布。

📷 2021 广西河池市都安县

1cm

a

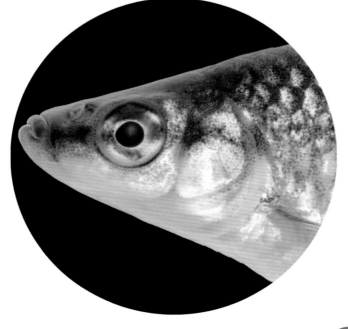

b

雌

c

a

1cm

b

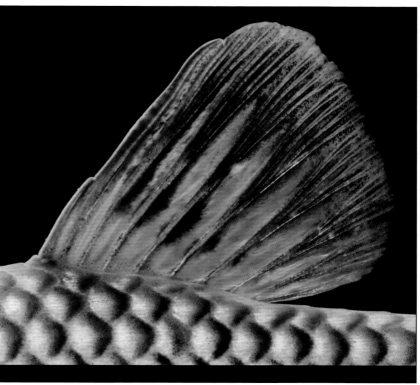

c

雄

128. 华鳈 *Sarcocheilichthys sinensis* Bleeker, 1871

分类地位： 鲤形目 Cypriniformes 鲤科 Cyprinidae 鳈属 *Sarcocheilichthys*。

鉴别特征： 体稍侧扁，腹部圆。头小。口小，亚下位，呈马蹄形（图 d）。唇薄，唇后沟中断；下颌前缘具角质边缘（图 d）。无须。眼小。背鳍起点位于腹鳍之前，末根不分枝鳍条基部较硬，分枝鳍条 7 根（图 a）；臀鳍凹入，分枝鳍条 6 根；尾鳍深分叉。体被鳞，侧线完全，平直，侧线鳞 37 ~ 40 枚（图 a）。生活时体暗褐色，略黄，腹部白色；体侧具 2 条宽阔的垂直条斑，其斑块的宽度大于斑块间距；各鳍灰黑色。

生活习性： 喜栖息于水流缓慢的河流中，杂食性。

种群状况： 种群数量少。

地理分布： 分布于桂江水系的平乐县境内。

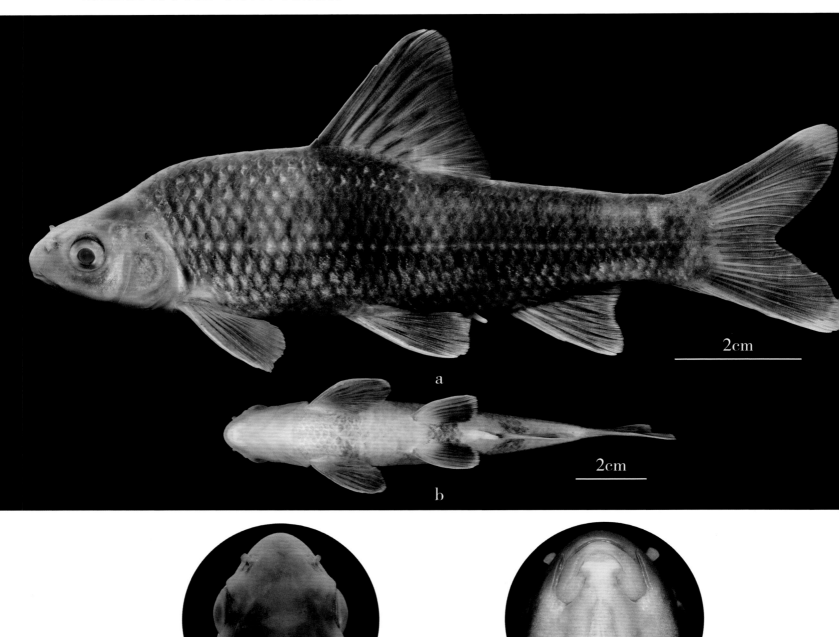

a

b

c　　　　　　　　　　　　　　d

129. 黑鳍鳈 *Sarcocheilichthys nigripinnis* (Günther, 1873)

分类地位： 鲤形目 Cypriniformes 鲤科 Cyprinidae 鳈属 *Sarcocheilichthys*。

鉴别特征： 体稍侧扁，腹部圆。头小。口小，下位。唇发达，唇后沟中断；下唇侧叶向前延伸。眼小。背鳍起点位于腹鳍之前，末根不分枝鳍条软，分枝鳍条 7 根（图 a）；臀鳍分枝鳍条 6 根（图 a）；尾鳍深分叉。体被鳞，胸腹部的鳞片较细。侧线完全，平直，侧线鳞 37～40 枚（图 a）。生活时体暗褐色，略黄，腹部白色。鳃孔后缘有一深黑色斑纹（图 a）。体侧具许多不规则的垂直黑斑（图 a）。

生活习性： 喜栖息于水流缓慢的小河、溪流中，杂食性。

种群状况： 种群数量少。

地理分布： 广西各水系小河流均有分布。

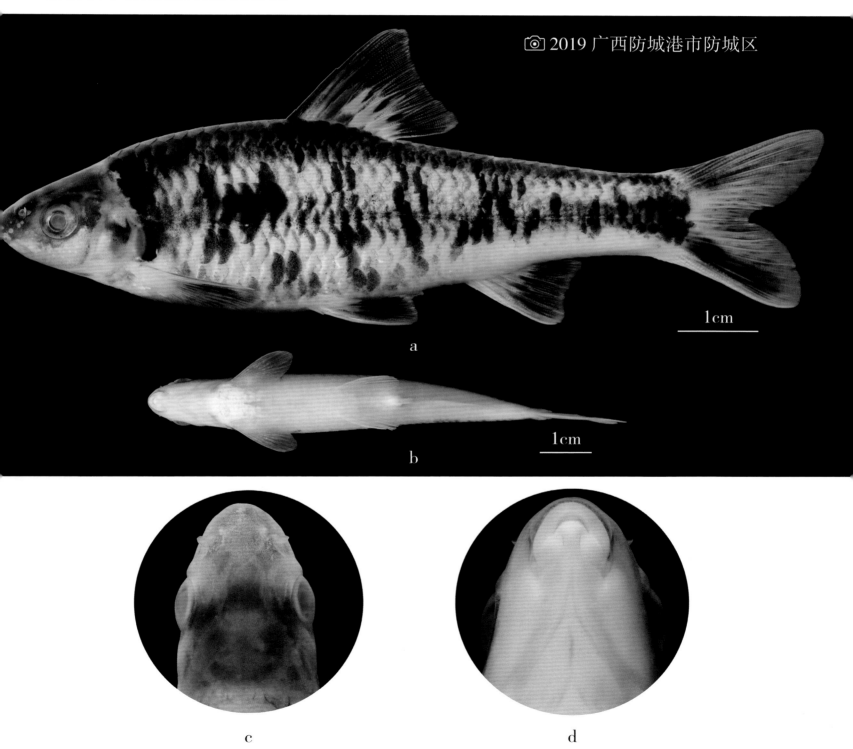

2019 广西防城港市防城区

a

b

c

d

130. 小鳈 *Sarcocheilichthys parvus* Nichols, 1930

分类地位：鲤形目 Cypriniformes 鲤科 Cyprinidae 鳈属 *Sarcocheilichthys*。

鉴别特征：体小，稍侧扁，腹部圆。头小。口小，亚下位。唇薄，唇后沟中断；下颌前缘具发达的角质边缘。背鳍起点位于腹鳍起点之前，末根不分枝鳍条柔软，分枝鳍条7根（图雌a，雄a）；臀鳍分枝鳍条6根（图雌a，雄a）；尾鳍凹入。体被鳞，侧线完全，平直，侧线鳞35～36枚（图雌a，雄a）。生活时体暗褐色，略黄，腹部白色。体侧沿侧线具1条纵行黑带，其宽度略小于眼径（图雌a，雄a）。雄性在繁殖季节背鳍、腹鳍、臀鳍变红，鳃盖及峡部淡黄色，吻部两侧具珠星（图雄a、b）。

生活习性：喜栖息于杂草丛生、水流缓慢的河流中，杂食性。

种群状况：种群数量少。

地理分布：分布于柳江水系支流武阳江。

📷 2021 广西河池市罗城县

1cm

a

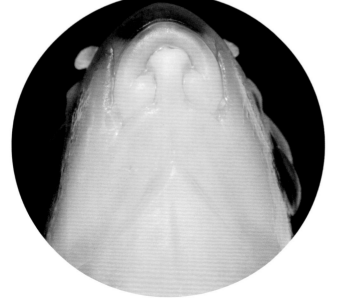

b

c

雌

a

1cm

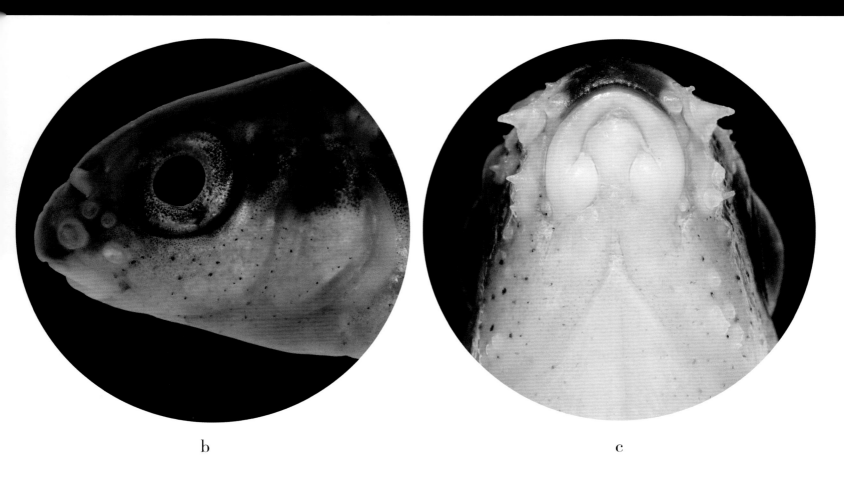

b

c

雄

131. 银鮈 *Squalidus argentatus* (Sauvage & Dabry de Thiersant, 1874)

分类地位： 鲤形目 Cypriniformes 鲤科 Cyprinidae 银鮈属 *Squalidus*。

鉴别特征： 体近圆筒形，后部侧扁。吻短。口下位。须 1 对，须长约与眼径相当（图 a）。眼大。唇薄，简单（图 d）；唇后沟中断。背鳍起点位于腹鳍起点之前，分枝鳍条 7 根（图 a）；臀鳍分枝鳍条 6 根；尾鳍深分叉。体被细鳞，侧线完全，平直，侧线鳞 39～42 枚（图 a）。生活时体银灰色，腹部银白色。体侧沿侧线上方有 1 条银灰色纵带。背鳍及尾鳍灰色，其余各鳍灰白色。

生活习性： 生活于水体中下层，尤其是河流沙滩处。

种群状况： 种群数量较多，但个体小，是江河常见的小型鱼类。

地理分布： 桂江、柳江、红水河、右江、左江、南流江均有分布。

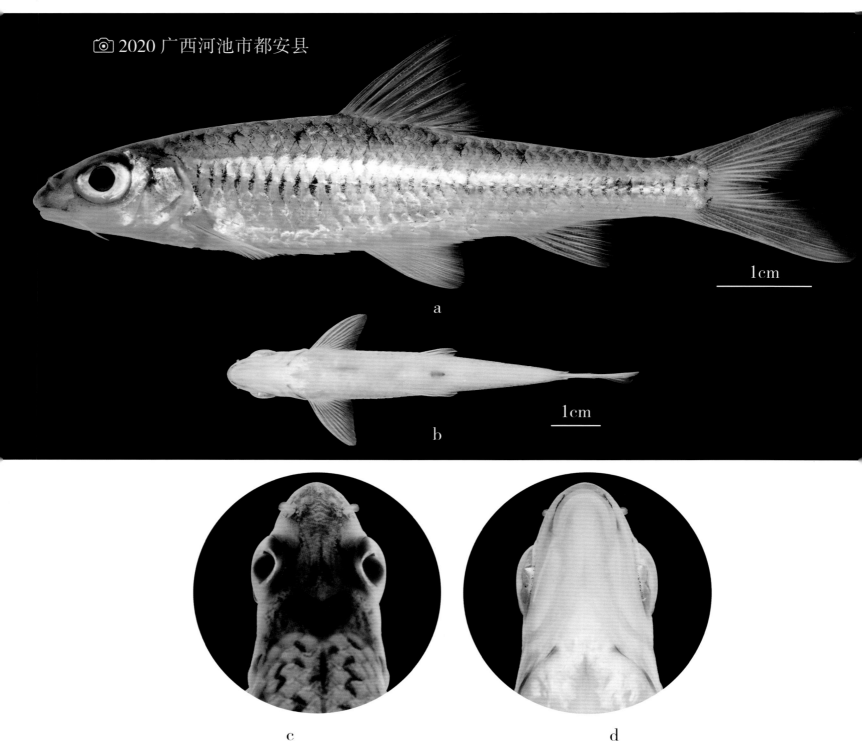

2020 广西河池市都安县

1cm

a

1cm

b

c　　　　　　　　　　d

132. 片唇鮈 *Platysmacheilus exiguous* (Lin, 1932)

分类地位：鲤形目 Cypriniformes 鲤科 Cyprinidae 片唇鮈属 *Platysmacheilus*。

鉴别特征：体延长，稍近圆筒形。头小，其长约稍小于体高。口下位，弧形；上、下颌有角质边缘。唇发达，具乳突；下唇不分叶，向后伸展连成一整片（图 c），后端游离，分裂稍呈流苏状。口角须 1 对，其长度小于眼径。背鳍无硬刺，起点位于腹鳍起点之前，分枝鳍条 8 根（图 a）；胸鳍长，后伸超过背鳍起点的垂直下方；臀鳍外缘略凸，分枝鳍条 6 根（图 a、d）；尾鳍凹入，上、下圆钝。侧线完全，几乎平直，侧线鳞 37～41 枚（图 a）。体背、体侧暗灰色，腹鳍略白；横跨背部具有 5 个大黑斑；体侧沿侧线具有 5～7 个黑斑（图 a）。

生活习性：生活于山间溪流，水质清澈、水温较低的环境。

种群状况：种群数量少。

地理分布：分布于柳江、桂江水系。

© 2021 广西柳州市融水县

a

1cm

b

1cm

c

d

133. 棒花鱼 *Abbottina rivularis* (Basilewsky, 1855)

分类地位： 鲤形目 Cypriniformes 鲤科 Cyprinidae 棒花鱼属 *Abbottina*。

鉴别特征： 体延长，前躯近圆筒形，后躯侧扁。头钝。吻较长，在鼻孔前缘间隔处有凹陷。口小，下位。唇厚、发达；下唇中叶为 1 对紧靠在一起的卵圆形肉质突起，两侧叶光滑而较大（图 d）。须 1 对，须长小于眼径。背鳍无硬刺，外缘扇形，分枝鳍条 8 根（图 a）；胸鳍后伸超过背鳍起点但不达腹鳍起点；腹鳍短；臀鳍分枝鳍条 5 根（图 a）；尾鳍凹入。侧线完全，平直，侧线鳞 35～39 枚。生活时体黄褐色，背部及体侧略暗，腹部浅白色；全身散布不规则小黑斑，体侧沿侧线有多个略大于眼径的黑斑；体背有 5 个黑斑；吻端至眼前缘有一黑条纹。

生活习性： 底层鱼类，沙底、石砾、泥底均能适应。

种群状况： 有一定数量，是小型经济鱼类。

地理分布： 分布广，红水河、桂江、柳江、右江、左江各支流均有分布。

2021 广西河池市都安县

a

2cm

b

2cm

c

d

134. 福建小鳔鮈 *Microphysogobio fukiensis* (Nichols, 1926)

分类地位： 鲤形目 Cypriniformes 鲤科 Cyprinidae 小鳔鮈属 *Microphysogobio*。

鉴别特征： 体延长，头腹面及胸部较平坦，腹部稍圆。吻圆钝。口下位，马蹄形。唇发达，具乳突；上唇中央具 1 对圆形乳突，边缘分裂；下唇有 2 个圆形突起（图 b）。口角须 1 对（图 a、b）。眼大，侧上位。背鳍末根不分枝鳍条柔软、光滑，背鳍后伸不达臀鳍起点上方；胸鳍后伸不达腹鳍；臀鳍分枝鳍条 5 根（图 c）；尾鳍凹入。鳞片较大，侧线完全，侧线鳞 35～37 枚（图 a）。体棕褐色，腹部淡棕色；鳃盖上有一小黑斑；体侧沿侧线有 9 个左右的黑色斑纹；背、胸和尾鳍上有小黑斑并排列成条纹。

生活习性： 喜栖息于河流的沙滩急流处。

种群状况： 有一定种群数量，但个体小。

地理分布： 桂江、柳江、红水河、右江、左江各水系均有分布。

2021 广西河池市罗城县

1cm

a

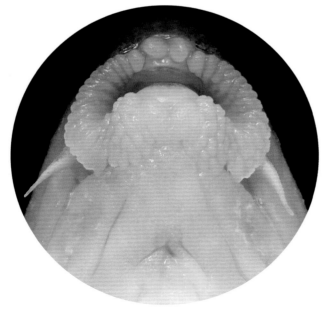

b

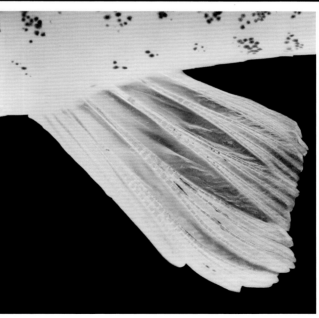

c

135. 乐山小鳔鮈 *Microphysogobio kiatingensis* (Wu, 1930)

分类地位: 鲤形目 Cypriniformes 鲤科 Cyprinidae 小鳔鮈属 *Microphysogobio*。

鉴别特征: 体较长，头部腹面较平。吻短，头部在鼻孔前方稍凹陷。口下位。唇具发达乳突，下唇中央有 2 个较大的突起（图 b）。口角须 1 对（图 a、b），须长小于眼长。背鳍短，外缘微凹，后伸远不达臀鳍起点上方；胸鳍长，后伸超过背鳍起点之前，但不达腹鳍起点；臀鳍分枝鳍条 6 根（图 c）；尾鳍深分叉。鳞较大，侧线完全，侧线鳞 35～37 枚（图 a）。生活时体灰棕褐色，腹部银白色；体侧沿侧线有 8～11 个小于眼径的黑斑；各鳍散布不明显的黑斑。

生活习性: 生活于浅水沙滩水缓流处。

种群状况: 种群数量不多，个体小。

地理分布: 柳江、桂江水系的大小支流均有分布。

2021 广西河池市罗城县

a

1cm

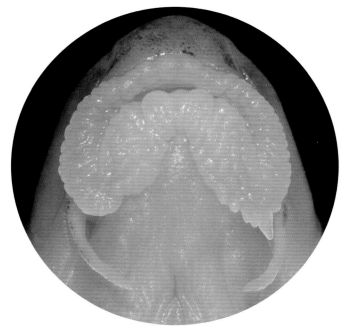

b

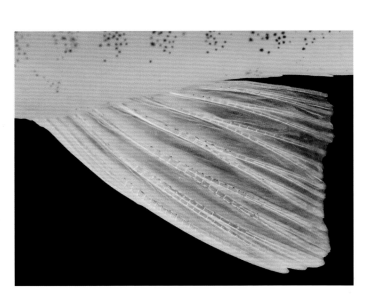

c

136. 嘉积小鳔鮈 *Microphysogobio kachekensis* (Oshima, 1926)

分类地位： 鲤形目 Cypriniformes 鲤科 Cyprinidae 小鳔鮈属 *Microphysogobio*。

鉴别特征： 体较长，头部腹面较平。头长大于体高。吻短，头部在鼻孔前方稍凹陷。口下位。唇具发达乳突，下唇中央有 2 个较大的突起（图 c）。口角须 1 对，须长短于眼径（图 a、b、c）。背鳍短，外缘凹入；胸鳍长，后伸超过背鳍起点之前，但不达腹鳍起点；臀鳍分枝鳍条 6 根（图 d）；尾鳍深分叉。鳞较大，侧线完全，侧线鳞 34 枚（图 a）。生活时体灰棕褐色，腹部略白；侧线鳞片后缘有黑斑；侧线以上的部分鳞片也有黑色后缘；体侧沿侧线有 8～10 个略小于眼径的黑斑。

生活习性： 栖息于河滩浅水区。

种群状况： 数量多但个体小，为常见的小型鱼类。

地理分布： 广西沿海各单独入海小河，柳江、桂江都有分布。

2020 广西防城港市防城区

a

b

c

d

137. 长体小鳔鮈 *Microphysogobio elongatus* (Yao & Yang, 1977)

分类地位： 鲤形目 Cypriniformes 鲤科 Cyprinidae 小鳔鮈属 *Microphysogobio*。

鉴别特征： 体较长，头部腹面较平。头长大于体高。吻短，头部在鼻孔前方稍凹陷。口下位。唇具发达乳突，下唇中央有 2 个较大的突起（图 b）。口角须 1 对（图 a、b）。背鳍短；腹鳍起点约在胸鳍基与臀鳍起点之间的中点，末端不达臀鳍；胸鳍长，接近腹鳍起点；臀鳍分枝鳍条 6 根（图 c）；尾鳍分叉。鳞较大，侧线完全，侧线鳞 36～37 枚（图 a）。生活时体灰棕褐色，腹部略白；侧线鳞片后缘有黑斑；侧线以上的部分鳞片也有黑色后缘。体侧沿侧线有 8～10 个黑斑。

生活习性： 栖息于河流浅水区。

种群状况： 种群数量少。

地理分布： 红水河、柳江、桂江水系支流有分布。

📷 2021 广西柳州市三江县

a

1cm

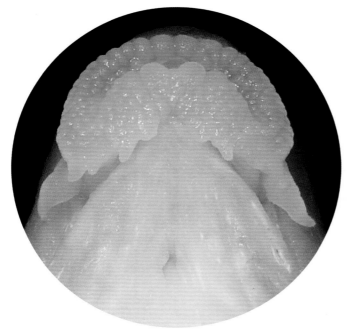

b

c

138. 似长体小鳔鮈 *Microphysogobio pseudoelongatus* Zhao & Zhang, 2001

分类地位： 鲤形目 Cypriniformes 鲤科 Cyprinidae 小鳔鮈属 *Microphysogobio*。

鉴别特征： 体细长，胸腹平坦，前躯近圆筒形。吻短，圆钝。口小，下位。唇厚，上唇中央具 4 ~ 6 个乳突排列成一排，两侧口角处乳突多行；下唇 3 叶，中叶为 1 对卵圆形的肉质突起，两侧叶发达，在口角处与上唇相连，表面具乳突（图 c）。口角须 1 对。背鳍短，外缘微凹；胸鳍后伸不达腹鳍起点；腹鳍短，起点位于背鳍起点之后；臀鳍分枝鳍条 6 根（图 d），尾鳍深分叉。体被圆鳞，侧线完全，侧线鳞 37 ~ 38 枚（图 a）。生活时侧线以上体侧浅黄色，腹部略白；侧线有 1 条连续的黑带（图 a）。体侧沿侧线有 8 ~ 10 个黑斑。各鳍均布有黑色小斑点。

生活习性： 生活于水底层，山溪急流。

种群状况： 种群数量少，个体小。

地理分布： 分布于防城江及防城港市境内单独入海河流。

📷 2020 广西防城港市防城区

1cm

a

1cm

b

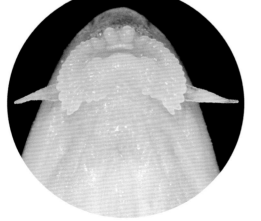

c

d

139. 洞庭小鳔鮈 *Microphysogobio tungtingensis* (Nichols, 1926)

分类地位： 鲤形目 Cypriniformes 鲤科 Cyprinidae 小鳔鮈属 *Microphysogobio*。

鉴别特征： 体细长。头腹面及胸部较平坦，腹部稍圆。头长大于体高。吻圆钝。口下位，马蹄形。唇薄，具乳突，上唇边缘分裂；下唇前缘有 2 个圆形突起，侧叶较小（图 c）。口角须 1 对。眼大，侧上位。背鳍末根不分枝鳍条柔软、光滑；胸鳍后伸超过背鳍起点下方，不达腹鳍；臀鳍分枝鳍条 6 根（图 d）；尾鳍深分叉。鳞片较大，侧线完全，侧线鳞 38～39 枚。体棕褐色，腹部淡棕色；体侧沿侧线有 7～9 个黑色斑纹，背部正中有 5 个黑斑；背、胸和尾鳍上有小黑斑并排列成条纹。

生活习性： 生活于河滩浅水区，喜流水环境。

种群状况： 种群数量少。

地理分布： 广西的柳江、桂江水系支流有分布。

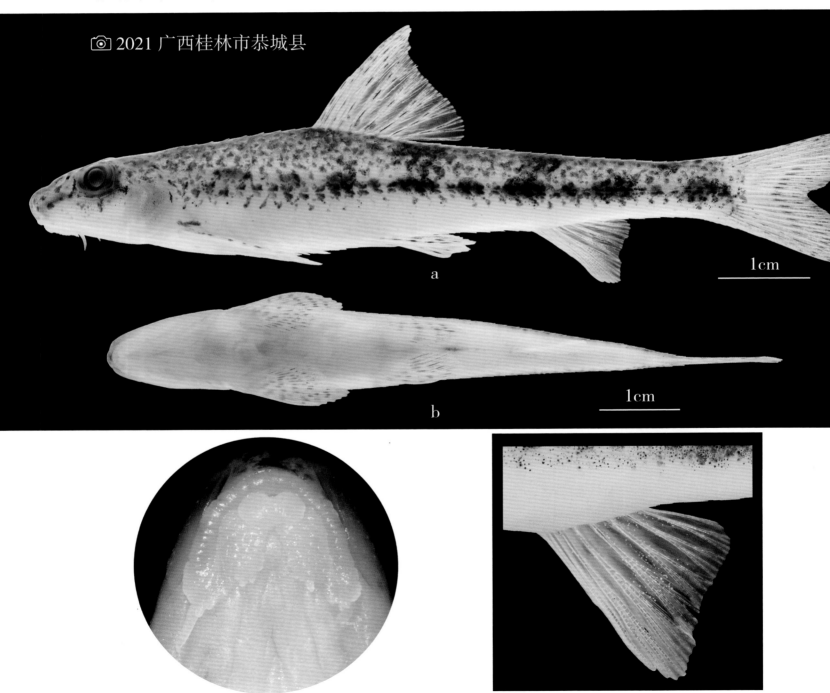

2021 广西桂林市恭城县

a

1cm

b

1cm

c

d

140. 似鮈 *Pseudogobio vaillanti* (Sauvage, 1878)

分类地位： 鲤形目 Cypriniformes 鲤科 Cyprinidae 似鮈属 *Pseudogobio*。

鉴别特征： 体棍棒形，后部略侧扁。吻长，略平扁，吻长远大于眼径的 2 倍（图 a、c）。鼻孔前缘间隔处略凹。口下位，深弧形。唇发达，具乳突；下唇厚，分 3 叶，中间叶椭圆形，侧叶发达（图 d）；唇后沟连续。口角须 1 对（图 d）。背鳍无硬刺（图 a）；胸鳍后伸接近腹鳍起点（图 b）；腹鳍超过肛门，远不达臀鳍起点（图 b）；尾鳍叉形。侧线鳞 39～42 枚（图 a）。侧线以上体侧散布许多小斑，体侧中轴线上有 6～9 个方形黑斑。

生活习性： 喜栖息于河流沙滩处。

种群状况： 种群数量不多。

地理分布： 在广西分布于南流江等沿海各河流。

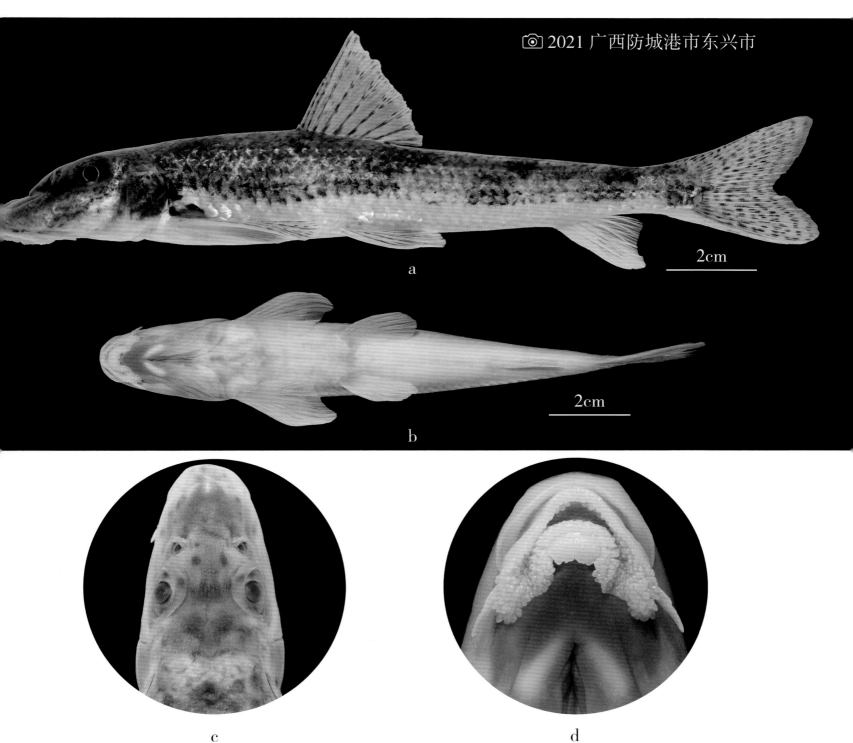

2021 广西防城港市东兴市

a

2cm

b

2cm

c

d

141. 建德小鳔鮈 *Microphysogobio tafangensis* (Wang, 1935)

分类地位：鲤形目 Cypriniformes 鲤科 Cyprinidae 小鳔鮈属 *Microphysogobio*。

鉴别特征：体延长，前躯粗壮。头腹面及胸部较平坦，腹部稍圆。吻圆钝。口下位，马蹄形。唇发达，具乳突，上唇边缘分裂；下唇中央有 2 个圆形突起，侧叶发达（图雌 c，雄 c）。口角须 1 对。眼大，侧上位。背鳍长，后伸接近或超过臀鳍起点上方（图雄 a），末根不分枝鳍条柔软、光滑；胸鳍后伸接近背鳍起点，不达腹鳍；臀鳍分枝鳍条 5 根（图雌 d、雄 d）；尾鳍深分叉。鳞片较大，侧线完全。体棕褐色，腹部淡棕色；鳃盖上有一小黑斑；体侧沿侧线有 8 个左右的黑色斑纹；背、胸和尾鳍上有小黑斑并排列成条纹。雄性繁殖季节背鳍变红（图雄 a）。

生活习性：生活于急流的山溪、小河沟。

种群状况：种群数量少。

地理分布：在广西的柳江、桂江水系支流有分布。

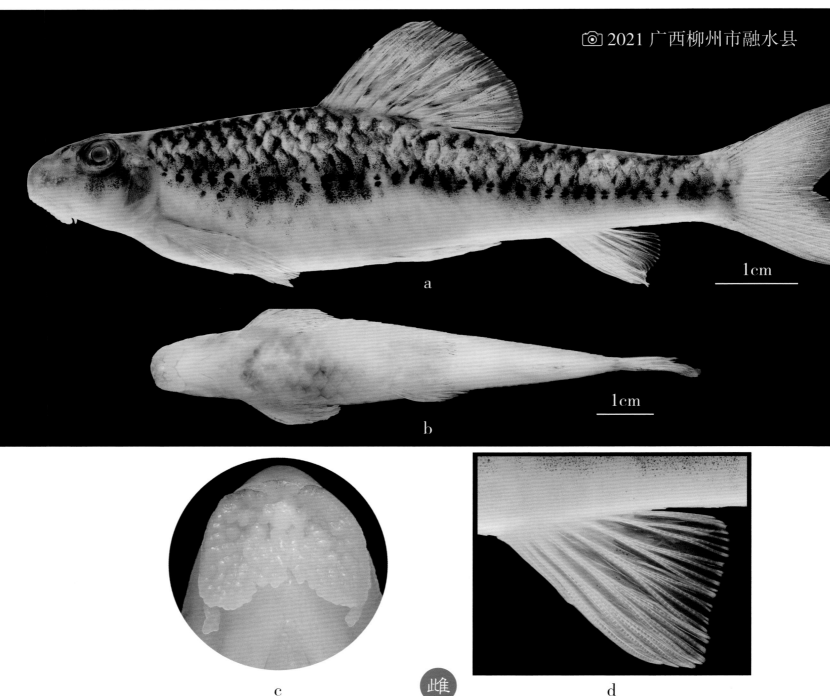

2021 广西柳州市融水县

1cm

1cm

a

b

c

此雌

d

a

2cm

b

2cm

c

雄

d

142. 桂林似鮈 *Pseudogobio guilinensis* Yao & Yang, 1977

分类地位：鲤形目 Cypriniformes 鲤科 Cyprinidae 似鮈属 *Pseudogobio*。

鉴别特征：体棍棒形，略侧扁。吻长，吻长远大于眼径的 2 倍（图 a、c）。尾柄长为尾柄高的 2 倍以上。鼻孔前缘间隔处略凹。口下位。唇发达，具乳突；下唇厚，分 3 叶（图 d）；唇后沟连续。口角须 1 对。背鳍无硬刺；胸鳍接近或伸达腹鳍起点（图 b）；腹鳍超过肛门，远不达臀鳍起点（图 b）；尾鳍叉形。侧线鳞 43～44 枚（图 a）。侧线以上体侧散布许多小斑，体侧中轴和背部各有 5～6 个不规则的黑斑。

生活习性：栖息于河滩，尤其是石砾、沙底河段。

种群状况：有一定数量，是柳江、桂江的主要经济鱼类之一。

地理分布：分布于柳江、桂江干流及各支流。

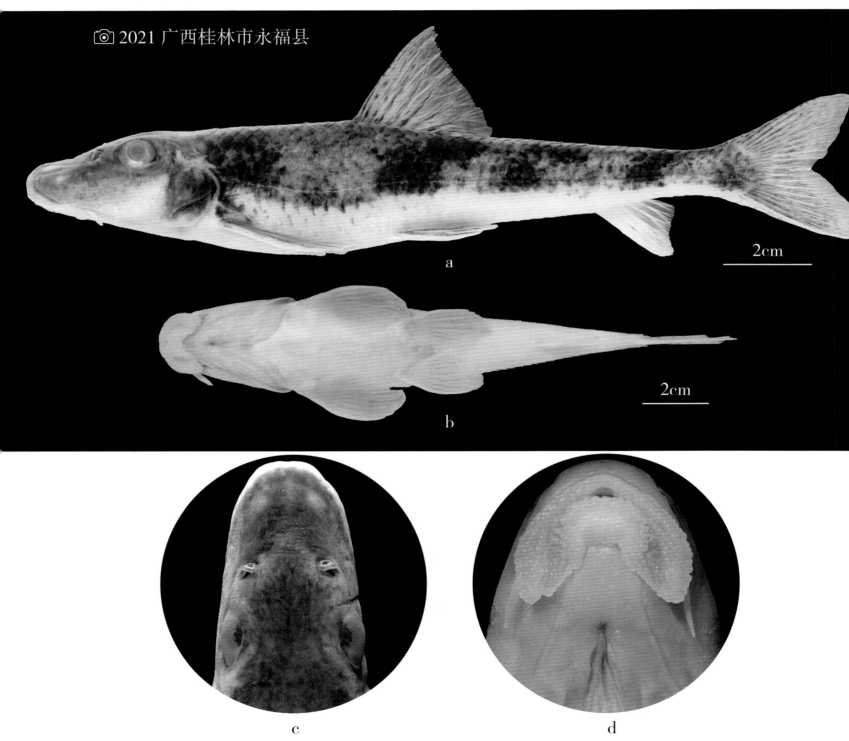

2021 广西桂林市永福县

a

2cm

b

2cm

c

d

143. 蛇鮈 *Saurogobio dabryi* Bleeker, 1871

分类地位： 鲤形目 Cypriniformes 鲤科 Cyprinidae 蛇鮈属 *Saurogobio*。

鉴别特征： 体延长，尾柄细窄且长。背鳍起点距吻端远小于背鳍后基至尾鳍基的距离（图 a）。头大而钝。吻突出，在鼻孔间隔处具明显凹陷。口小，下位。唇厚，具乳突，上、下唇相连，下唇后缘游离（图 d）。须 1 对。眼大。背鳍靠前，无硬刺，分枝鳍条 8 根（图 a）；胸鳍长，可后伸接近腹鳍起点；腹鳍与背鳍第 6 根分枝鳍条相对；臀鳍分枝鳍条 6 根；尾鳍深分叉。鳞片中等大，胸鳍基部向前的腹面无鳞。侧线完全，侧线鳞 47～50 枚（图 a）。生活时体背部及体侧上半部呈淡黄色，腹部灰白色。体侧中轴线上有 10～12 个不规则形的黑斑。

生活习性： 生活于沙砾石底河段。

种群状况： 有一定种群数量，是小型经济鱼类。

地理分布： 广西西江干流、红水河、桂江、柳江、左江、右江、南流江均有分布。

📷 2020 广西河池市都安县

a

2cm

b

2cm

c

d

144. 桂林鳅鉈 *Gobiobotia guilinensis* Chen, 1989

分类地位： 鲤形目 Cypriniformes 鲤科 Cyprinidae 鳅鉈属 *Gobiobotia*。

鉴别特征： 体延长，前部近圆筒形，尾柄侧扁。体长为体高的 4.7 ~ 5.4 倍。头略平扁。口下位。须 4 对（图 b、d），后伸不达胸鳍起点。眼较大，侧上位。背鳍起点位于腹鳍起点之前；胸鳍接近腹鳍起点；臀鳍凹入；尾鳍分叉，末端尖，下叶稍长于上叶。侧线鳞 38 ~ 41 枚（图 a）。体侧及各鳍具众多小黑斑；横跨体背中线有 7 ~ 8 个棕黑色斑块；背、尾鳍有不显著的黑条纹。

生活习性： 生活于浅水的河滩处。

种群状况： 数量少。

地理分布： 分布于柳江、桂江各支流。

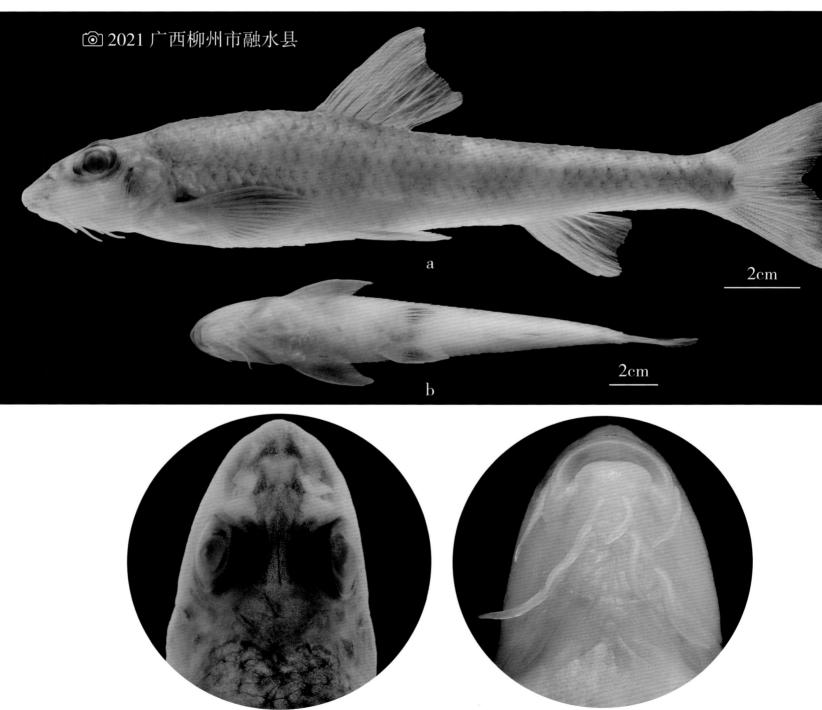

2021 广西柳州市融水县

a

b

2cm

2cm

c

d

145. 南方鳅鲀 *Gobiobotia meridionalis* Chen & Cao, 1977

分类地位： 鲤形目 Cypriniformes 鲤科 Cyprinidae 鳅鲀属 *Gobiobotia*。

鉴别特征： 体延长，前部近圆筒形，尾柄侧扁。头平扁。口下位。须 4 对，外侧颌须可伸达胸鳍起点（图 a、b、d）。眼较大，侧上位。背鳍起点位于腹鳍起点之前；胸鳍可达腹鳍起点（图 a、b）；腹鳍后伸接近臀鳍起点；臀鳍微凹；尾鳍分叉，下叶圆钝，下叶稍长于上叶。侧线鳞 41~43 枚（图 a）。体侧及各鳍具众多小黑斑；体侧沿侧线上方有 6 个棕黑色斑块；背、尾鳍有不显著的黑条纹。

生活习性： 生活于水流湍急的河滩处。

种群状况： 在分布地有一定数量。

地理分布： 分布于桂江。

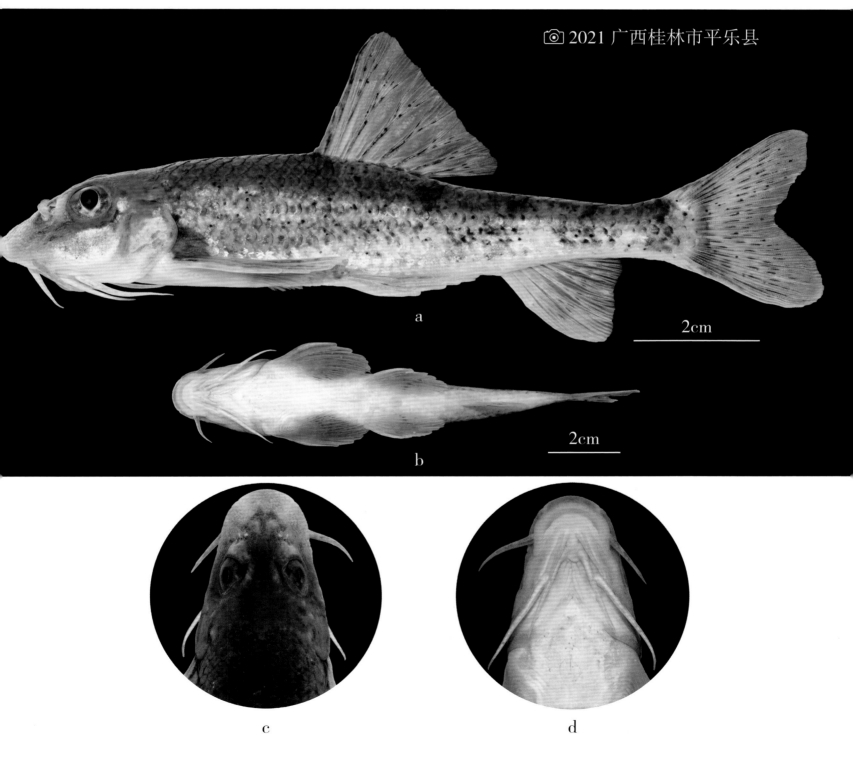

© 2021 广西桂林市平乐县

a

2cm

b

2cm

c

d

146. 海南鳅鮀 *Gobiobotia kolleri* Bănărescu & Nalbant, 1966

分类地位： 鲤形目 Cypriniformes 鲤科 Cyprinidae 鳅鮀属 *Gobiobotia*。

鉴别特征： 体延长，前部近圆筒形，尾柄侧扁。口下位。须 4 对（图 d），后伸远不达胸鳍起点（图 a、b）。眼较大，侧上位。背鳍起点位于腹鳍起点之前；胸鳍短，后伸不达背鳍起点的下方；腹鳍短；臀鳍外缘平截；尾鳍分叉。侧线鳞 37～39 枚（图 a）。体侧及各鳍具众多小黑斑；横跨背中线和体侧沿侧线上方有 7～8 个棕黑色斑块。

生活习性： 生活于急流的河滩。

种群状况： 数量较少。在红水河 15 年前是常见鱼类，目前已经很难见到。

地理分布： 广西境内的红水河、柳江和左江有分布。

2020 广西百色市田林县

a

b

2cm

2cm

c

d

147. 大鳍鱊 *Acheilognathus macropterus* (Bleeker, 1871)

分类地位： 鲤形目 Cypriniformes 鲤科 Cyprinidae 鱊属 *Acheilognathus*。

鉴别特征： 体小，侧扁，短而高，呈卵圆形。头小，吻短钝。口亚下位。口角须 1 对，短小或阙如。背鳍长，起点位于腹鳍起点之后，末根不分枝鳍条较粗，分枝鳍条超过 15 根（图 a、b）；臀鳍外缘微凹，末根不分枝鳍条较粗，分枝鳍条超过 12 根（图 a、c）；胸鳍后伸接近腹鳍起点；腹鳍可伸达臀鳍起点；尾鳍叉形。侧线完全，平直，侧线鳞 33 ~ 38 枚（图 a）。体银白色，背部暗绿色或灰黄色。成鱼沿侧线向后第 4 ~ 5 个侧线鳞的上方有一黑斑。尾柄中线具一向前延伸的黑色纵带。生殖季节雄鱼具珠星，尾鳍变红，背鳍、腹鳍和臀鳍具银白色边缘；雌鱼具产卵管。

生活习性： 生活于杂草丛生的缓流区。

种群状况： 数量多，但个体小，无食用价值。

地理分布： 红水河、柳江、桂江、南流江均有分布。

📷 2019 广西河池市大化县

1cm

a

b

c

148. 短须鳑 *Acheilognathus barbatulus* Günther, 1873

分类地位：鲤形目 Cypriniformes 鲤科 Cyprinidae 鳑属 *Acheilognathus*。

鉴别特征：身体高，侧扁。头小而尖。口亚下位。口角须 1 对，短小，须长明显小于眼径（图雄 a、c，雌 a、c）。背鳍起点位于腹鳍起点之后，末根不分枝鳍条较粗，分枝鳍条 10～13 根（图雄 a、雌 a）；胸鳍后伸接近腹鳍起点；腹鳍可伸达臀鳍起点；臀鳍外缘微凹，末根不分枝鳍条较粗，分枝鳍条 8～11 根（图雄 a、d，雌 a、d）；尾鳍叉形。鳞片小，背鳍前少数鳞片呈菱形（图雄 b，雌 b）；侧线完全，侧线鳞 33～37 枚（图雄 a，雌 a）。成鱼沿尾柄中线向前至背鳍基中点间有 1 条纵行的黑色条纹。背鳍及臀鳍有 2 列小黑点组成的条纹。繁殖季节雄鱼的吻端及眼眶前上缘有珠星（图雄 a、c），胸鳍和尾鳍变红；雌鱼具产卵管（图雌 a、d）。

生活习性：生活于水流较缓水域，尤其喜欢栖息于杂草丛生、河底有乱石处。

种群状况：数量较多。

地理分布：分布于红水河、桂江、柳江及其支流。

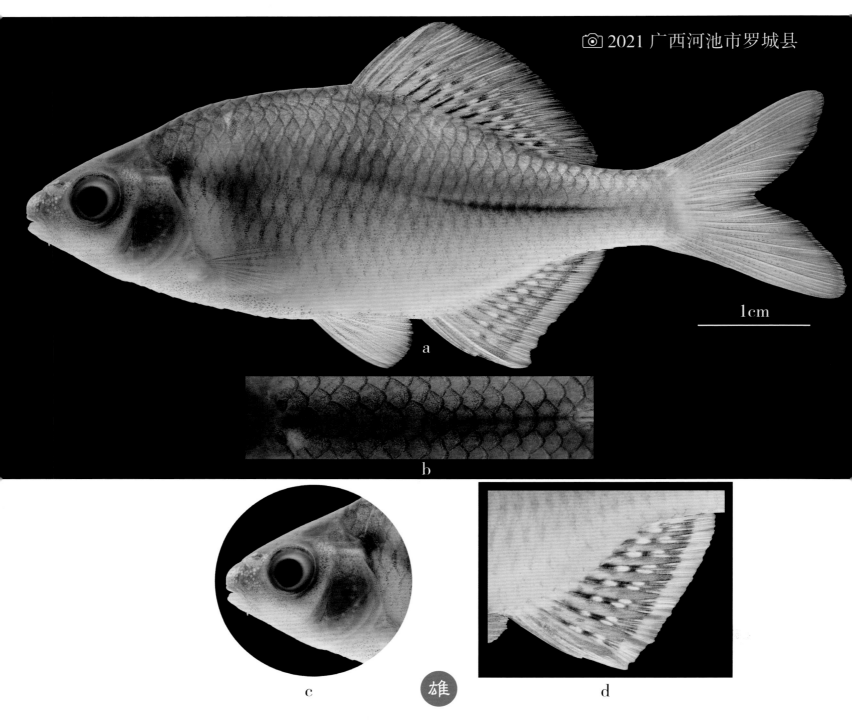

2021 广西河池市罗城县

1cm

a

b

c

雄

d

a

b

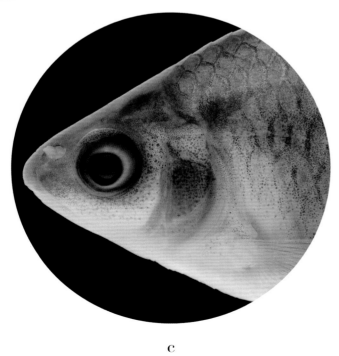

c

d

此雌

149. 须鳍 *Acheilognathus barbatus* Nichols, 1926

分类地位： 鲤形目 Cypriniformes 鲤科 Cyprinidae 鳍属 *Acheilognathus*。

鉴别特征： 身体高，侧扁。头小而尖。口下位。口角须 1 对，较长（图 a、b）。背鳍起点位于腹鳍起点之后，末根不分枝鳍条较粗，分枝鳍条 10 ~ 14 根；胸鳍后伸不达腹鳍起点；腹鳍可伸达臀鳍起点；末根不分枝鳍条较粗，分枝鳍条 9 ~ 11 根（图 a、c）。尾鳍叉形，末端尖。鳞片小，背鳍前鳞呈菱形；侧线完全，侧线鳞 34 ~ 38 枚。成鱼沿尾柄中线向前至背鳍基中点间有 1 条纵行的黑色条纹。背鳍及臀鳍有 2 列小黑点组成的条纹。繁殖季节雄鱼的吻端及眼眶前上缘有珠星（图 a、b），胸鳍和尾鳍变红；雌鱼具产卵管。

生活习性： 生活于水流较缓处，尤其喜欢栖息于杂草丛生、河底有乱石处。

种群状况： 数量较多。

地理分布： 分布广，西江干流、红水河、桂江、柳江、右江、左江、南流江均有分布。

2019 广西河池市宜州区

1cm

a

b

c

150. 方氏鳑鲏 *Rhodeus fangi* (Miao, 1934)

分类地位: 鲤形目 Cypriniformes 鲤科 Cyprinidae 鳑鲏属 *Rhodeus*。

鉴别特征: 体延长,侧扁。头小略尖。口亚下位,口裂略深。背鳍起点位于腹鳍起点之后,末根不分枝鳍条略壮,分枝鳍条 8~11 根(图 a、b);胸鳍短,不达腹鳍;臀鳍外缘微凹,末根不分枝鳍条略壮,分枝鳍条 8~11 根(图 a、c);尾鳍叉形。侧线不完全,侧线鳞 2~7 枚,纵列鳞 30~35 枚(图 a)。沿尾柄中线向前至背鳍基中点间有 1 条纵行的黑色条纹;背鳍及臀鳍有 2 列小黑点组成的条纹。繁殖季节雄鱼的吻端及眼眶前上缘有珠星,臀鳍外缘黑色(图 a、c);雌鱼具有产卵管。

生活习性: 生活于小河水流较缓处,尤其是河底有砾石处。

种群状况: 种群数量少。

地理分布: 分布于广西沿海各单独入海河流,资料记载在桂江水系的荔浦市修仁镇有分布。

2019 广西防城港市防城区

1cm

a

151. 越南鳑 *Acheilognathus tonkinensis* (Vaillent, 1892)

分类地位：鲤形目 Cypriniformes 鲤科 Cyprinidae 鳑属 *Acheilognathus*。

鉴别特征：体延长，侧扁。头小，锥形。吻钝。口下位。口角须 1 对，长度约为眼径的 1/2。背鳍前鳞几乎全部呈棱形（图雄 b、雌 b）。背鳍起点位于腹鳍起点之后，末根不分枝鳍条较粗，分枝鳍条 10～14 根（图雄 a、雌 a）；臀鳍末根不分枝鳍条较粗，分枝鳍条 9～11 根（图雄 a，雌 a、c）；胸鳍短，不达腹鳍起点；腹鳍可达臀鳍起点；尾鳍深分叉。侧线完全，侧线鳞 34～38 枚（图雄 a，雌 a）。体浅灰色；背鳍分枝鳍条具黑点，形成 2～3 条浅灰色条纹；尾柄中央向前沿侧线上部具一浅蓝色条纹。雌鱼具产卵管（图雌 a、c）。

生活习性：栖息于水流缓慢的河段，尤其喜欢河底有砾石及蚌、蚬的环境。

种群状况：种群数量少。

地理分布：在广西分布于红水河、柳江、桂江水系的支流。

📷 2020 广西河池市都安县

1cm

a

雄　b

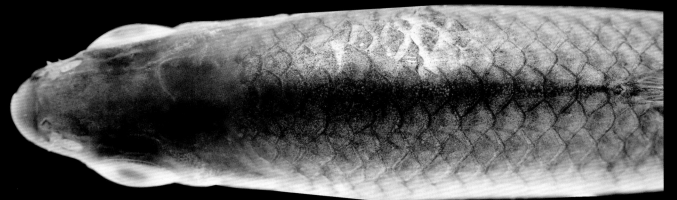

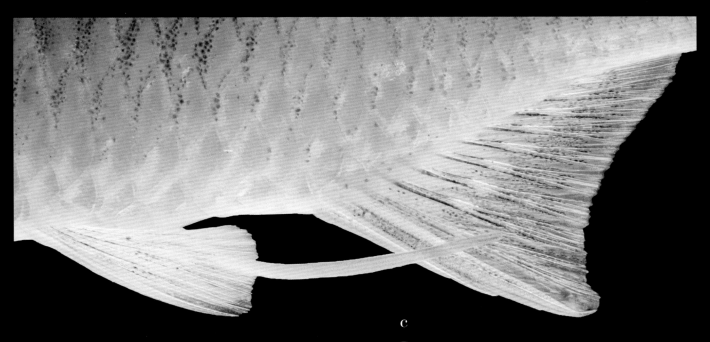

雌

152. 广西鳈 *Acheilognathus meridianus* (Wu, 1939)

分类地位：鲤形目 Cypriniformes 鲤科 Cyprinidae 鳈属 *Acheilognathus*。

鉴别特征：体延长，侧扁。头小，锥形。吻钝。口下位。口角须 1 对，长度约为眼径的 1/2。背鳍起点位于腹鳍起点之后，末根不分枝鳍条较细，分枝鳍条 9~10 根（图雄 a、c，雌 a、b）；胸鳍短，不达腹鳍起点；腹鳍可达臀鳍起点；臀鳍末根不分枝鳍条较细，分枝鳍条 8~9 根（图雄 a，雌 a、c）；尾鳍深分叉。侧线完全，侧线鳞 34~38 枚（图雄 a，雌 a）。体浅灰色；背鳍分枝鳍条具黑点，形成 2~3 条浅灰色条纹；尾柄中央向前沿侧线上部具一浅蓝色条纹（图雄 a，雌 a）。雌鱼具产卵管（图雌 a、c）。

生活习性：栖息于水流缓慢的河段，尤其喜欢河底有砾石及蚌、蚬的环境。

种群状况：种群数量少。

地理分布：在广西分布于柳江、桂江水系的支流。

📷 2021 广西河池市罗城县

1cm

a

b

雄　c

雌

153. 高体鳑鲏 *Rhodeus ocellatus* (Kner, 1866)

分类地位：鲤形目 Cypriniformes 鲤科 Cyprinidae 鳑鲏属 *Rhodeus*。

鉴别特征：体高，侧扁。吻钝。口小，亚下位；口裂浅，不达眼前缘下方。背鳍起点位于腹鳍起点之后，分枝鳍条 10～12 根（图雄 a、c，雌 a、b）；胸鳍短，不达腹鳍起点；臀鳍起点与背鳍第 4、5 根分枝鳍条相对，具 9～12 根分枝鳍条（图雄 a，雌 a、c）；尾鳍凹入。侧线不完全，侧线鳞 2～6 枚，纵列鳞 27～30 枚（图雄 a，雌 a）。体侧沿尾柄中线有一黑色纵纹，向前伸达背鳍基中点的下方。鳃盖后方有一黑斑。臀鳍外缘有 1 条较狭的黑边，背鳍前部有一大黑点。生殖季节雄鱼吻侧有珠星，眼、鳃盖、胸鳍、臀鳍和尾鳍基部变红；雌鱼具产卵管（图雌 a、c）。

生活习性：生活于缓流及水库、池塘、坑、沟的小水体。

种群状况：个体数量多，但个体很小。

地理分布：西江干流、红水河、柳江、桂江、右江、左江、南流江各水系均有分布。

📷 2021 广西河池市都安县

1cm

a

b

雄　　c

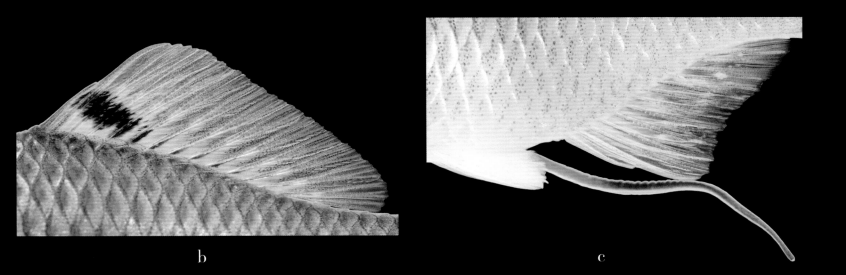

a

b

c

1cm

雌

154. 刺鳍鳑鲏 *Rhodeus spinalis* Oshima, 1926

分类地位： 鲤形目 Cypriniformes 鲤科 Cyprinidae 鳑鲏属 *Rhodeus*。

鉴别特征： 身高，侧扁。吻钝。口小，端位或亚下位；口裂浅，不达眼前缘下方。背鳍起点位于腹鳍起点之后，分枝鳍条 11 ~ 12 根（图雄 a、b，雌 a、b）；胸鳍短，接近或达到腹鳍起点；臀鳍起点与背鳍第 3 根分枝鳍条相对，具 13 ~ 15 根分枝鳍条（图雄 a、c，雌 a、c）；尾鳍分叉。侧线不完全，侧线鳞 3 ~ 10 枚，纵列鳞 32 ~ 35 枚（图雄 a，雌 a）。体侧沿尾柄中线有一黑色纵纹，向前伸达背鳍基中点的下方。臀鳍外缘有 1 条较狭的黑边。生殖季节雄鱼吻侧有珠星；雌鱼具产卵管（图雌 a、c）。

生活习性： 生活于水流较缓、河底多砾石河段。

种群状况： 有一定数量，但个体很小。

地理分布： 南流江及广西沿海各单独入海河流有分布。

📷 2019 广西防城港市防城区

1cm

a

b

c

雄

a

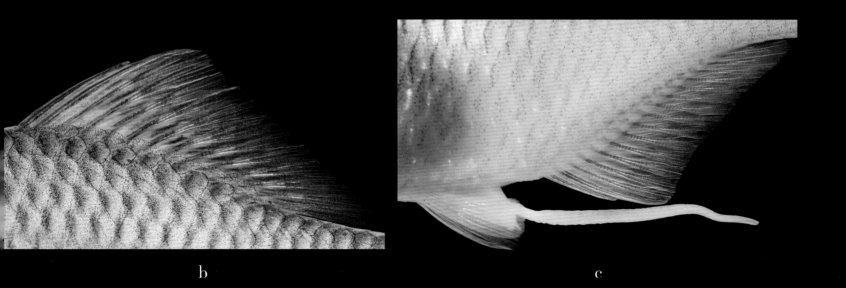

b   c

雌

155. 条纹小鲃 *Puntius semifasciolatus* (Günther, 1868)

分类地位： 鲤形目 Cypriniformes 鲤科 Cyprinidae 小鲃属 *Puntius*。

鉴别特征： 个体小，体略高，稍侧扁。头小。吻短而钝，稍突出。口小，亚下位。唇薄而光滑，上唇紧包上颌；下唇两侧较肥厚，唇后沟中断。口角须 1 对，短于眼径。侧线完全，侧线鳞 22 ~ 24 枚（图 a）。背鳍起点位于腹鳍起点之后，末根不分枝鳍条为硬刺，后缘有锯齿（图 a、b），分枝鳍条 8 根；胸鳍末端不达腹鳍起点；臀鳍外缘平截；尾鳍叉形。背侧青褐色，腹部为较浅黄褐色。体侧有大小不一的垂直黑褐色条纹。各鳍灰白色。

生活习性： 生活于静水的小水潭，尤其是岸边杂草丛生的泥潭。

种群状况： 数量多，但个体很小。

地理分布： 广西境内的红水河、柳江、桂江、右江、左江各支流均有分布。

📷 2020 广西河池市都安县

a

156. 光倒刺鲃 *Spinibarbus hollandi* Oshima, 1919

分类地位： 鲤形目 Cypriniformes 鲤科 Cyprinidae 倒刺鲃属 *Spinibarbus*。

鉴别特征： 体延长，前部近圆筒形，后部侧扁。口亚下位，上颌稍长于下颌。上、下唇稍肥厚，包于颌外表。唇后沟中断。须 2 对，口角须长于眼径（图 a）。鳞大，侧线完全，侧线鳞 22～28 枚（图 a）。背鳍无硬刺，起点位于腹鳍起点之前，外缘微凹；背鳍前方有一向前平卧的倒刺隐于皮下。胸鳍、腹鳍短。尾鳍分叉。体背部青黑色。体侧鳞片基部大都具一黑斑。背鳍外缘有一黑色条纹（图 a、b）。臀鳍具黑色边缘（图 c），其他各鳍浅黄色。

生活习性： 喜栖息于水清石底的急流河段，为中下层杂食性鱼类。每年 5～6 月为繁殖季节，产黏性卵。

种群状况： 数量较多，是广西各江河主要经济鱼类之一。近年人工繁殖已获得成功。

地理分布： 红水河、柳江、桂江、右江、左江等各江河干流支流均有分布。

📷 2020 广西桂林市恭城县

3cm

a

b

c

157. 中华倒刺鲃 *Spinibarbus sinensis* (Bleeker, 1871)

分类地位： 鲤形目 Cypriniformes 鲤科 Cyprinidae 倒刺鲃属 *Spinibarbus*。

鉴别特征： 体延长，粗壮，前部近圆筒形，后部侧扁。口亚下位，上颌稍长于下颌。上、下唇稍肥厚，包于颌外表。唇后沟中断。须2对，口角须长于眼径。鳞大，侧线完全，侧线鳞30~34枚。背鳍末根不分枝鳍条为硬刺，背鳍起点位于腹鳍起点之前，外缘凹入；背鳍前方有一向前平卧的倒刺隐于皮下。胸鳍、腹鳍短。尾鳍分叉。体背部青黑色。体侧鳞片基部大都具一黑斑。

生活习性： 生活于水面开阔的河段，中下层鱼类，草食性。

种群状况： 数量少，但个体大。

地理分布： 分布于柳江支流龙江上游的打狗河。

2016 广西河池市金城江区

158. 倒刺鲃 *Spinibarbus denticulatus* (Oshima, 1926)

分类地位：鲤形目 Cypriniformes 鲤科 Cyprinidae 倒刺鲃属 *Spinibarbus*。

鉴别特征：体延长，身体较高，前部近圆筒形，后部侧扁。口亚下位，上颌稍长于下颌。上、下唇稍肥厚，包于颌外表。唇后沟中断。须 2 对（图 a、c）。背鳍前方有一向前平卧的倒刺隐于皮下（图 b）。背鳍末根不分枝鳍条为硬刺，背鳍起点位于腹鳍起点之后，外缘微凹。胸鳍、腹鳍短。尾鳍分叉。鳞大，侧线完全，侧线鳞 27～32 枚（图 a）；背鳍前鳞 9～12 枚。体银白色，鳞片灰黑色，后缘略黑。

生活习性：江河中下层鱼类，草食性。

种群状况：有一定种群数量，个体较大，是经济鱼类之一。近年人工繁殖、养殖已获得成功。

地理分布：红水河、桂江、柳江、右江、左江及部分支流均有分布。

2021 广西百色市田东县

a

4cm

b

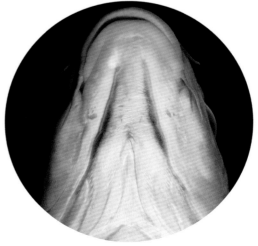

c

159. 大鳞金线鲃 *Sinocyclocheilus macrolepis* Wang & Chen, 1989

分类地位： 鲤形目 Cypriniformes 鲤科 Cyprinidae 金线鲃属 *Sinocyclocheilus*。

鉴别特征： 体延长，侧扁。吻圆钝。口端位或亚下位，上颌略长于下颌。眼正常。须 2 对，吻须和口角须约等长，须长大于眼径。全身被鳞，侧线鳞稍大于体鳞；侧线鳞 53～60 枚（图 a），侧线上鳞 12～14 枚。背鳍起点约与腹鳍起点相对，末根不分枝鳍条柔软分节，后缘光滑（图 a、e）；胸鳍、腹鳍短；臀鳍扇形；尾鳍分叉。体青灰色，腹部白；尾鳍基部略黑，形成不明显的黑斑。

生活习性： 洞穴鱼类，丰水期常出洞口觅食。

种群状况： 种群数量少。

地理分布： 分布于贵州省荔波县，广西南丹县、环江县的地下河流中。

📷 2020 广西河池市南丹县

a

b

c   d   e

160. 桂林金线鲃 *Sinocyclocheilus guilinensis* Ji, 1985

分类地位：鲤形目 Cypriniformes 鲤科 Cyprinidae 金线鲃属 *Sinocyclocheilus*。

鉴别特征：体延长，侧扁。吻圆钝。口端位。眼正常。须 2 对，口角须略长于吻须，须长大于眼径。全身被鳞，侧线鳞稍大于体鳞；侧线鳞 41 ~ 50 枚，侧线上鳞 19 ~ 26 枚。背鳍起点约与腹鳍起点相对或略后，外缘平截，末根不分枝鳍条柔软分节，后缘光滑（图 a、d）；胸鳍、腹鳍短；臀鳍微凹；尾鳍分叉。生活时体淡黄色；体侧沿侧线上部具不规则黑斑；尾鳍基部具一垂直黑带；各鳍透明。

生活习性：洞穴鱼类。

种群状况：种群数量少。

地理分布：分布于广西桂林市郊多处溶洞。

◎ 2021 广西桂林市郊

a

2cm

b

2cm

c

d

161. 季氏金线鲃 *Sinocyclocheilus jii* Zhang & Dai, 1992

分类地位：鲤形目 Cypriniformes 鲤科 Cyprinidae 金线鲃属 *Sinocyclocheilus*。

鉴别特征：体延长，侧扁。吻圆钝。口端位。眼正常。须 2 对，口角须与吻须约等长，须长均大于眼径。全身被鳞，侧线鳞 47～52 枚，侧线上鳞 27～29 枚。背鳍起点约与腹鳍起点相对或略后，外缘平截，末根不分枝鳍条柔软分节，后缘光滑（图 a、d）；胸鳍、腹鳍短；臀鳍外缘平截；尾鳍分叉。生活时体青灰色；体侧沿侧线上部具多个不明显的褐色斑纹；各鳍透明。

生活习性：洞穴鱼类，丰水期常在洞外觅食。

种群状况：种群数量较多。

地理分布：分布于贺江上游的富川县境内。

2019 广西贺州市富川县

a

2cm

b

2cm

c

d

162. 灌阳金线鲃 *Sinocyclocheilus guanyangensis* Chen, Peng & Zhang, 2016

分类地位： 鲤形目 Cypriniformes 鲤科 Cyprinidae 金线鲃属 *Sinocyclocheilus*。

鉴别特征： 体延长，侧扁。头背交界处略隆起。头较小，吻端近圆锥形。口亚下位。须 2 对，发达，口角须末端超过前鳃盖骨后缘。体鳞中等大，侧线鳞 61~64 枚，侧线上鳞 22~23 枚，侧线下鳞 14~16 枚，围尾柄鳞 44~46 枚。背鳍起点位于腹鳍起点之前，末根不分枝鳍条柔软，后缘光滑（图 a、e），分枝鳍条 7 根（图 a、e）；胸鳍短，不达腹鳍起点（图 a、b）；臀鳍外缘平截；尾鳍深分叉。生活时体白色，出洞外见光时间色素沉着渐渐变黑；身体背部颜色较深，体侧及腹部颜色较浅；尾鳍基部有 1 条由小黑点形成的垂直黑线。

生活习性： 典型洞穴鱼类。

种群状况： 种群数量少，个体较大。

地理分布： 分布于广西桂林市灌阳县观音阁乡响水洞。

© 2020 广西桂林市灌阳县

2cm

a

2cm

b

c   d   e

163. 融安金线鲃 *Sinocyclocheilus ronganensis* Luo, Huang & Wen, 2016

分类地位： 鲤形目 Cypriniformes 鲤科 Cyprinidae 金线鲃属 *Sinocyclocheilus*。

鉴别特征： 体延长，侧扁。头背交界处略隆起。头较小。眼大，明晰。口亚下位。须 2 对，发达，口角须末端超过前鳃盖骨后缘（图 a、c）。体鳞较大，侧线鳞 59～64 枚（图 a），侧线上鳞 12～13 枚，侧线下鳞 8～9 枚，围尾柄鳞 28～32 枚。背鳍起点位于腹鳍起点之前，末根不分枝鳍条下半段为硬刺，其后缘具弱锯齿上半段柔软分节（图 a、d），分枝鳍条 7～8 根；胸鳍中等长，后伸接近或伸达腹鳍起点（图 b）；臀鳍外缘平截；尾鳍深分叉。生活时体深灰色，腹部略白；体侧中轴侧线上或侧线上方有 5～7 个黑色斑点，背鳍下方头后沿背缘两侧有 9～12 个黑色斑点。

生活习性： 洞穴鱼类，常到洞口见光处觅食。

种群状况： 分布地有一定种群数量，个体较大。

地理分布： 分布于广西柳州市融安县沙子乡一带洞穴。

2020 广西柳州市融安县

2cm

a

2cm

b

c

d

164. 环江金线鲃 *Sinocyclocheilus huanjiangensis* Wu, Gan & Li, 2010

分类地位： 鲤形目 Cypriniformes 鲤科 Cyprinidae 金线鲃属 *Sinocyclocheilus*。

鉴别特征： 体侧扁，延长。口端位，上颌略长于下颌。眼大，明晰。须 2 对，粗壮，约等长，吻须后伸超过眼后缘（图 a）。全身被细小鳞片，部分鳞片隐于皮下，侧线鳞 54~65 枚，侧线上鳞 21~25 枚，侧线下鳞 12~17 枚。背鳍起点位于腹鳍起点之前或相对，末根不分枝鳍条下半段变硬，后缘具弱的锯齿，末端柔软（图 a、d），分枝鳍条 8 根；胸鳍中等长，接近腹鳍起点（图 a、b）；臀鳍外缘平截；尾鳍深分叉。生活时体呈银灰色，侧线上体侧颜色略深；体侧沿侧线颜色变红。

生活习性： 洞穴鱼类。

种群状况： 种群数量少。

地理分布： 分布于广西河池市环江县长美乡的大环江支流的洞穴。

2020 广西河池市环江县

2cm

a

2cm

b

c   d

165. 宜山金线鲃 *Sinocyclocheilus yishanensis* Li & Lan, 1992

分类地位： 鲤形目 Cypriniformes 鲤科 Cyprinidae 金线鲃属 *Sinocyclocheilus*。

鉴别特征： 体侧扁，延长。头背交界处略隆起。口端位，上颌略长于下颌。眼大，明晰。须2对，发达，约等长，口角须后伸超过眼后缘。全身被细小鳞片，侧线鳞55~64枚（图a），侧线上鳞24~29枚。背鳍起点稍后于腹鳍起点，末根不分枝鳍条下半段变硬，后缘具弱的锯齿，末端柔软（图a、d），分枝鳍条7~8根；胸鳍中等长，接近腹鳍起点；臀鳍外缘平截；尾鳍深分叉。生活时体浅灰色，体侧无明显斑纹；尾鳍基部具一不明显黑斑。

生活习性： 半穴居性，在河池市宜州区里洞水库，生活于库区水域并形成种群数量较多的群体。

种群状况： 数量较多，在宜州区里洞水库是经济鱼类之一。

地理分布： 分布于广西河池市宜州区里洞水库、同德乡，来宾市忻城县，柳州市柳江区境内的洞穴。

📷2020 广西河池市宜州区

a

2cm

b

2cm

c

d

166. 短身金线鲃 *Sinocyclocheilus brevis* Lan & Chen, 1992

分类地位： 鲤形目 Cypriniformes 鲤科 Cyprinidae 金线鲃属 *Sinocyclocheilus*。

鉴别特征： 体侧扁。头背交界处微隆起。头小。吻稍尖，向前突出。眼较小。须 2 对，发达，约等长。鳞片小，胸腹部鳞片浅埋于皮下。侧线鳞明显大于体鳞，侧线完全，侧线鳞 52 ~ 65 枚，侧线上鳞 20 ~ 23 枚。背鳍起点位于腹鳍起点之后，末根不分枝鳍条下半段变硬，后缘具弱的锯齿，末端柔软（图 a、c），分枝鳍条 7 根；胸鳍长，伸达腹鳍起点；臀鳍外缘平截；尾鳍深分叉。生活时体淡红色，身体无斑纹，各鳍透明。

生活习性： 典型洞穴鱼类。

种群状况： 数量很少。

地理分布： 分布于广西河池市罗城县天河镇境内地下河，属龙江天河支流。

📷 2021 广西河池市罗城县

3cm

a

b

c

167. 短须金线鲃 *Sinocyclocheilus brevibarbatus* Zhao, Lan & Zhang, 2009

分类地位： 鲤形目 Cypriniformes 鲤科 Cyprinidae 金线鲃属 *Sinocyclocheilus*。

鉴别特征： 体侧扁。背部轮廓自头后部高高隆起。头小，眼前部平扁，呈鸭嘴形（图 a）。吻长小于眼后头长。眼退化，较小。口亚下位。须 2 对，短小（图 a、b、c）。吻须不达眼前缘；口角须不达眼后缘。鳞较大，隐于皮下，侧线鳞 45～50 枚。背鳍起点位于腹鳍起点之后，末根不分枝鳍条下半段变硬，后缘具弱的锯齿，末端柔软，分枝鳍条 7～8 根（图 a、d）；胸鳍长，后伸超过腹鳍起点（图 a、b）；臀鳍外缘平截；尾鳍深分叉。尾柄上、下缘具鳍褶。生活时体淡红色，呈半透明状；部分个体侧线以上体侧颜色略深，具不规则浅灰色斑纹。

生活习性： 典型洞穴鱼类。

种群状况： 种群数量很少。

地理分布： 分布于广西河池市都安县高岭镇地下河。

2021 广西河池市都安县

2cm

a

2cm

b

c   d

168. 长须金线鲃 *Sinocyclocheilus longibarbatus* Wang & Chen, 1989

分类地位： 鲤形目 Cypriniformes 鲤科 Cyprinidae 金线鲃属 *Sinocyclocheilus*。

鉴别特征： 体侧扁，背面自头背交界处开始向后微微隆起。头小。吻尖，向前突出。口亚下位。眼中等大。须 2 对，发达（图 a、b、c）；吻须后伸可达主鳃盖骨前缘；口角须后伸可达主鳃盖骨后缘。鳞片细小，侧线鳞 61～77 枚，侧线上鳞 24～39 枚。背鳍起点位于腹鳍起点之后，末根不分枝鳍条强硬（图 a、d），基部变粗变硬且后缘锯齿状，末端柔软分节，分枝鳍条 7～8 根（图 a、d）；胸鳍短，后伸不达腹鳍起点（图 a、b）；臀鳍外缘平截；尾鳍深分叉。生活时体呈浅灰色，头和体背部具不规则灰色斑纹；部分个体背部及体两侧呈青色。

生活习性： 洞穴鱼类，常在洞穴见光处觅食，长时间见光后体色渐渐变深与地表鱼类相近。

种群状况： 种群数量多。

地理分布： 分布于广西河池市南丹县、环江县的地下河。

📷 2020 广西河池市南丹县

2cm

2cm

a

b

c

d

169. 凌云金线鲃 *Sinocyclocheilus lingyunensis* Li, Xiao & Luo, 2000

分类地位： 鲤形目 Cypriniformes 鲤科 Cyprinidae 金线鲃属 *Sinocyclocheilus*。

鉴别特征： 体延长，侧扁。头较小，吻端圆钝。眼中等大。口端位或亚下位。须2对，发达，吻须后伸可达主鳃盖骨前缘；口角须后伸可达主鳃盖骨后缘（图a、b）。体鳞中等大，侧线鳞71~78枚（图d）。背鳍起点位于腹鳍起点之后，末根不分枝鳍条强硬，基部变粗变硬且后缘锯齿清晰（图a、c），末端柔软分节，分枝鳍条7根；胸鳍后伸接近腹鳍起点；臀鳍外缘平截；尾鳍深分叉。洞内生活体淡红色，长时间生活于洞外体青灰色，尾鳍基部具一黑斑；体侧无斑纹。

生活习性： 在泗城镇沙洞是典型的洞穴鱼类，但在逻楼镇安水村、降村等地常游出洞外觅食，其体色也渐渐变青。

种群状况： 种群数量较多。

地理分布： 分布于广西百色市凌云县泗城镇沙洞，逻楼镇安水村、降村等地的地下河。

2020 广西百色市凌云县

2cm

a

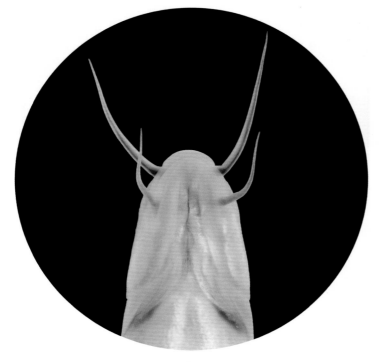

b

c

d

2cm

e

2cm

f

2cm

170. 东兰金线鲃 *Sinocyclocheilus donglanensis* Zhao, Watanabe & Zhang, 2006

分类地位： 鲤形目 Cypriniformes 鲤科 Cyprinidae 金线鲃属 *Sinocyclocheilus*。

鉴别特征： 体延长，侧扁。头较小，吻端圆钝。头背交界处向后微隆起。眼大。口端位或亚下位。须 2 对，发达，吻须后伸可达主鳃盖骨前缘；口角须后伸可达主鳃盖骨后缘（图 a、b、c）。体鳞中等大，侧线鳞 57～64 枚（图 a）。背鳍起点位于腹鳍起点之后，末根不分枝鳍条强硬，基部变粗变硬且后缘锯齿状（图 a、d），末端柔软分节，分枝鳍条 7 根；胸鳍后伸超过腹鳍起点；臀鳍外缘平截；尾鳍深分叉。生活时体青灰色，略黄，体侧鳃盖骨后缘沿体中线向后延伸至尾鳍基有一不明显的黑色纵带纹。

生活习性： 洞穴鱼类。

种群状况： 种群数量少。

地理分布： 分布于广西河池市东兰县三石镇、泗孟乡等地地下河。

2021 广西河池市东兰县

2cm

a

2cm

b

c

d

171. 九圩金线鲃 *Sinocyclocheilus jiuxuensis* Li & Lan, 2003

分类地位： 鲤形目 Cypriniformes 鲤科 Cyprinidae 金线鲃属 *Sinocyclocheilus*。

鉴别特征： 体延长，侧扁。头背交界处向后急剧隆起，额部形成一不明显的额突（图a、d）。头部平扁，吻部尖，呈鸭嘴状（图a、d）；口下位。眼小，退化（图a）。须2对，中等长；吻须不达眼前缘，口角须超过眼后缘。体鳞中等大，覆盖全身，侧线鳞42~51枚。背鳍起点位于腹鳍起点之后，末根不分枝鳍条基部较硬，后缘具锯齿，分枝鳍条7根（图a）。胸鳍长，超过腹鳍起点（图a、b）；腹鳍起点位于背鳍起点的前下方，后伸达到或超过臀鳍起点；臀鳍外缘平截；尾鳍叉形。生活时体呈半透明状，淡红色；体侧无斑纹。

生活习性： 典型洞穴鱼类。

种群状况： 种群数量少。

地理分布： 分布于广西河池市金城江区九圩镇附近的地下河。

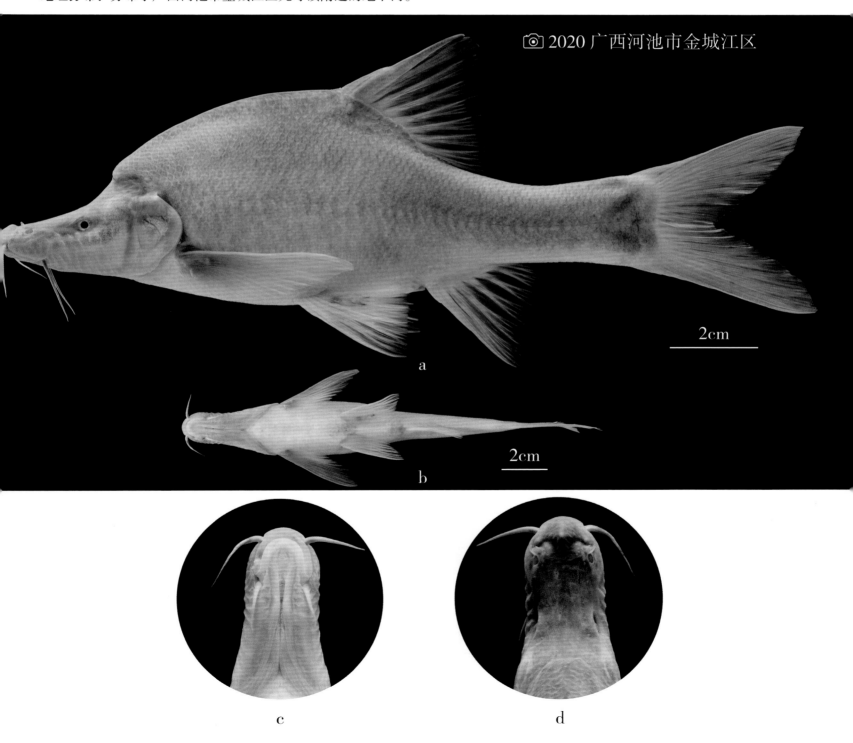

📷 2020 广西河池市金城江区

2cm

a

2cm

b

c   d

172. 马山金线鲃 *Sinocyclocheilus mashanensis* Wu, Liao & Li, 2010

分类地位： 鲤形目 Cypriniformes 鲤科 Cyprinidae 金线鲃属 *Sinocyclocheilus*。

鉴别特征： 体延长，侧扁。头背交界处向后隆起。头部平扁，吻部尖，呈鸭嘴状；口下位。眼小，退化（图 a）。须 2 对，中等长；吻须后伸不达口角须基部，口角须不达眼后缘（图 a ~ d）。通体被鳞；侧线完全，侧线鳞 42 ~ 46 枚（图 a），侧线上鳞 14 ~ 17 枚，侧线下鳞 9 ~ 12 枚。背鳍起点位于腹鳍起点之后，末根不分枝鳍条基部较硬，后缘具锯齿，分枝鳍条 7 根（图 a）。胸鳍长，超过腹鳍起点（图 a、b）；腹鳍起点位于背鳍起点的前下方，后伸超过臀鳍起点；臀鳍外缘平截；尾鳍叉形。生活时体呈半透明状，淡红色；体侧无斑纹。

生活习性： 典型洞穴鱼类。

种群状况： 种群数量少。

地理分布： 分布于广西南宁市马山县古寨乡和古零镇。

📷 2021 广西南宁市马山县

a

2cm

b

2cm

c   d

173. 高肩金线鲃 *Sinocyclocheilus altishoulderus* (Li & Lan, 1992)

分类地位：鲤形目 Cypriniformes 鲤科 Cyprinidae 金线鲃属 *Sinocyclocheilus*。

鉴别特征：体延长，侧扁。头背交界处向后隆起。头部平扁，吻部尖，呈鸭嘴状（图 a）；口下位。眼小，退化。须 2 对，中等长；吻须后伸可达眼前缘（图 a、c），口角须后伸可达眼后缘。通体被鳞；侧线完全，侧线鳞 42～52 枚。背鳍起点位于腹鳍起点之后，末根不分枝鳍条基部较硬，后缘具锯齿，分枝鳍条 7 根（图 a）。胸鳍长，远超过腹鳍起点（图 a、b）；腹鳍起点明显位于背鳍起点的前下方，后伸不达臀鳍起点（图 a、b）；臀鳍外缘平截；尾鳍叉形。生活时体呈半透明状，淡红色；体侧无斑纹。

生活习性：典型洞穴鱼类。

种群状况：种群数量少。

地理分布：分布于广西河池市东兰县三石镇一带的地下河。

ⓞ 2020 广西河池市东兰县

a

b

c

d

174. 大眼金线鲃 *Sinocyclocheilus macrophthalmus* Zhang & Zhao, 2001

分类地位： 鲤形目 Cypriniformes 鲤科 Cyprinidae 金线鲃属 *Sinocyclocheilus*。

鉴别特征： 体延长，侧扁。头大，吻圆钝。眼较大（图 a）。须 2 对，中等长，口角须后伸达主鳃盖骨。鳞片细小，侧线鳞 55～69 枚（图 a）。背鳍起点稍后于腹鳍起点，末根不分枝鳍条中下部较硬，后缘具锯齿，分枝鳍条 8 根（图 a、d）；胸鳍末端后伸仅达腹鳍；腹鳍后伸不达肛门；臀鳍外缘平截；尾鳍深分叉。生活时身体呈半透明状，部分个体体侧具多个黑色圆斑，尾鳍基部可见一较明显的深褐色斑纹。

生活习性： 洞穴鱼类，常游到见光处觅食。

种群状况： 数量较少。

地理分布： 分布于广西河池市都安县、大化县境内的地下河。

2021 广西河池市都安县

2cm

a

2cm

b

c

d

175. 小眼金线鲃 *Sinocyclocheilus microphthalmus* Li, 1989

分类地位：鲤形目 Cypriniformes 鲤科 Cyprinidae 金线鲃属 *Sinocyclocheilus*。

鉴别特征：体高，侧扁。头前部平扁呈鸭嘴状，头后背部拱起呈弓形。口亚下位。眼小，退化（图 a）。须 2 对，发达，口角须长于吻须。背鳍末根不分枝鳍条为硬刺，后缘锯齿清晰，末端柔软分节（图 a、d）；背鳍分枝鳍条 8～9 根。胸鳍长，后伸超过腹鳍起点（图 a、b）。腹鳍后伸达肛门。尾鳍深分叉。鳞片较大，部分隐于皮下，侧线鳞 42～49 枚，侧线上鳞 12～14 枚。生活时体乳白色，微红；身体无斑纹，各鳍透明。

生活习性：典型洞穴鱼类。

种群状况：种群数量较多。

地理分布：分布于广西河池市凤山县、巴马县和百色市凌云县的地下河。

2020 广西百色市凌云县

2cm

2cm

a

b

c

d

176. 曲背金线鲃 *Sinocyclocheilus flexuosdorsalis* Zhu & Zhu, 2012

分类地位： 鲤形目 Cypriniformes 鲤科 Cyprinidae 金线鲃属 *Sinocyclocheilus*。

鉴别特征： 体延长、侧扁。头背交界处形成向前的肉质角状突起；侧面观，角状突起前端略向下弯曲（图 a）。背鳍前沿至角状突的背面肌肉隆起（图 a）。吻钝圆。头部平扁，呈鸭嘴状（图 a）。眼退化，仅残留呈小黑点状（图 a）。口亚下位。须 2 对，约等长；吻须后伸超过眼点。背鳍末根不分枝鳍条顶部柔软分节，下部略硬，后缘具锯齿（图 a、d）；背鳍分枝鳍条 7～8 根（图 a、d）。胸鳍长，后伸明显超过腹鳍起点（图 a、b）。腹鳍起点与背鳍起点相对。尾鳍深分叉，下叶长于上叶。除头部外全身覆有鳞片；侧线鳞 37～40 枚。生活时体呈肉红色，半透明状，身体无斑纹；浸制标本体黄色。

生活习性： 典型洞穴鱼类。

种群状况： 种群数量稀少。

地理分布： 分布于广西百色市隆林县天生桥镇岩场村一洞穴。

2011 广西百色市隆林县

a

b

2cm

2cm

c

d

177. 田林金线鲃 *Sinocyclocheilus tianlinensis* Zhou, Zhang & He, 2004

分类地位： 鲤形目 Cypriniformes 鲤科 Cyprinidae 金线鲃属 *Sinocyclocheilus*。

鉴别特征： 体延长，侧扁。头部平扁呈鸭嘴状（图a）。头背交界处急剧隆起，形成向前的突起（图a），多数个体突起不分叉，前端略圆钝。无眼（图a）。口亚下位。须2对，发达，吻须略长于口角须。体表裸露无鳞（图a）。背鳍末根不分枝鳍条末端柔软，基部较粗，有弱锯齿（图a、e）；背鳍分枝鳍条8根。胸鳍末端后伸达腹鳍起点（图a、b）。腹鳍起点与背鳍起点相对。尾鳍深分叉。

生活习性： 盲鱼，典型洞穴鱼类。

种群状况： 种群数量少。

地理分布： 分布于广西百色市田林县浪平乡狮子口洞。

2020 广西百色市田林县

2cm

a

b

2cm

c

d

e

178. 安水金线鲃 *Sinocyclocheilus anshuiensis* Gan, Wu, Wei & Yang, 2013

分类地位： 鲤形目 Cypriniformes 鲤科 Cyprinidae 金线鲃属 *Sinocyclocheilus*。

鉴别特征： 体较高、延长，腹部圆，身体侧扁。头部平扁，呈鸭嘴状（图 a）。头背交界处具 1 个伸向上前方的光滑肉瘤（图 a、b）。无眼或仅残存黑色眼点（图 a）。口亚下位。须 2 对，吻须略长于口角须。全身覆有鳞片或隐于皮下，鳞大，侧线鳞 34～38 枚（图 a）。背鳍末根不分枝鳍条基部为硬刺，后缘具锯齿，后半部柔软分节（图 a、c）；背鳍分枝鳍条 7 根。胸鳍不达或略超过腹鳍起点。腹鳍起点位于背鳍起点之前或相对。尾柄上、下缘具发达肉质鳍褶，鳍褶在上、下缘突起明显（图 a）。生活时通体淡粉红色，半透明状，身体无斑纹（图 a）。

生活习性： 盲鱼，典型洞穴鱼类。

种群状况： 种群数量稀少。

地理分布： 分布于广西百色市凌云县逻楼镇安水村地下洞穴。

2020 广西百色市凌云县

1cm

a

b　　　　　　　　c　　　　　　　　d

179. 斑点金线鲃 *Sinocyclocheilus punctatus* Lan & Yang, 2017

分类地位： 鲤形目 Cypriniformes 鲤科 Cyprinidae 金线鲃属 *Sinocyclocheilus*。

鉴别特征： 体延长、侧扁。头背交界处向后微微隆起。眼正常（图a）。口亚下位。须2对，弱小，约等长（图a~c）；吻须后伸不达眼前缘。通体被鳞，侧线鳞明显比侧线上、下鳞大（图a）；侧线鳞45~50枚（图a）。背鳍末根不分枝鳍条变粗，下部强硬，后缘具强锯齿（图a、d）；背鳍起点明显后于腹鳍起点，分枝鳍条8根（图a）。胸鳍后伸接近或超过腹鳍起点。腹鳍短，后伸不达肛门。尾鳍深分叉。体褐色，头背黑色；侧线以上身体具不规则的黑色斑点（图a）；尾鳍基部具1个大于眼径的黑斑（图a）。

生活习性： 洞穴鱼类。

种群状况： 种群数量稀少。

地理分布： 分布于广西河池市南丹县和环江县境内喀斯特地区的洞穴，属珠江流域的红水河、柳江水系。

2021 广西河池市南丹县

a

2cm

b

2cm

c

d

180. 鸭嘴金线鲃 *Sinocyclocheilus anatirostris* Lin & Luo, 1986

分类地位：鲤形目 Cypriniformes 鲤科 Cyprinidae 金线鲃属 *Sinocyclocheilus*。

鉴别特征：体略细长，侧扁。吻平扁，呈鸭嘴状（图 a、c）。头背交界处接近垂直隆起，然后平直向后至背鳍起点，隆起处形成 1 对小圆突（图 c）。无眼或仅残存呈小黑点（图 a）。口亚下位。须 2 对，弱小，约等长。体裸露无鳞（图 a）。侧线发达，直延伸至尾鳍基中央。背鳍末根不分枝鳍条较粗硬，后缘具锯齿，末端柔软分节，分枝鳍条 9 根（图 a、e）。胸鳍后伸超过腹鳍起点（图 a、b）。腹鳍起点约与背鳍起点相对。尾鳍分叉。生活时体乳白色，鳃盖淡红色；身体无斑纹，各鳍透明。

生活习性：盲鱼，典型洞穴鱼类。

种群状况：种群数量极少。

地理分布：分布于广西百色市乐业县境内的地下河。

2020 广西百色市乐业县

a

b

c　　　　　　　　　d　　　　　　　　　e

181. 叉背金线鲃 *Sinocyclocheilus furcodorsalis* Chen, Yang & Lan, 1997

分类地位： 鲤形目 Cypriniformes 鲤科 Cyprinidae 金线鲃属 *Sinocyclocheilus*。

鉴别特征： 体延长，身体高、侧扁。头平扁，前端突出呈鸭嘴状（图 a）。头背部交界处隆起，形成向前伸的叉状突起（图 c）。无眼（图 a）。口下位。须 2 对，中等长，吻须略长于口角须。鳞片小，侧线完全，侧线鳞 40～46 枚。背鳍末根不分枝鳍条基部粗硬为硬刺，后缘具锯齿（图 a、d）；背鳍分枝鳍条 7 根。胸鳍长，后伸超过腹鳍起点。腹鳍起点相对或略前于背鳍起点。尾鳍分叉。生活时体呈半透明状，淡红色；身体和鳍条无斑纹。

生活习性： 盲鱼，典型洞穴鱼类。

种群状况： 种群数量多。

地理分布： 分布于广西河池市天峨县、凤山县境内的地下河。

📷 2020 广西河池市天峨县

2cm

a

2cm

b

c

d

182. 驯乐金线鲃 *Sinocyclocheilus xunlensis* Lan, Zhao & Zhang, 2004

分类地位：鲤形目 Cypriniformes 鲤科 Cyprinidae 金线鲃属 *Sinocyclocheilus*。

鉴别特征：体延长，侧扁，较粗壮。头背交界处向后显著隆起。吻向前突出，略呈鸭嘴状（图 a、c）。口亚下位。无眼（图 a）。须 2 对，发达（图 a、b）；口角须后伸可达前鳃盖骨的后缘。除头部外全身被鳞；侧线完全，侧线鳞 41～48 枚。背鳍末根不分枝鳍条为硬刺，后缘具弱锯齿（图 a、d）；背鳍分枝鳍条 7～8 根。胸鳍长，后伸超过腹鳍起点（图 a、b）。腹鳍起点与背鳍起点相对或略前。尾鳍分叉，下叶长于上叶。鲜活时全身淡红色，呈半透明状；身体无斑纹；浸制标本体淡黄色。

生活习性：盲鱼，典型洞穴鱼类。

种群状况：种群数量少。

地理分布：分布于广西河池市环江县驯乐乡顺宁村的地下河。

2002 广西河池市环江县

2cm

a

2cm

b

c

d

183. 靖西金线鲃 *Sinocyclocheilus jinxiensis* Zheng, Xiu & Yang, 2013

分类地位：鲤形目 Cypriniformes 鲤科 Cyprinidae 金线鲃属 *Sinocyclocheilus*。

鉴别特征：体延长，侧扁；头前端背面平扁。头后背部向后逐渐隆起。眼退化，残留呈小黑点或无眼（图 a）。须 2 对，
弱小（图 a、c）。身体鳞片大，侧线鳞 39～41 枚，侧线上鳞 8～9 枚，侧线下鳞 6～7 枚（图 a）。背鳍末
根不分枝鳍条基部为粗壮的硬刺，后缘具锯齿（图 a、d）；背鳍外缘内凹，分枝鳍条 8～9 根。胸鳍长，
后伸超过腹鳍起点（图 a、b）。腹鳍位于背鳍起点之前。尾鳍深分叉。生活时体呈淡色，鳞片具新月形灰
色斑纹；浸制标本体黄色。

生活习性：盲鱼，典型洞穴鱼类。

种群状况：数量极稀少。

地理分布：分布于广西百色市靖西市新靖镇大龙潭、小龙潭的地下河。

2010 广西百色市靖西市

2cm

a

2cm

b

c

d

184. 逻楼金线鲃 *Sinocyclocheilus luolouensis* Lan, 2013

分类地位： 鲤形目 Cypriniformes 鲤科 Cyprinidae 金线鲃属 *Sinocyclocheilus*。

鉴别特征： 体延长，侧扁。眼小或无眼（图 a）。口亚下位。须 2 对，极发达（图 a、b）；吻须长于口角须。除头部外，通体被鳞，侧线鳞明显大于侧线上、下鳞，侧线鳞 43~49 枚，侧线上鳞 9~12 枚，侧线下鳞 8~9 枚。背鳍末根不分枝鳍条顶部柔软分节，下部 2/3 长度略硬，后缘具锯齿（图 a、c）；背鳍分枝鳍条 7 根。胸鳍长，后伸超过腹鳍起点。腹鳍起点位于背鳍起点之前。尾鳍分叉。体灰色；体侧沿侧线上缘至尾鳍基具 1 列黑色斑点；侧线上体侧散布小于眼径的黑色斑点。

生活习性： 典型洞穴鱼类。

种群状况： 种群数量稀少。

地理分布： 分布于广西百色市凌云县逻楼镇安水村一洞穴。

2022 广西百色市凌云县

2cm

a

b

c

185. 单纹似鱤 *Luciocyprinus langsoni* Vaillant, 1904

分类地位： 鲤形目 Cypriniformes 鲤科 Cyprinidae 似鱤属 *Luciocyprinus*。

鉴别特征： 体细长，侧扁。口端位。下颌中央接合处内侧有 1 个突起，与上颌的凹陷镶嵌；唇后沟前伸到颏部中断。无须。眼中等大。鳞小，侧线完全，侧线鳞 92～104 枚（图 a）。腹鳍基外侧具狭长的腋鳞。背鳍末根不分枝鳍条较长，末端柔软，后缘光滑；背鳍外缘凹入。胸鳍不达腹鳍，腹鳍不达臀鳍。臀鳍末根不分枝鳍条和第 1 根分枝鳍条延长。尾鳍深叉形。生活时背部青灰色，腹部银白色，鳃孔至尾鳍基沿侧线有 1 条粗黑色纵条纹，近尾部色更深（图 a）。

生活习性： 生活于水面宽阔的水体上层，是以小鱼为食的肉食性鱼类。

种群状况： 极稀少。

地理分布： 红水河、柳江、桂江、右江、左江均有少量分布。

2021 广西河池市金城江区

4cm

a

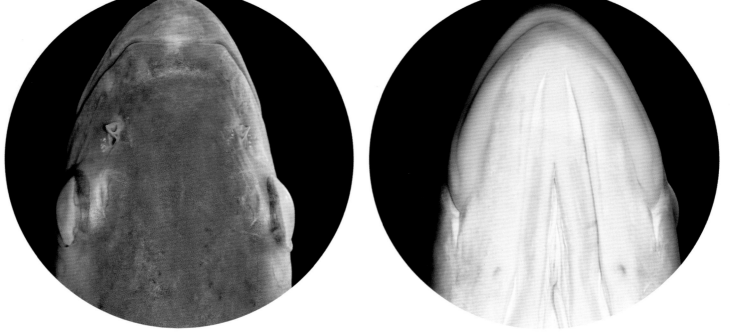

b   c

186. 软鳍新光唇鱼 *Neolissochilus benasi* (Pellegrin & Chevey, 1936)

分类地位: 鲤形目 Cypriniformes 鲤科 Cyprinidae 新光唇鱼属 *Neolissochilus*。

鉴别特征: 体延长,侧扁。吻圆钝。口亚下位,弧形。上、下唇在口角处相连,上唇略突出于下唇。须 2 对,发达。口角须达到眼后缘。背鳍末根不分枝鳍条柔软分节,后缘光滑(图 a、d);胸鳍后伸不达腹鳍基,腹鳍起点位于背鳍起点的后下方;尾鳍叉形。鳞片大,侧线鳞 32 枚(图 a)。体侧沿侧线有 1 条黑色纵带,胸鳍和尾鳍下叶略红。

生活习性: 人工繁殖、养殖已经获得成功,可在池塘、水库养殖。

种群状况: 人工养殖的经济鱼类。

地理分布: 目前广西主要是人工养殖,自然水域尚无分布。

📷 2021 广西河池市都安县

3cm

a

3cm

b

c

d

187. 厚唇光唇鱼 *Acrossocheilus labiatus* (Regan, 1908)

分类地位： 鲤形目 Cypriniformes 鲤科 Cyprinidae 光唇鱼属 *Acrossocheilus*。

鉴别特征： 体延长，侧扁。口小，下位。下颌前端露出唇外（图 b）。下唇分左、右两瓣，在颏部中央相互接触或靠近（图 b）。上、下唇在口角处相连，唇后沟深，左右不相连。须 2 对，颌须后伸达眼后缘的下方。鳞片中等大，侧线鳞 38~41 枚（图 a）。背鳍末根不分枝鳍条不变粗，后缘光滑（图 a、c），分枝鳍条 8 根。腹鳍起点位于背鳍起点之后。体侧具 6 条跨侧线的垂直黑色条纹；背鳍鳍条间膜有黑色条纹。

生活习性： 生活于急流的山区溪流，主要以固着藻类为食。

种群状况： 数量多，山区小型经济鱼类。

地理分布： 红水河、柳江、桂江各支流均有分布。

2020 广西河池市环江县

2cm

a

b

c

188. 侧条光唇鱼 *Acrossocheilus parallens* (Nichols, 1931)

分类地位： 鲤形目 Cypriniformes 鲤科 Cyprinidae 光唇鱼属 *Acrossocheilus*。

鉴别特征： 体延长，侧扁。口下位。上、下唇肥厚，下唇分左、右两瓣，两侧瓣间隙狭窄（图 b）；下颌前端呈弧形，稍露出唇外（图 b）。须 2 对，口角须大于眼径。鳞片中等大，侧线鳞 36 ~ 38 枚（图 a）。背鳍末端不分枝鳍条不变粗，后缘有细锯齿（图 a、c），末端柔软分节。腹鳍起点略后于背鳍起点。体侧具 6 条向下终止于侧线的垂直黑色条纹，每条条纹宽 2 ~ 3 列鳞片；雄体沿侧线有 1 条黑色纵带。

生活习性： 生活于山间溪流，杂食性鱼类。

种群状况： 数量多，山区小型经济鱼类。

地理分布： 红水河、柳江、桂江各支流均有分布。

2020 广西河池市环江县

2cm

a

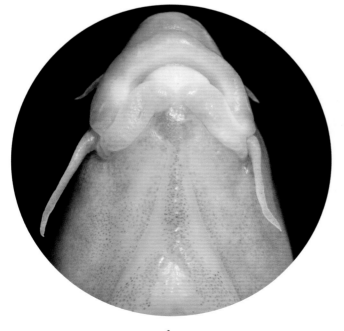

b

c

189. 薄颌光唇鱼 *Acrossocheilus kreyenbergii* (Regan, 1908)

分类地位：鲤形目 Cypriniformes 鲤科 Cyprinidae 光唇鱼属 *Acrossocheilus*。

鉴别特征：体延长，侧扁。口下位。下唇侧瓣发达，两侧瓣相互接近，间隙狭窄（图 c）。唇后沟中断。须 2 对，短于或等于眼径。鳞片中等大，侧线鳞 39~41 枚（图 a）。背鳍末根不分枝鳍条较粗，后缘具锯齿（图 a、d）；背鳍分枝鳍条 8~9 根。腹鳍起点位于背鳍起点之后。臀鳍外缘平截。体浅黄色，体侧沿侧线有 1 条明显的黑色纵带。

生活习性：生活于水体中层，杂食性鱼类。

种群状况：数量多，小型经济鱼类。

地理分布：分布于柳江、桂江及其支流。

⊙ 2021 广西柳州市鹿寨县

1cm

1cm

a

b

c

d

190. 北江光唇鱼 *Acrossocheilus beijiangensis* Wu & Lin, 1977

分类地位： 鲤形目 Cypriniformes 鲤科 Cyprinidae 光唇鱼属 *Acrossocheilus*。

鉴别特征： 体延长，侧扁。口下位。上下唇连于口角，下唇两侧瓣间有缝隙（图 b、c）。下颌突出于下唇之外。唇后沟中断。须 2 对，口角须约与眼径等长。鳞中等大，侧线鳞 39～41 枚（图 a）。背鳍末根不分枝鳍条为硬刺，其后缘具弱锯齿（图 a、d）。腹鳍起点位于背鳍起点之后。体侧具 5 条垂直黑色条纹，下伸略超过侧线，每条条纹宽 3～4 列鳞片（图 a）。臀鳍及尾鳍灰黑色。尾鳍有分散小黑点。

生活习性： 生活于水面较开阔的河流，杂食性鱼类。

种群状况： 有一定的种群数量，是产地经济鱼类之一。

地理分布： 红水河、柳江、桂江各支流均有分布。

2019 广西河池市都安县

2cm

a

2cm

b

c

d

191. 云南光唇鱼 *Acrossocheilus yunnanensis* (Regan, 1904)

分类地位：鲤形目 Cypriniformes 鲤科 Cyprinidae 光唇鱼属 *Acrossocheilus*。

鉴别特征：体延长，侧扁。口小，下位。下唇两侧瓣相距为口宽的 1/3（图 b）。下颌前缘露出唇外，唇后沟中断。须 2 对，须长短于眼径。鳞中等大，侧线鳞 45～47 枚（图 a）。背鳍末根不分枝鳍条为硬刺，后缘具强锯齿（图 a、c）；背鳍外缘内凹。腹鳍起点位于背鳍起点之后。尾鳍深叉形。幼鱼体侧有 1 列圆形斑点，成鱼消失。体侧沿侧线有 1 条黑色条纹。背鳍各鳍条近末端鳍膜黑色。

生活习性：喜欢流水环境，尤其是水面较开阔的河段。

种群状况：数量较多，江河经济鱼类。

地理分布：红水河、左江、右江、柳江、桂江均有分布。

2019 广西百色市德保县

3cm

a

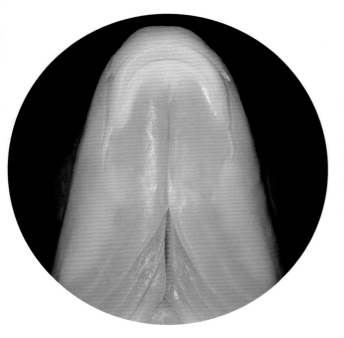

b

c

192. 长鳍光唇鱼 *Acrossocheilus longipinnis* (Wu, 1939)

分类地位： 鲤形目 Cypriniformes 鲤科 Cyprinidae 光唇鱼属 *Acrossocheilus*。

鉴别特征： 体较高，侧扁。头后背部隆起。口下位。下唇两侧瓣相距为口宽的 1/3（图雄 c、雌 c）。下颌前缘露出唇外，具角质薄锋。须 2 对，口角须长于吻须。鳞中等大，侧线鳞 42～44 枚（图雄 a、雌 a）。背鳍末根不分枝鳍条为粗壮硬刺，后缘具强锯齿（图雄 a，雌 a、d）。背鳍外缘深凹（图雄 a，雌 a），背鳍长于头长，雄性较大个体末根不分枝鳍条和第 1 根分枝鳍条末端延长成丝状（图雄 a）。胸鳍后伸接近腹鳍起点。腹鳍起点位于背鳍起点之后。尾鳍深叉形，上下叶长。体侧有 5 条青绿色垂直条纹，下部略窄，条纹宽 5～6 列鳞片。繁殖季节眼前缘至吻端具细小珠星（图雄 a、b）。

生活习性： 生活于水体中下层，刮取岩石上的固着藻类为食。

种群状况： 数量较多，个体也较大，江河主要经济鱼类。

地理分布： 广西各较大江河红水河、柳江、桂江、右江、左江均有分布。

2019 广西河池市都安县

2cm

a

b

雄

c

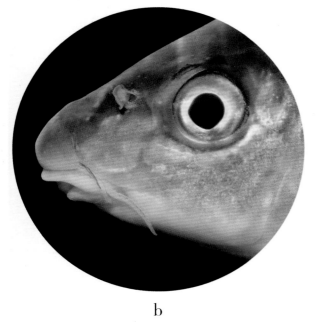

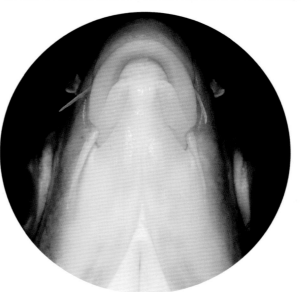

a

b

c

d

此隹

193. 虹彩光唇鱼 *Acrossocheilus iridescens* (Nichols & Pope, 1927)

分类地位：鲤形目 Cypriniformes 鲤科 Cyprinidae 光唇鱼属 *Acrossocheilus*。

鉴别特征：体较高，侧扁。口下位。下唇两侧瓣分离；下颌前缘露出下唇外，具角质薄锋。须 2 对，口角须的长度为吻须的 2 倍，但短于眼径。鳞中等大，侧线鳞 42～43 枚（图雌 a、雄 a）。背鳍末根不分枝鳍条为粗壮硬刺，后缘具强锯齿（图雌 a、c，雄 a、c）；背鳍外缘稍内凹（图雌 a、c，雄 a、c）。胸鳍后伸不达腹鳍。腹鳍起点位于背鳍起点之后。尾鳍深叉形。体侧有 5 条浅褐色的垂直条纹，垂直条纹 6～8 枚鳞片宽。雄性身体略黑；雌性身体略黄。

生活习性：喜欢流水环境的河段，中下层鱼类。

种群状况：有一定的种群数量，是当地经济鱼类之一。

地理分布：分布于广西沿海各单独入海河流。

a

b　雌　c

a

2cm

b

c

雄

194. 粗须白甲鱼 *Onychostoma barbatum* (Lin, 1931)

分类地位： 鲤形目 Cypriniformes 鲤科 Cyprinidae 白甲鱼属 *Onychostoma*。

鉴别特征： 体延长，稍侧扁，腹部略圆。吻圆钝。口下位；口裂窄。上、下唇在口角处相连。下颌边缘具角质薄锋。须 2 对，弱小，短于眼径。鳞中等大。侧线完全。第一鳃弓外侧鳃耙 25 枚以下。背鳍末根不分枝鳍条柔软，后缘一般无锯齿或有弱锯齿（图雌 a、c，雄 a、d）；背鳍外缘凹入。胸鳍短，远不达腹鳍起点。腹鳍起点位于背鳍起点之后。尾鳍深分叉。体侧沿侧线有一浅黑色纵带。背鳍末端鳍膜黑色。

生活习性： 喜流水环境，生活于山溪。

种群状况： 有一定的种群数量。

地理分布： 广西境内的柳江、桂江水系的支流有分布。

📷 2021 广西桂林市永福县

3cm

a

b

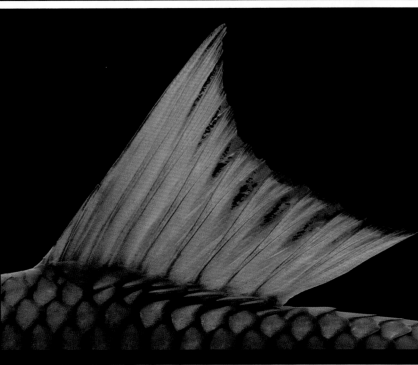

c

雌

a

b

c

雄

d

195. 细身白甲鱼 *Onychostoma elongatum* (Pellegrin & Chevey, 1934)

分类地位： 鲤形目 Cypriniformes 鲤科 Cyprinidae 白甲鱼属 *Onychostoma*。

鉴别特征： 体细长，侧扁。吻长小于眼后头长。吻皮包住上唇基部。口下位，呈马蹄形。唇光滑。上唇紧包于上颌，上、下唇在口角处相连。下颌前缘平直，为锋利的角质（图 c）。须 2 对，吻须极细弱，口角须长为眼径的 1/2。眼中等大，侧上位。鳞片中等大。侧线平直，后延至尾柄正中。背鳍末根不分枝鳍条上缘柔软分节，基部较硬且后缘具细锯齿（图 a、d）。胸鳍末端远不达腹鳍。腹鳍起点位于背鳍起点之后。尾鳍叉形。体背褐色，腹部略白。体侧沿侧线有 1 条黑色条纹。背鳍各鳍条间膜近末端黑色。

生活习性： 喜生活于流水环境的溪流。

种群状况： 种群数量较少。

地理分布： 在广西分布于左江、右江的支流。

📷 2021 广西百色市德保县

a

b

c

d

196. 细尾白甲鱼 *Onychostoma lepturum* (Boulenger, 1899)

分类地位： 鲤形目 Cypriniformes 鲤科 Cyprinidae 白甲鱼属 *Onychostoma*。

鉴别特征： 体细长，侧扁。吻皮包住上唇基部。口下位，较宽，横裂。唇光滑。上唇紧包于上颌，上、下唇在口角处相连。下颌前缘平直，为锋利的角质（图 b）。眼中等大，侧上位。鳞片中等大。侧线平直，后延至尾柄正中。背鳍末根不分枝鳍条上半段柔软分节，后缘光滑（图 a、c）。胸鳍末端远不达腹鳍。腹鳍起点位于背鳍起点之后。尾鳍深分叉，最长鳍条为最短鳍条的 3 倍左右（图 a）。体背褐色，腹部略白。体侧沿侧线有 1 条不明显的黑色条纹。各鳍边缘橘红色。

生活习性： 喜生活于流水环境的江河。

种群状况： 种群数量较少。

地理分布： 分布于广西百色市西林县境内的驮娘江及其支流。

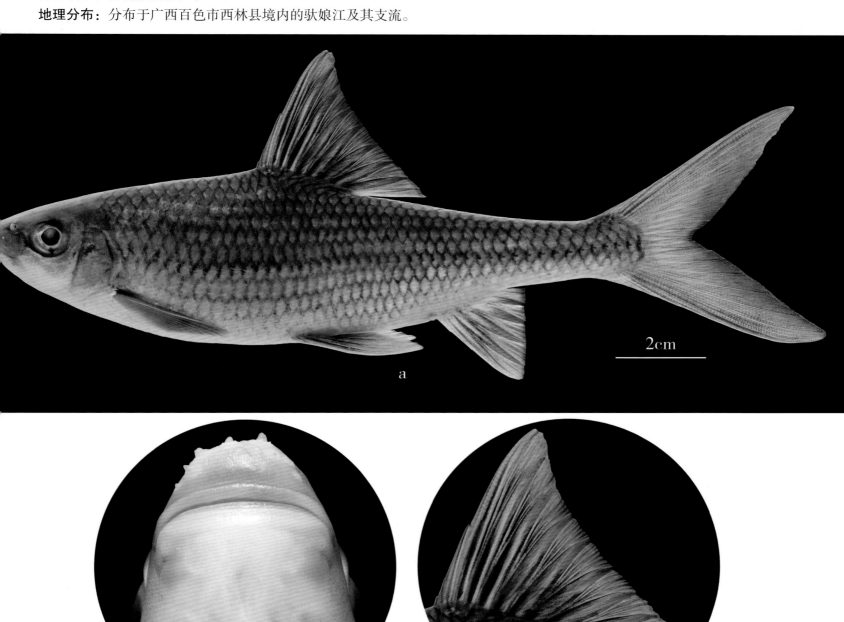

a

b   c

197. 白甲鱼 *Onychostoma simum* (Sauvage & Dabry de Thiersant, 1874)

分类地位： 鲤形目 Cypriniformes 鲤科 Cyprinidae 白甲鱼属 *Onychostoma*。

鉴别特征： 体延长，稍侧扁。口下位；口裂宽，长弧形（图 b）。吻皮与上唇分离。下颌裸露，边缘具角质薄锋（图 b）。成鱼无须。鳞中等大。侧线完全，侧线鳞 47~49 枚（图 a）。第一鳃弓外侧鳃耙 30 枚以上。背鳍外缘内凹，末根不分枝鳍条为粗壮硬刺，后缘有锯齿（图 a、c）。腹鳍起点位于背鳍起点后下方。体银白色，体侧鳞片基部有新月形暗斑；胸鳍、腹鳍和尾鳍边缘略黄。

生活习性： 江河底层鱼类，以锋利的下颌铲食岩石上的固着藻类，兼食小型底栖水生动物。

种群状况： 种群数量少，但个体较大。

地理分布： 分布于柳江及其支流。

a

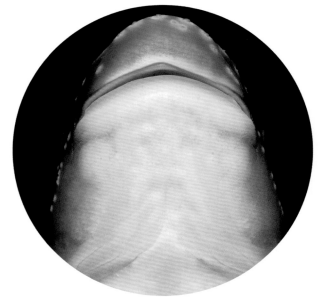

b

c

198. 南方白甲鱼 *Onychostoma gerlachi* (Peters, 1881)

分类地位： 鲤形目 Cypriniformes 鲤科 Cyprinidae 白甲鱼属 *Onychostoma*。

鉴别特征： 体延长、侧扁，前躯较高。口下位，横裂（图 b）。上颌末端不达眼前缘；下颌具角质薄锋。幼鱼具 1 对口角须，成鱼须退化。鳞中等大，侧线鳞 47～49 枚（图 a）。背鳍外缘内凹，末根不分枝鳍条为粗壮硬刺，后缘具强锯齿（图 a、c）。腹鳍起点在背鳍起点后下方。体银白色，背部深灰色。沿侧线有 1 条深色条纹，幼鱼清晰，成鱼则隐约可见。

生活习性： 喜清水石底河段，为江河中下层鱼类。

种群状况： 数量多、个体较大，是江河主要经济鱼类。

地理分布： 广西境内红水河、柳江、桂江、右江、左江干流支流均有分布。

📷 2020 广西河池市都安县

3cm

a

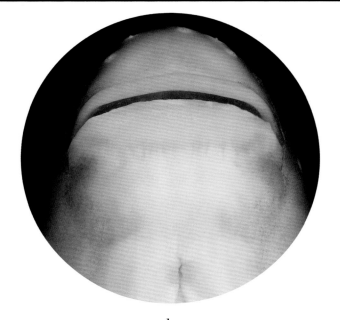

b

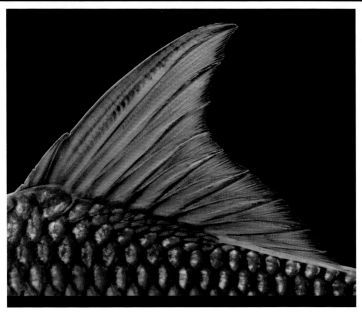

c

199. 小口白甲鱼 *Onychostoma lini* (Wu, 1939)

分类地位： 鲤形目 Cypriniformes 鲤科 Cyprinidae 白甲鱼属 *Onychostoma*。

鉴别特征： 体细长，侧扁。尾柄较细。吻钝。口下位。下颌具角质薄锋（图 b）。须短，2 对。鳞中等大，侧线鳞 47 ~ 51 枚（图 a）。背鳍末根不分枝鳍条为较细的硬刺，后缘具锯齿（图 a、c）；背鳍外缘内凹。腹鳍起点在背鳍起点后下方。尾鳍深叉形。体银白色，背部浅灰色。体侧鳞片基部有新月形黑斑，沿侧线有 1 条暗色条纹。尾鳍内缘微黑；各鳍部分鳍条淡黄色。

生活习性： 喜栖息于急流的河滩。

种群状况： 有一定的种群数量，是经济鱼类之一。

地理分布： 红水河、柳江、桂江等较大河流均有分布。

2020 广西桂林市恭城县

2cm

a

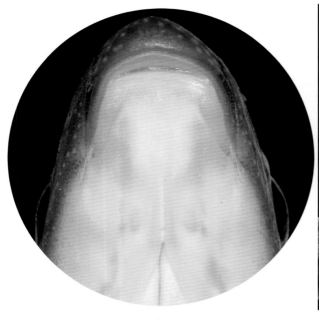

b

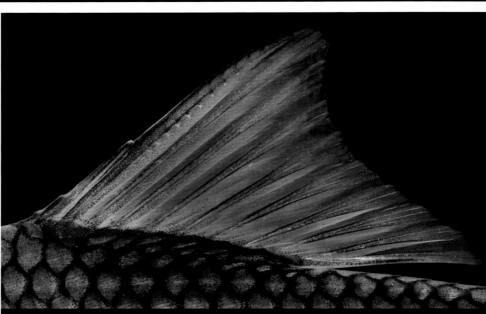

c

200. 稀有白甲鱼 *Onychostoma rarum* (Lin, 1933)

分类地位：鲤形目 Cypriniformes 鲤科 Cyprinidae 白甲鱼属 *Onychostoma*。

鉴别特征：体延长，侧扁，前躯较高。口下位，横裂（图 b）。上颌末端达眼前缘；下颌具角质薄锋（图 b）。须 2 对，吻须细小，有时退化为 1 对小突起，口角须较长，约为眼径的 1/2。鳞中等大，侧线鳞 43～45 枚（图 a）。背鳍末根不分枝鳍条为粗壮硬刺，后缘有强锯齿（图 a、c）；背鳍第一分枝鳍条等于或小于头长（图 a）。胸鳍末端不达腹鳍起点，腹鳍起点在背鳍起点后下方。尾鳍深叉形。体浅灰色，背部青黑色；体侧鳞片基部有新月形黑斑。

生活习性：栖息于水流较急的河滩。

种群状况：种群数量少。

地理分布：漓江、柳江、红水河均有分布。

© 2021 广西河池市巴马县

3cm

a

b

c

201. 卵形白甲鱼 *Onychostoma ovale* Pellegrin & Chevey, 1936

分类地位： 鲤形目 Cypriniformes 鲤科 Cyprinidae 白甲鱼属 *Onychostoma*。

鉴别特征： 体延长，侧扁，前躯较高。头短，吻钝。口下位，口裂平直（图 b）。下颌前缘具角质边缘（图 b）。须 2 对，短于眼径。鳞中等大，侧线鳞 43～45 枚（图 a）。背鳍末根不分枝鳍条为粗壮硬刺，后缘具强锯齿（图 a、c）；第一分枝鳍条超过头长（图 a、c）。胸鳍后伸接近腹鳍起点。腹鳍起点在背鳍起点后下方。尾鳍深分叉。体青绿色，背部灰黑色。体侧鳞片基部具新月形黑斑。各鳍淡黄色。

生活习性： 喜欢栖息于急流险滩处。

种群状况： 种群数量多，在柳江、红水河是主要经济鱼类。

地理分布： 红水河、柳江、桂江、右江、左江均有分布。

◎2020 广西河池市都安县

4cm

a

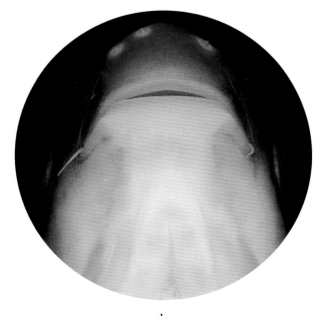

b

c

202. 瓣结鱼 *Folifer brevifilis* (Peters, 1881)

分类地位：鲤形目 Cypriniformes 鲤科 Cyprinidae 瓣结鱼属 *Folifer*。

鉴别特征：体延长而侧扁。头较长，吻尖（图 a ~ d）。口下位，口裂呈马蹄形。上唇发达，增厚。下唇分两侧叶和一中间叶，中间叶较大、呈舌状（图 d）；唇后沟连续。须 2 对，短于眼径。鳞中等大，侧线鳞 45 ~ 47 枚（图 a）。背鳍末根不分枝鳍条为粗壮硬刺，后缘具锯齿（图 a）。胸鳍后伸超过背鳍起点下方，但不达腹鳍起点。腹鳍起点在背鳍起点后下方。尾鳍深分叉。第一鳃弓外侧鳃耙 25 ~ 29 枚。体侧及背部青绿色，腹部略白。体侧鳞片基部具新月形黑斑。各鳍淡黄色。

生活习性：江河底层鱼类，喜在水流较急的河段生活。

种群状况：种群数量稀少。

地理分布：红水河、柳江、桂江、右江、左江均有少量分布。

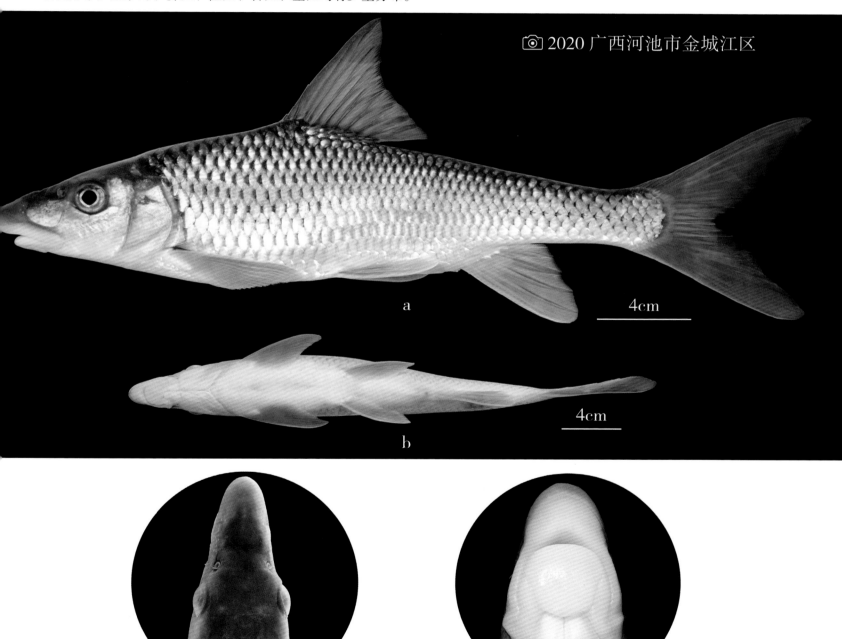

📷 2020 广西河池市金城江区

a

4cm

b

4cm

c

d

203. 副结鱼 *Parator zonatus* (Lin, 1935)

分类地位：鲤形目 Cypriniformes 鲤科 Cyprinidae 副结鱼属 *Parator*。

鉴别特征：体延长而侧扁，呈三角形，身体最高处位于背鳍起点。口下位，口裂呈马蹄形。下唇分两侧叶和一中间叶；中间叶较大、呈舌状，后伸超过两侧叶（图 b）；唇后沟连续。须 2 对，口角须较长，等于或略小于眼径（图 a）。鳞中等大，侧线鳞 45 ~ 47 枚（图 a）。背鳍外缘内凹，末根不分枝鳍条为粗壮硬刺，后缘具锯齿（图 a、c）；背鳍起点之前有平卧向前突出的倒刺隐于皮下。胸鳍长，后伸超过背鳍起点的下方，接近腹鳍起点。腹鳍起点在背鳍起点后下方。尾鳍深分叉。体侧及背部青绿色，腹部略白。浸制标本体淡黄色。各鳍边缘淡黄色。体侧有 5 条粗黑色横条纹，条纹宽约 3 枚鳞片。

生活习性：喜栖息于多岩石的深水区，喜清水急流，为江河中下层鱼类，以底栖动物为食。

种群状况：种群数量极稀少，近 30 年来未采集到标本。

地理分布：在广西境内红水河、柳江等大的江河均有分布。

📷 1985 广西河池市天峨县

2cm

a

b

c

204. 桂孟加拉鲮 *Bangana decora* (Peters, 1881)

分类地位： 鲤形目 Cypriniformes 鲤科 Cyprinidae 孟加拉鲮属 *Bangana*。

鉴别特征： 体长而侧扁，粗壮。吻皮边缘光滑，吻皮覆盖上唇中部；上唇紧贴于上颌，在口角处与下唇相连。口下位。下唇与下颌分离（图 b），其间具有深沟相隔；唇后沟不相连。须 2 对，极短小。鳞中等大，侧线鳞 43～46 枚（图 a）；围尾柄鳞 24 枚。背鳍外缘平直，末根不分枝鳍条柔软，分枝鳍条 11 根（图 a、c）。胸鳍长，后伸超过背鳍起点的下方，接近腹鳍起点。腹鳍起点位于背鳍起点之后，后伸达臀鳍起点。尾鳍分叉。生活时体青绿色，背部颜色略深，腹部略白。体侧鳞片中心具红点（图 a）。

生活习性： 底层鱼类，栖息于水面开阔的河流。

种群状况： 柳江的龙江支流有一定种群数量。个体较大，是江河名贵的经济鱼类，近年已有一些地方开展人工养殖。

地理分布： 柳江、桂江、红水河、右江、左江均有分布。

© 2020 广西河池市宜州区

3cm

a

b   c

205. 伍氏孟加拉鲮 *Bangana wui* Zheng & Chen, 1983

分类地位： 鲤形目 Cypriniformes 鲤科 Cyprinidae 孟加拉鲮属 *Bangana*。

鉴别特征： 体延长，前躯圆筒形。鼻孔前沿向下凹陷。吻皮发达，边缘光滑，与上唇分离；上唇紧贴于上颌，在口角处与下唇相连（图 e）。口下位。下唇与下颌分离，其间具有深沟相隔（图 d、e）；唇后沟以浅沟相连（图 e）。须 2 对，极短小（图 d）。鳞中等大，侧线鳞 41～45 枚（图 a）；围尾柄鳞 16 枚。背鳍无硬刺，分枝鳍条 10～11 根；胸鳍短，后伸末端接近背鳍起点的下方；腹鳍起点位于背鳍起点之后，后伸不达臀鳍起点；尾鳍深分叉。生活时体侧每个鳞片的周边紫蓝色，中央朱红色（图 a）。腹部乳白色。各鳍灰色。

生活习性： 底层鱼类，喜欢在水流较急的河段生活。

种群状况： 数量极少，近 20 年来已很难见到。

地理分布： 分布于红水河盘阳河支流；柳江、桂江也有分布记录。

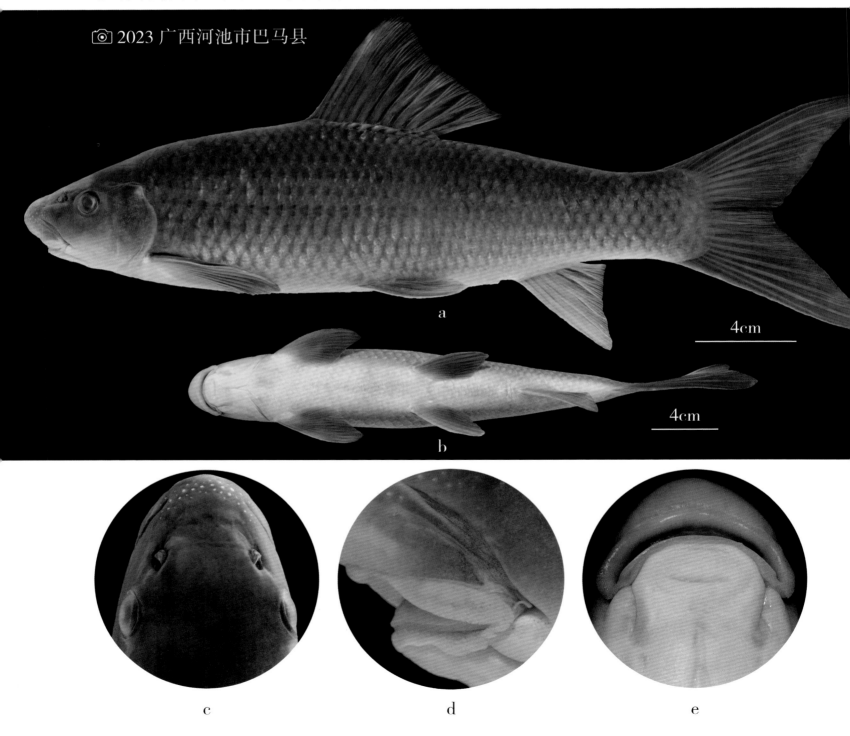

2023 广西河池市巴马县

4cm

4cm

a

b

c   d   e

206. 露斯塔野鲮 *Labeo rohita* (Hamilton, 1822)

分类地位：鲤形目 Cypriniformes 鲤科 Cyprinidae 野鲮属 *Labeo*。

鉴别特征：体延长，略侧扁。吻圆钝，吻皮仅盖住上唇基部；上唇发达，两侧露于吻皮之外。口下位；下颌横直（图 d），宽，舌状；下唇与下颌分离，其间具有沟相隔；下唇外翻；上、下唇表面具颗粒状乳突。须 2 对，吻须稍长，口角须极短小。鳞中等大，侧线鳞 41 ~ 42 枚（图 a）；围尾柄鳞 20 枚。背鳍无硬刺（图 a），外缘略凹。腹鳍起点位于背鳍起点之后。生活时体侧及背部青绿色，腹部略白。体侧鳞片中心呈淡红色。胸鳍、腹鳍、臀鳍红色；尾鳍边缘红色。

生活习性：水体中层鱼类，池塘、水库均可养殖，生长快。

种群状况：人工养殖产量高。

地理分布：外来物种，目前广西各江河、湖泊、水库均有分布。

ⓘ2021 广西河池市都安县

3cm

a

3cm

b

c

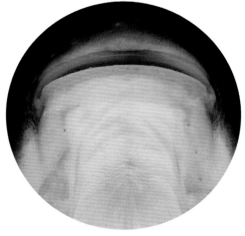

d

207. 鲮 *Cirrhinus molitorella* (Valenciennes, 1844)

分类地位： 鲤形目 Cypriniformes 鲤科 Cyprinidae 鲮属 *Cirrhinus*。

鉴别特征： 体延长，侧扁。口下位。上唇与上颌分离，下唇边缘布满乳突状突起（图 c）。唇后沟中断。上、下颌具角质薄锋。须 2 对，吻须明显，口角须退化（图 b）。侧线完全，侧线鳞 38～40 枚（图 a）。背鳍无硬刺，外缘内凹，分枝鳍条 12～13 根；胸鳍短，后伸接近背鳍起点下方；腹鳍起点位于背鳍起点之后；尾鳍深分叉。体青灰色，腹部银白色；体侧胸鳍上方侧线附近有蓝色鳞片组成的斑纹（图 a）。

生活习性： 杂食性，水体中下层鱼类，生活于水面开阔的河段，是广西池塘、水库养殖鱼类之一。

种群状况： 数量多，在养殖鱼类中占一定比重。

地理分布： 红水河、柳江、桂江、右江、左江均有自然分布，西江干流的桂平、梧州产量多。

2020 广西河池市都安县

a

3cm

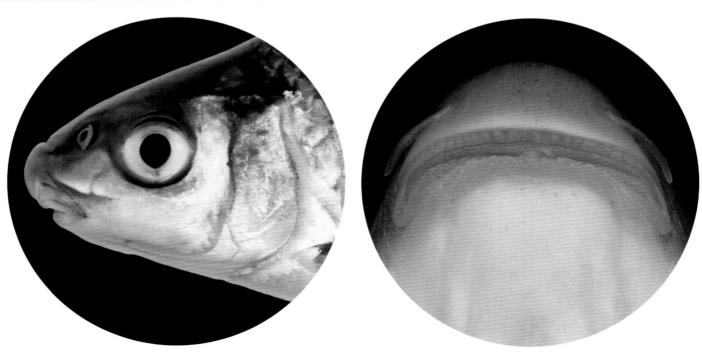

b

c

208. 纹唇鱼 *Osteochilus salsburyi* Nichols & Pope, 1927

分类地位：鲤形目 Cypriniformes 鲤科 Cyprinidae 纹唇鱼属 *Osteochilus*。

鉴别特征：体小，前躯近圆筒形，后躯侧扁。吻皮覆盖上唇基部，与上唇分离。口小，下位。上唇与上颌分离，上唇两侧外翻，具斜行条纹皮褶（图 d）。下唇发达，与下颌分离，具条形皮褶。下颌前缘具角质薄锋。须 2 对，短小，须长小于眼径（图 a、c）。鳞中等大，侧线鳞 32～34 枚（图 a）。背鳍无硬刺，分枝鳍条 11～12 根；胸鳍后伸达到或超过背鳍起点下方；腹鳍起点位于背鳍之后；尾鳍叉形。体背部灰黑色，腹部略白，体侧近尾柄处有一不明显的黑色纵带。

生活习性：生活于水体中下层，喜静水环境。

种群状况：数量多，是小型经济鱼类。

地理分布：广西各水系，大江、小河、溪流都有分布，是广西常见的小型鱼类。

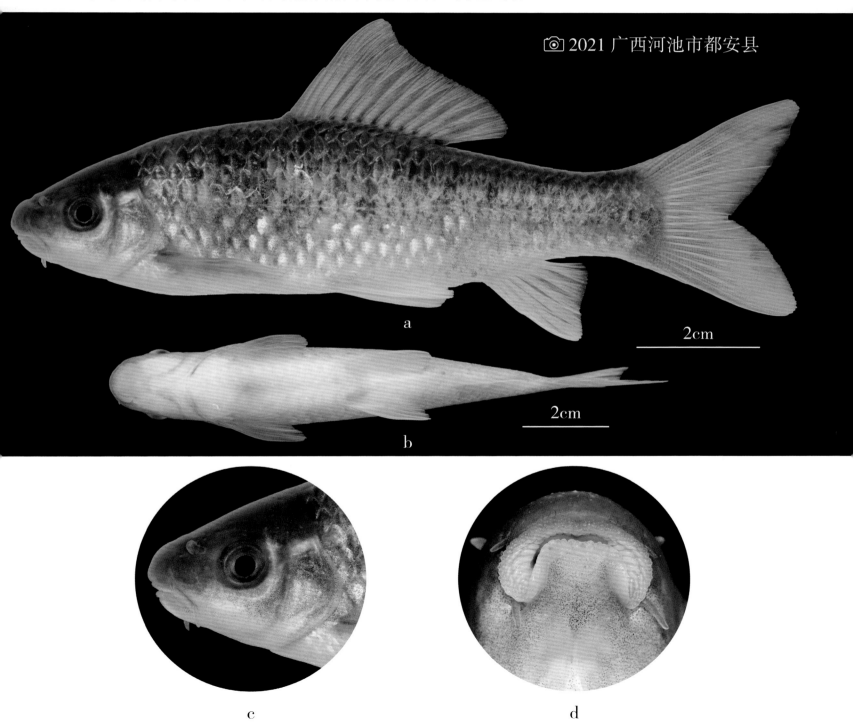

📷2021 广西河池市都安县

a

2cm

b

2cm

c

d

209. 直口鲮 *Rectoris posehensis* Lin, 1935

分类地位： 鲤形目 Cypriniformes 鲤科 Cyprinidae 直口鲮属 *Rectoris*。

鉴别特征： 体细长，前躯近圆筒形，尾柄细长、侧扁。头小。吻长，吻皮向腹面包围，盖住上颌，边缘半月形区域散布细小乳突，边缘具浅裂（图 d）。吻皮在口角处与下唇相连。上唇消失。上颌在口角处以系带与下唇相连。下颌与下唇分离，下颌平直，具角质鞘。口下位（图 b、d）。唇后沟仅限于口角。须 2 对，短于眼径。鳞中等大，侧线鳞 42～45 枚（图 a）。背鳍无硬刺，外缘凹入（图 a）；腹鳍起点在背鳍起点之后；臀鳍凹入；尾鳍深叉形。体背部灰黑色，腹部白色；鳃孔上角至尾鳍基部沿侧线有一黑色纵带（图 a）。

生活习性： 底层鱼类，刮取岩石上的固着藻类为食。

种群状况： 数量多，是广西江河经济鱼类之一。

地理分布： 红水河、柳江、桂江、左江、右江、郁江均有分布。

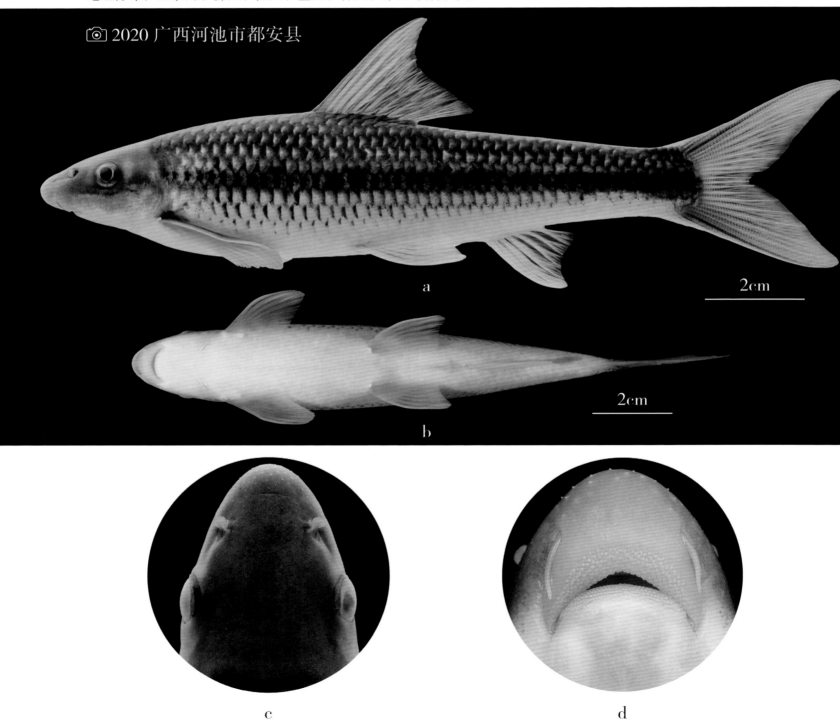

📷 2020 广西河池市都安县

a

2cm

b

2cm

c

d

210. 长须直口鲮 *Rectoris longibarbus* Zhu, Zhang & Lan, 2012

分类地位： 鲤形目 Cypriniformes 鲤科 Cyprinidae 直口鲮属 *Rectoris*。

鉴别特征： 体细长，前躯近圆筒形，尾柄细长、侧扁。头小。吻长，吻皮向腹面包围，盖住上颌，边缘半月形区域散布细小乳突，边缘呈流苏状（图c）。吻皮在口角处与下唇相连。上唇消失。上颌在口角处以系带与下唇相连。下颌与下唇分离，下颌平直，具角质鞘。口下位。唇后沟仅限于口角。须2对，吻须发达，长于眼径（图c），口角须明显。鳞中等大，侧线鳞41~43枚（图a）。鳔两室，前后室约等长，后室呈哑铃状。背鳍无硬刺，外缘凹入；腹鳍起点在背鳍起点之后；臀鳍凹入；尾鳍深叉形。体背部灰黑色，腹部白色；鳃孔上角至尾鳍基部沿侧线有一黑色纵带。

生活习性： 底层鱼类，刮取岩石上的固着藻类为食。

种群状况： 模式产地常见种。

地理分布： 分布于广西百色市靖西市境内的左江流域支流。

ⓒ 2010 广西百色市靖西市

a

b　　　　　　　　　c

211. 巴马拟缨鱼 *Pseudocrossocheilus bamaensis* (Fang, 1981)

分类地位： 鲤形目 Cypriniformes 鲤科 Cyprinidae 拟缨鱼属 *Pseudocrossocheilus*。

鉴别特征： 体长，近圆筒形。腹部圆。头小，吻圆钝。口下位（图 a、b、d）。吻皮覆盖上颌，边缘呈穗状，穗上有肉质乳突（图 d）。上唇消失。吻皮在口角处与下唇相连。下唇与下颌分离，下唇前端具乳突。上、下颌均具角质薄锋，在口角处有系带相连。须 2 对，约等长，略短于眼径（图 a）。背鳍无硬刺，外缘内凹；胸鳍短，后伸不达背鳍起点的下方；腹鳍起点位于背鳍起点之后。尾柄长，体长为尾柄长的 4.8 ~ 5.3 倍。体灰黑色，腹部白色；体侧有不规则黑色斑点。

生活习性： 底层鱼类，刮取着生于岩石上的藻类为食。

种群状况： 数量多，是产地经济鱼类之一。

地理分布： 广西目前仅见分布于红水河、柳江及其支流和洞穴。

📷 2020 广西河池市都安县

2cm

a

2cm

b

c

d

212. 柳城拟缨鱼 *Pseudocrossocheilus liuchengensis* (Liang, Liu & Wu, 1987)

分类地位：鲤形目 Cypriniformes 鲤科 Cyprinidae 拟缨鱼属 *Pseudocrossocheilus*。

鉴别特征：体长，近圆筒形。腹部圆。头小，吻圆钝。口下位（图 a、b、d）。吻皮覆盖上颌，边缘呈流苏状。上唇消失（图 d）。吻皮在口角处与下唇相连。下唇与下颌分离，下唇前端具乳突（图 d）。上、下颌均具角质薄锋，在口角处有系带相连。须 2 对，口角须明显长于吻须，口角须长略大于眼径（图 a）。背鳍无硬刺，起点在腹鳍之前。体长为尾柄长的 5.9～6.6 倍。体灰黑色；体侧和体背部有不规则斑点，体侧沿侧线上方有约 10 个黑色圆斑组成的纵行条纹。

生活习性：栖息于洞穴出口处，刮取岩石上的固着藻类为食。

种群状况：产地常见种。

地理分布：分布于红水河、柳江支流洞穴出口处。

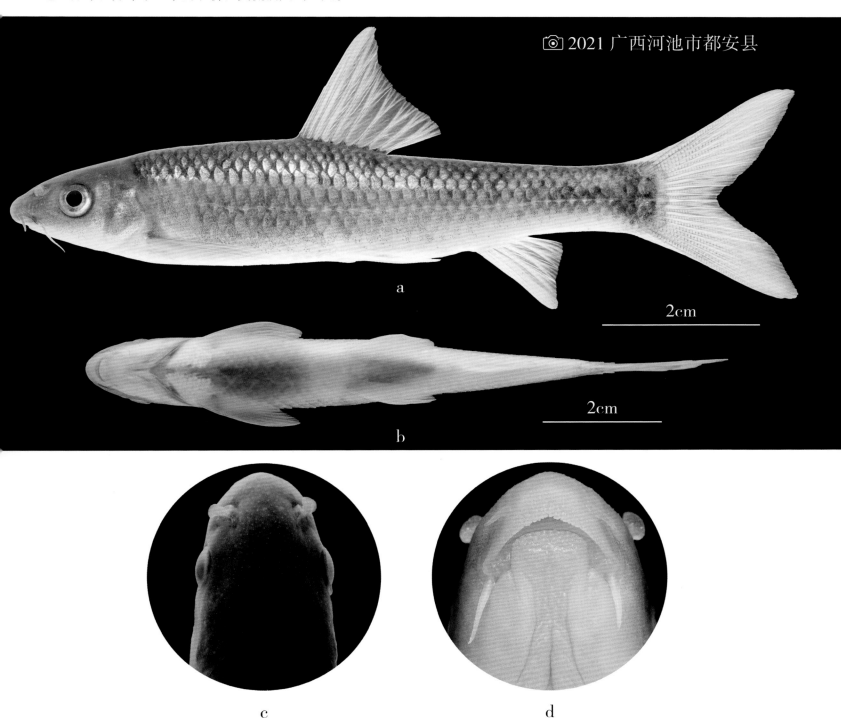

◎2021 广西河池市都安县

2cm

2cm

a

b

c

d

213. 异华鲮 *Parasinilabeo assimilis* Wu & Yao, 1977

分类地位： 鲤形目 Cypriniformes 鲤科 Cyprinidae 异华鲮属 *Parasinilabeo*。

鉴别特征： 体近圆筒形。体长为体高的 3.8 ~ 4.3 倍。吻圆钝。吻皮肥厚，向腹面伸展，覆盖上颌，边缘有乳突（图 a、b、d）。口下位。上唇消失。下唇与下颌分离，下唇表面乳突发达（图 d）。上、下颌具角质前缘。唇后沟仅限于口角。须 2 对，短于眼径，吻须长于口角须。鳞中等大。背鳍无硬刺，外缘微凹；胸鳍后伸不达背鳍起点下方；腹鳍起点位于背鳍起点之后。尾鳍叉形。体灰黑色，腹部白色。体侧沿侧线具不明显的黑色纵纹。

生活习性： 生活于山间溪流中，喜欢水流的环境。

种群状况： 数量多，但个体小，山区小型经济鱼类。

地理分布： 分布于桂江、柳江各支流，在红水河分布于刁江支流。

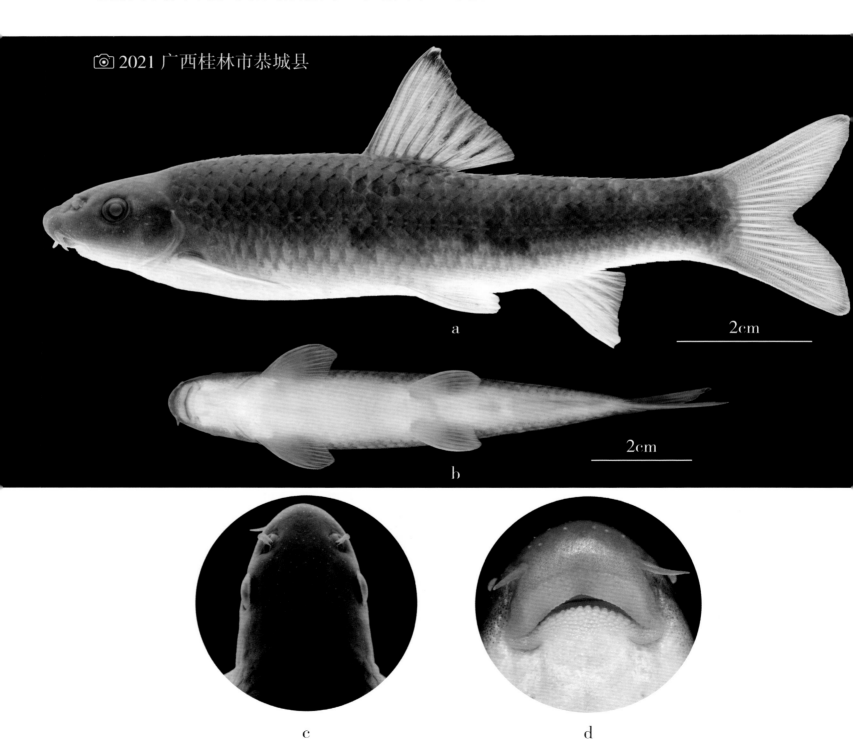

📷 2021 广西桂林市恭城县

a

2cm

b

2cm

c

d

214. 长鳍异华鲮 *Parasinilabeo longiventralis* Huang, Chen & Yang, 2007

分类地位：鲤形目 Cypriniformes 鲤科 Cyprinidae 异华鲮属 *Parasinilabeo*。

鉴别特征：体近圆筒形。吻圆钝。吻皮肥厚，向腹面伸展，覆盖上颌，边缘排列多行乳突（图 d）；吻皮在口角处与下唇相连。口下位。上唇消失。下唇与下颌分离，下唇具乳突（图 d）。上、下颌具角质前缘。唇后沟仅限于口角。须 2 对，约等长或吻须稍长。鳞中等大。背鳍无硬刺，外缘微凹；胸鳍后伸不达背鳍起点下方（图 a）；腹鳍长，后伸接近臀鳍起点（图 a、b）；尾鳍叉形。体灰黑色，腹部白色。在侧线鳞起点的后方有一宽的褐色纵条纹；体上有不规则的斑点。

生活习性：生活于小溪流的流水环境。

种群状况：种群数量少。

地理分布：分布于广西贺州市富川县境内的小溪流，属贺江水系。

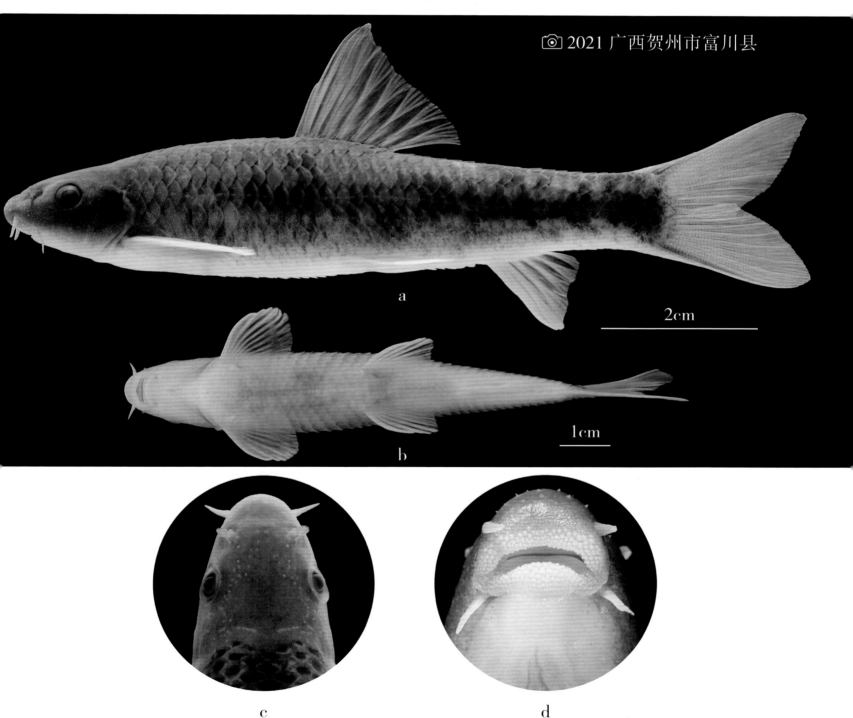

📷 2021 广西贺州市富川县

2cm

1cm

a

b

c

d

215. 长须异华鲮 *Parasinilabeo longibarbus* Zhu, Lan & Zhang, 2006

分类地位： 鲤形目 Cypriniformes 鲤科 Cyprinidae 异华鲮属 *Parasinilabeo*。

鉴别特征： 体细长，近圆筒形。体长为体高的 5.3 ~ 6.8 倍。吻圆钝。吻皮肥厚，向腹面伸展，覆盖上颌，边缘具乳突（图 d）。口下位。上唇消失。下唇与下颌分离，下唇前缘具乳突（图 d）。上、下颌具角质前缘。唇后沟仅限于口角。须 2 对，发达（图 a、b、c、d），均长于眼径；口角须略长于吻须；吻须末端达眼后缘垂线下方；口角须末端超过主鳃盖骨前缘（图 a、d）。鳞中等大。背鳍无硬刺，外缘微凹；胸鳍后伸远不达背鳍起点下方；腹鳍短，后伸不达肛门和臀鳍起点（图 b）；尾鳍叉形。体灰黑色，腹部略白色。体侧沿侧线上方有 1 条明显褐色纵纹。

生活习性： 穴居性，属非典型洞穴鱼类。

种群状况： 种群数量少。

地理分布： 分布于广西贺州市富川县境内的洞穴。

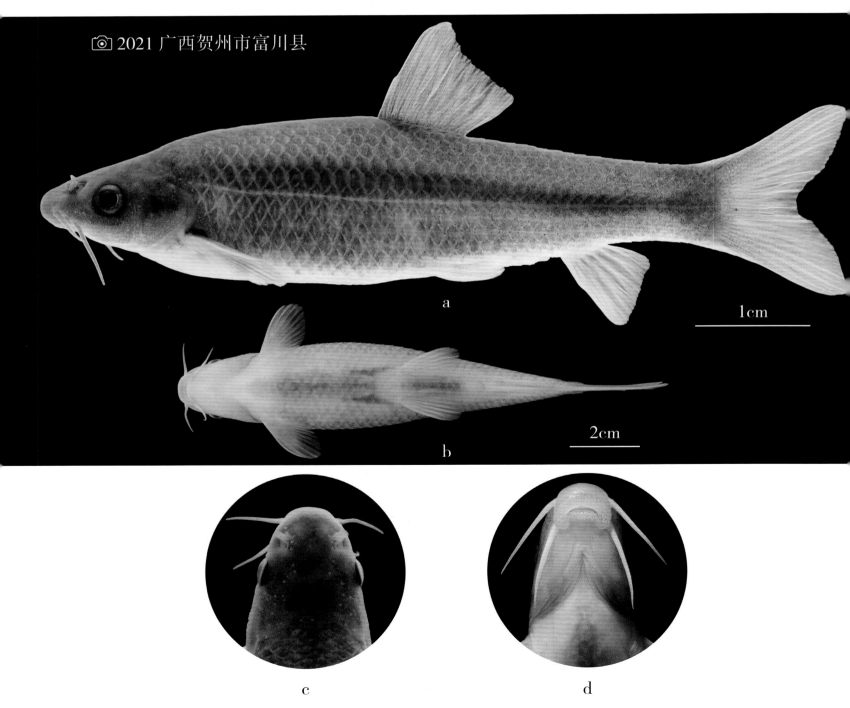

2021 广西贺州市富川县

1cm

a

2cm

b

c   d

216. 唇鲮 *Semilabeo notabilis* Peters, 1881

分类地位：鲤形目 Cypriniformes 鲤科 Cyprinidae 唇鲮属 *Semilabeo*。

鉴别特征：体长，前部近圆筒形，尾柄部侧扁。吻皮发达，下垂向腹面扩展形成口前室，表面具排列整齐的角质突（图 d）。口下位，横裂。上唇消失。下唇很厚，下唇角质小乳突区呈三角形（图 d）。上、下颌边缘锐利，上颌弧形，下颌平直。唇后沟短，不相连。眼大。须 2 对，短于眼径。背鳍外缘深凹，末根不分枝鳍条柔软；胸鳍长，后伸达到背鳍起点下方；腹鳍约与背鳍第三分枝鳍条相对；尾鳍叉形。鳞片大，围尾柄鳞 16 枚。背部青黑色，侧线以下体侧和腹部略白色。体侧从头后至尾鳍基部有灰褐色的鳞间纵纹 8~9 条（图 a）。

生活习性：底层鱼类，以岩石上的固着藻类为食，生活于较大的河流。

种群状况：种群数量少。

地理分布：广西各较大河流都有分布，为江河名贵经济鱼类。

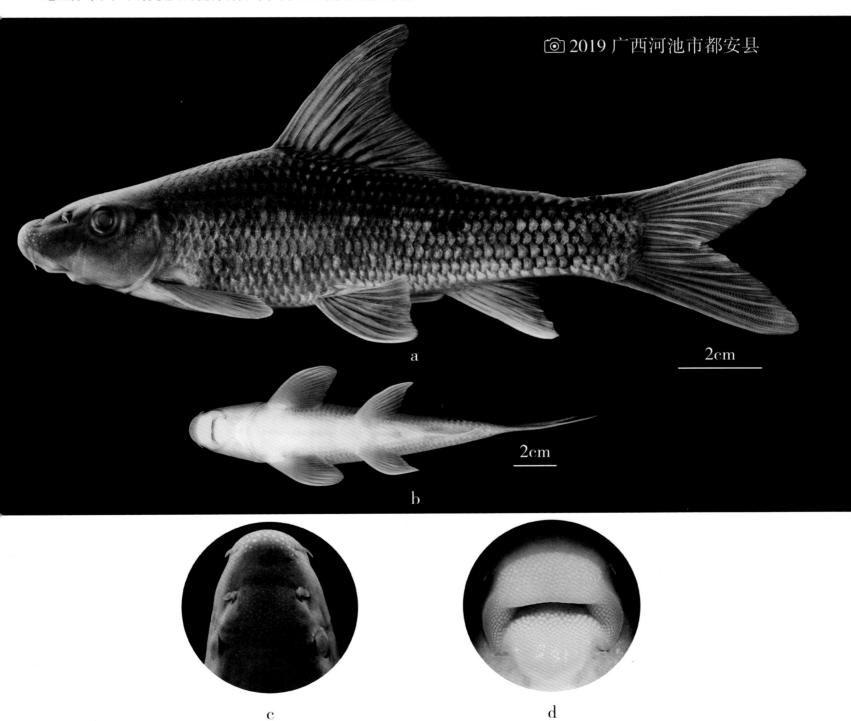

📷 2019 广西河池市都安县

2cm

a

2cm

b

c　　　　　d

217. 暗色唇鲮 *Semilabeo obscurus* Lin, 1981

分类地位： 鲤形目 Cypriniformes 鲤科 Cyprinidae 唇鲮属 *Semilabeo*。

鉴别特征： 体延长，前部近圆筒形，尾柄部侧扁。吻皮下垂向腹面扩展形成口前室，表面具排列整齐的角质突。口下位，横裂。上唇消失。下唇很厚，下唇角质小乳突区呈三角形（图 c）。上、下颌边缘锐利，上颌弧形，下颌平直。唇后沟短，不相连。须 2 对，短于眼径。背鳍外缘深凹，末根不分枝鳍条柔软（图 a）；胸鳍长，后伸达到背鳍起点下方；腹鳍约与背鳍第三分枝鳍条相对；尾鳍叉形。鳞片大，围尾柄鳞 20 枚。体侧和背部青黑色，体侧具不明显的小黑斑，但不形成纵纹。

生活习性： 底层鱼类，喜栖息于水急流处，刮取岩石上固着藻类为食。

种群状况： 有一定种群量，是分布地经济鱼类，已有人工驯养和繁殖。

地理分布： 分布于珠江流域的右江、左江、红水河。

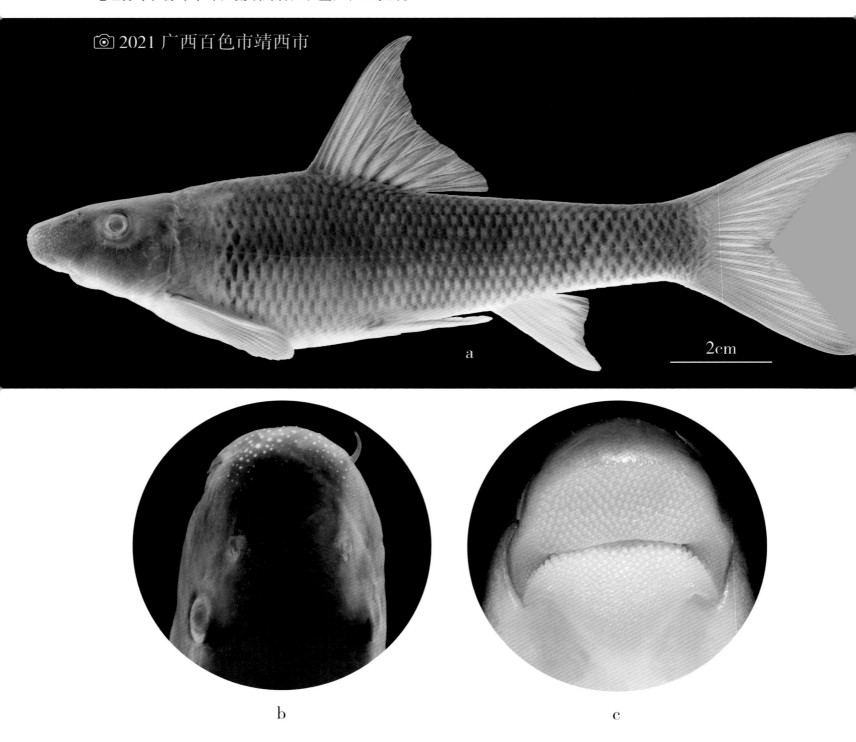

[📷] 2021 广西百色市靖西市

2cm

a

b

c

218. 泉水鱼 *Pseudogyrinocheilus prochilus* (Sauvage & Dabry de Thiersant, 1874)

分类地位： 鲤形目 Cypriniformes 鲤科 Cyprinidae 宽唇鱼属 *Pseudogyrinocheilus*。

鉴别特征： 体延长，体前部近圆筒形，后部侧扁。口下位，略呈三角形（图 b、d）。吻圆钝，向前突出；吻皮下包，在上颌之前形成口前室，在口角处与下唇相连；吻皮表面有排列整齐的小乳突（图 b、d）。下唇发达，表面具乳突，唇后沟中断，仅限于口角处（图 b、d）。须 2 对，吻须长约与眼径相等。背鳍外缘凹入，末根不分枝鳍条柔软；胸鳍长，后伸可达或接近背鳍起点下方；腹鳍约与背鳍第二根分枝鳍条相对；尾鳍叉形。鳞中等大，侧线平直，侧线鳞 45~48 枚（图 a）。体灰黑色。体侧鳞片的基部具一黑点，在体侧连成若干纵行条纹，在胸鳍中部的上方常具一不显著的黑斑。

生活习性： 底层鱼类，喜欢流水环境，生活于小河及其支流。

种群状况： 有一定种群数量，为分布地的经济鱼类之一。

地理分布： 广西仅见分布于红水河上游支流。

2020 广西河池市巴马县

2cm

a

2cm

b

c   d

219. 长沟宽唇鱼 *Pseudogyrinocheilus longisulcus* (Zheng, Chen & Yang, 2010)

分类地位： 鲤形目 Cypriniformes 鲤科 Cyprinidae 宽唇鱼属 *Pseudogyrinocheilus*。

鉴别特征： 体近圆筒形，尾部侧扁。头高大于头宽。口下位，呈半椭圆形（图 b、d）。吻圆钝，向前突出；吻皮下包，在上颌之前形成口前室，在口角处与下唇相连；吻皮表面有排列整齐的小乳突（图 b、d）。下唇发达，后缘游离；唇后沟向前延长，达到下唇中间叶后部（图 b、d）。须 2 对，吻须长约与眼径相等。背鳍外缘凹入，末根不分枝鳍条柔软；胸鳍短，后伸远不达背鳍起点下方（图 a、b）；腹鳍约与背鳍第三分枝鳍条相对；尾鳍叉形。鳞中等大，侧线鳞 40～42 枚。体淡黄色，腹部略白色。体侧沿侧线上方具一黑色条纹。

生活习性： 底层鱼类，栖息于地下河出口处及附近的小河，以岩石上的固着藻类为食。

种群状况： 有一定的种群数量。

地理分布： 分布于百色市靖西市、那坡县、德保县等的左江、右江上游支流。

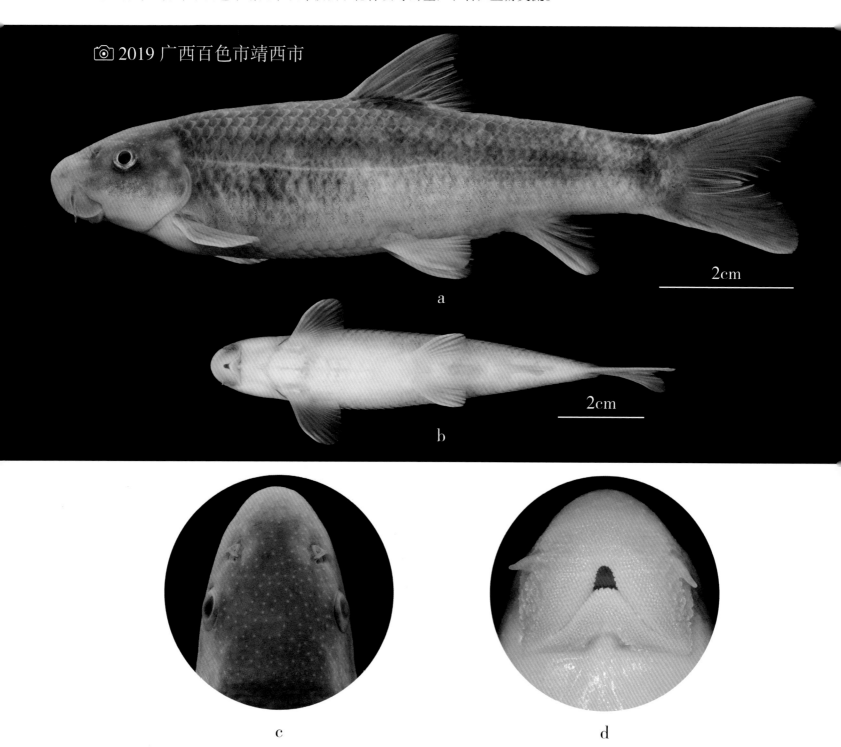

2019 广西百色市靖西市

2cm

a

2cm

b

c

d

220. 狭吻鱼 *Stenorynchoacrum xijiangensis* Huang, Yang & Chen, 2014

分类地位: 鲤形目 Cypriniformes 鲤科 Cyprinidae 狭吻鱼属 *Stenorynchoacrum*。

鉴别特征: 体粗壮, 近圆筒形, 尾部侧扁。眼大。口下位。吻皮盖住上颌, 中部不发达, 两端扩大往外翻 (图 d), 与下唇在口角处相连。唇后沟略长, 向前延伸使下唇两端游离。唇后沟末端有不明显颏沟往后延伸, 下唇中部隆起, 隆起最高点在唇后沟末端, 往后形成一圆形吸盘。上、下颌边缘锐利, 上颌弧形, 下颌平直、外露 (图 d)。须 2 对, 短于眼径。背鳍外缘微凹, 末根不分枝鳍条光滑柔软; 胸鳍长, 后伸接近背鳍起点的下方; 腹鳍起点位于背鳍起点之后。体背部与体侧青灰色, 腹部颜色较淡; 体侧具多条不明显的灰色条纹, 从头后延伸至尾鳍基; 各鳍透明。

生活习性: 栖息于地下水出口处, 喜集群, 以岩石上的固着藻类为食。

种群状况: 种群数量少。

地理分布: 分布于桂江上游, 桂林市郊的地下水出口处。

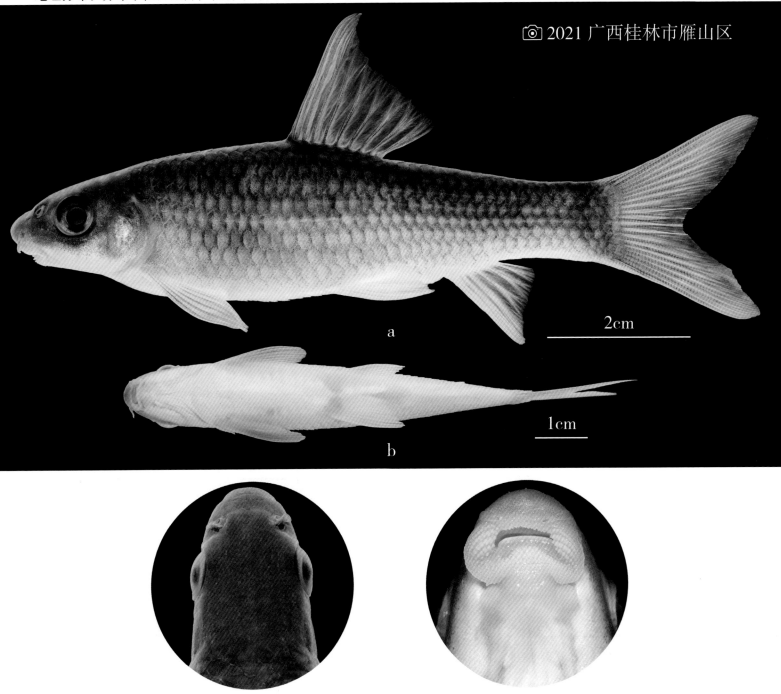

2021 广西桂林市雁山区

a

2cm

b

1cm

c

d

221. 卷口鱼 *Ptychidio jordani* Myers, 1930

分类地位： 鲤形目 Cypriniformes 鲤科 Cyprinidae 卷口鱼属 *Ptychidio*。

鉴别特征： 体延长，粗壮，前部略呈圆筒形。头小。吻圆钝。吻皮向腹面扩展而盖于上颌，左右扩展到口角，吻皮边缘分裂成 10 ~ 12 条具侧枝的穗状流苏（图 b、d）。口下位，上唇消失。下颌与下唇分离，下颌边缘具角质；下唇腹面具短须状小乳突。唇后沟仅限于口角。须 2 对，口角须后伸不达眼后缘。侧线完全，平直。背鳍无硬刺，外缘深凹；胸鳍后伸超过背鳍起点下方；腹鳍起点位于背鳍起点之后，后伸超过臀鳍起点；尾鳍叉形。体棕黑色。

生活习性： 底层鱼类，杂食性，主要以河底蚬、螺类为食。

种群状况： 数量多，是广西江河主要经济鱼类之一。

地理分布： 红水河、柳江、桂江、右江、左江等主要河流均有分布。

📷 2020 广西河池市都安县

3cm

a

2cm

b

c

d

222. 大眼卷口鱼 *Ptychidio macrops* Fang, 1981

分类地位：鲤形目 Cypriniformes 鲤科 Cyprinidae 卷口鱼属 *Ptychidio*。

鉴别特征：体长形，前部略呈圆筒形。头小。吻圆钝。吻皮向腹面扩展而盖于上颌，边缘分裂成灌丛状流苏，吻皮仅限于吻须之间（图 d）。口下位，上唇消失。下颌与下唇分离，下颌边缘具角质；下唇光滑。唇后沟仅限于口角；下唇两边各有 1 条颌沟，向后延伸。眼大，头长为眼径的 4 倍以下（图 a）。须 2 对，约等长，小于眼径。背鳍无硬刺，外缘凹入；胸鳍后伸不达背鳍起点下方；腹鳍起点位于背鳍起点之后，后伸可达臀鳍起点；尾鳍叉形。活体体色略呈青灰色，尾鳍基部具一椭圆状黑斑。

生活习性：底层鱼类，主要以河底蚬、螺类为食。

种群状况：有一定数量，是产地经济鱼类之一。

地理分布：分布于柳江、右江、左江。

(c) 2020 广西崇左市江州区

a

b

c

d

223. 长须卷口鱼 *Ptychidio longibarbus* Chen & Chen, 1989

分类地位： 鲤形目 Cypriniformes 鲤科 Cyprinidae 卷口鱼属 *Ptychidio*。

鉴别特征： 体长形，前部略呈圆筒形。头小。吻圆钝。吻皮向腹面扩展而盖于上颌，边缘分裂成须状灌丛流苏（图 b、d）。口下位，上唇消失。下颌与下唇分离，下颌边缘具角质；下唇光滑。唇后沟仅限于口角。须2对，口角须后伸达眼后缘（图 a）。背鳍无硬刺，外缘凹入；胸鳍后伸达到或超过背鳍起点下方；腹鳍起点位于背鳍起点之后，后伸不达臀鳍起点；尾鳍叉形。体浅棕色，各鳍鳍条浅棕色。

生活习性： 底层鱼类，栖息于有岩石尤其是有洞穴的河段，常入洞穴生活。

种群状况： 有一定数量，是分布河段的经济鱼类之一。

地理分布： 分布于红水河干流及大的支流下游河段。

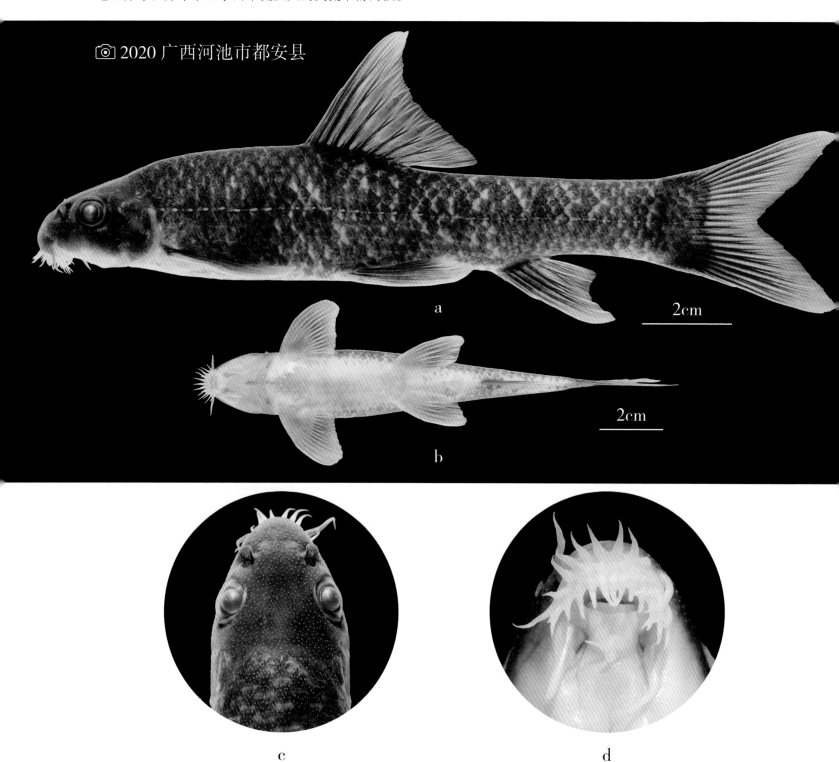

2020 广西河池市都安县

a

b

2cm

2cm

c

d

224. 都安蓝鲮 *Lanlabeo duanensis* Yao, He & Peng, 2018

分类地位： 鲤形目 Cypriniformes 鲤科 Cyprinidae 蓝鲮属 *Lanlabeo*。

鉴别特征： 体长形，前部略呈圆筒形，尾部侧扁。头小。吻圆钝。吻皮向腹面扩展而盖于上颌，表面具乳突，边缘分裂成流苏状（图 b、d）；吻皮向两边延伸至口角处与下唇侧叶相连。口下位，上唇消失。上颌与下唇以系带相连。下颌与下唇分离，下颌边缘具角质；下唇分三叶，表面具乳突，中间叶较宽，左、右侧叶仅限于口角与吻皮相连（图 d）。唇后沟仅限于口角，略向后延伸。须 2 对，约等长，略小于眼径。背鳍无硬刺，外缘深凹；胸鳍后伸超过背鳍起点下方；腹鳍起点位于背鳍起点之后，后伸超过臀鳍起点；尾鳍叉形。体青灰色，腹部白色，各鳍透明。

生活习性： 江河底层鱼类，主要以螺、蚬类为食。

种群状况： 种群数量较少。

地理分布： 分布于红水河干流。

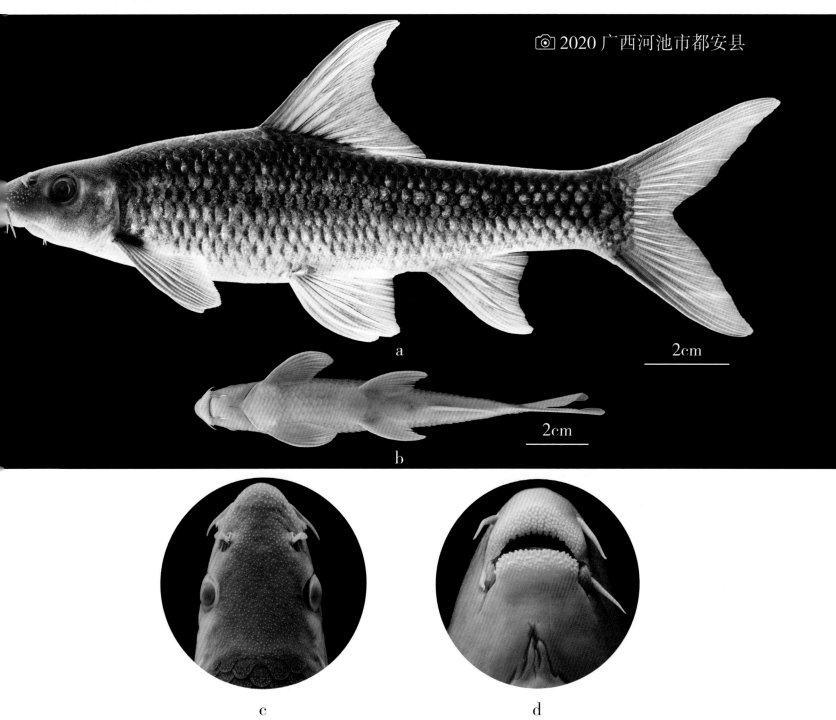

a

b

c　　　　　　　　d

2cm

2cm

© 2020 广西河池市都安县

225. 巴门褶吻鲮 *Cophecheilus bamen* Zhu, Zhang, Zhang & Han, 2011

分类地位: 鲤形目 Cypriniformes 鲤科 Cyprinidae 褶吻鲮属 *Cophecheilus*。

鉴别特征: 体延长,前部略呈圆筒形,尾部侧扁。头小。吻皮发达,向腹面扩展呈弓形盖住上颌,吻皮边缘具细乳突,在口角处与下唇相连。上唇退化成一薄片紧贴上颌,在口角处以系带的形式与下唇相连。下唇由口角斜向前伸的左右不相连的唇后沟分为中间叶和左、右两叶,下唇中间叶前缘散布乳突;左、右唇后沟最短的距离约为口宽的 1/3。下颌与下唇以一深沟相隔,下颌具角质前缘。须 2 对,极发达,口角须后伸超过主鳃骨前缘(图 a、b、d)。背鳍无硬刺,外缘微凹;胸鳍后伸接近背鳍起点下方;腹鳍起点位于背鳍起点之后,后伸不达肛门;尾鳍叉形。体青灰色,腹部白色,尾柄中央入尾鳍基部略黑。

生活习性: 半穴居性鱼类,常在洞穴出口处生活,冬季入洞内生活,洪水季节多在洞外及小溪流中觅食、成长。

种群状况: 有一定种群数量。

地理分布: 分布于左江、右江的小支流。

2020 广西崇左市大新县

a

2cm

b

2cm

c

d

226. 短须褶吻鲮 *Cophecheilus brevibarbatus* He, Huang, He & Yang, 2015

分类地位： 鲤形目 Cypriniformes 鲤科 Cyprinidae 褶吻鲮属 *Cophecheilus*。

鉴别特征： 体延长，前部略呈圆筒形，尾部侧扁。头小。吻皮发达，向腹面扩展呈弓形盖住上颌，吻皮边缘具细乳突，在口角处与下唇相连。上唇退化成一薄片紧贴上颌，在口角处以系带的形式与下唇相连。下唇前缘散布乳突；左、右唇后沟最短的距离约为口宽的 1/3。下颌与下唇以一深沟相隔，下颌具角质前缘。须 2 对，短小，口角须后伸不达主鳃骨前缘（图 a、b、c、d）。背鳍无硬刺，外缘微凹；胸鳍后伸接近背鳍起点下方；腹鳍起点位于背鳍起点之后，后伸不达肛门；尾鳍叉形。生活时体黄绿色；浸制标本体淡黄色，腹部白色。

生活习性： 半穴居性鱼类，常在小龙潭觅食、成长。

种群状况： 数量少。

地理分布： 分布于广西百色市田东县境内一龙潭。

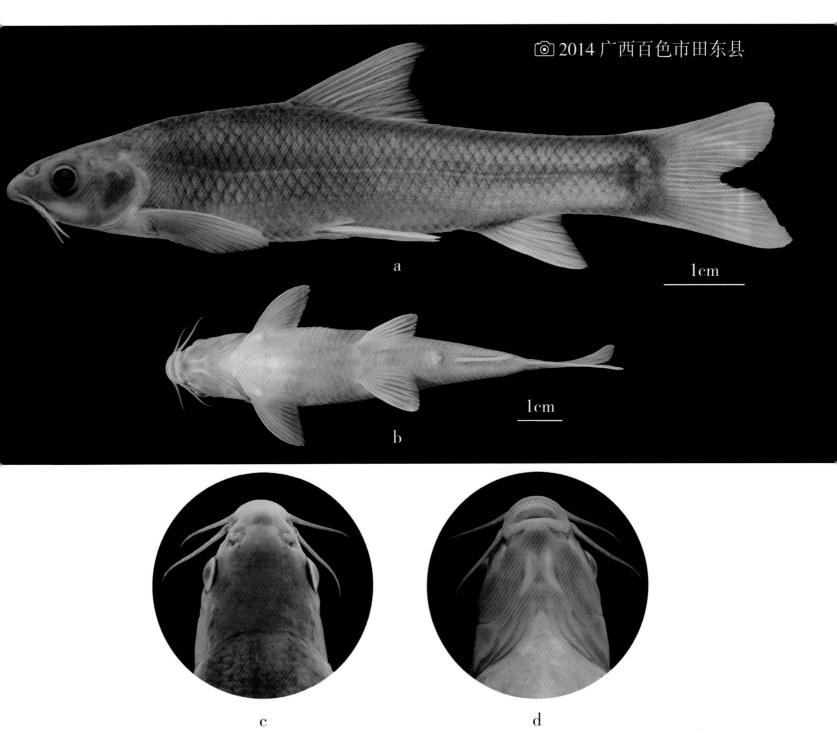

© 2014 广西百色市田东县

1cm

a

1cm

b

c　　　　d

227. 靖西左江鲮 *Zuojiangia jingxiensis* Zheng, He, Yang & Wu, 2018

分类地位: 鲤形目 Cypriniformes 鲤科 Cyprinidae 左江鲮属 *Zuojiangia*。

鉴别特征: 体延长，前部略呈圆筒形，尾部侧扁。头小。吻皮发达，向腹面扩展盖住上颌，吻皮边缘分裂成流苏状，在口角处与下唇相连（图 d）。上唇退化。下唇分三叶，前缘散布乳突；左、右唇后沟短。下颌与下唇以一深沟相隔，下颌具角质前缘。须 2 对，口角须后伸超过眼后缘（图 a、b、d）。鳞中等大，侧线鳞43~46 枚（图 a），围尾柄鳞 16~18 枚。背鳍无硬刺，外缘微凹；胸鳍后伸接近背鳍起点下方；腹鳍起点位于背鳍起点之后，后伸接近肛门但不达臀鳍基（图 b）；尾鳍叉形。浸制标本体淡黄色，体侧沿侧线具一宽度如眼径的黑色条纹。

生活习性: 半穴居性鱼类，常栖息于洞穴出口处。

种群状况: 数量很少。

地理分布: 分布于左江上游支流的靖西市境内。

2009 广西百色市靖西市

2cm

a

2cm

b

c

d

228. 小口红水鲮 *Hongshuia microstomatus* (Wang & Chen, 1989)

分类地位： 鲤形目 Cypriniformes 鲤科 Cyprinidae 红水鲮属 *Hongshuia*。

鉴别特征： 体延长，前部略呈圆筒形，尾部侧扁。头小，吻钝。吻皮向腹面扩展，盖于上颌，终止于口角处，不与下唇相连。吻侧有浅沟自吻须基部延伸至口角。吻皮边缘不明显开裂，散满细小肉质乳突。上唇消失。下唇中央为一近圆形的肉质垫，垫周围隆起（图 d）；下唇两侧部较中部小，明显突起。上、下颌前缘具角质前缘。上颌有发达的系带与下唇相连，下颌与下唇有浅沟相隔。须 2 对，小于眼径（图 a、d）。鳞中等大，侧线鳞 39～40 枚（图 a）。背鳍无硬刺，外缘凹入；胸鳍短，后伸不达背鳍起点下方；腹鳍起点位于背鳍起点之后；尾鳍叉形。背部灰黑色，腹部灰白色，沿侧线有 1 条不明显的纵行黑色条纹；背鳍间膜有黑条纹。

生活习性： 喜栖息于洞穴出口处，刮取岩石上的固着藻类为食。

种群状况： 有一定种群数量，个体小。

地理分布： 分布于广西河池市南丹县境内喀斯特地区洞穴出口及其溪流。

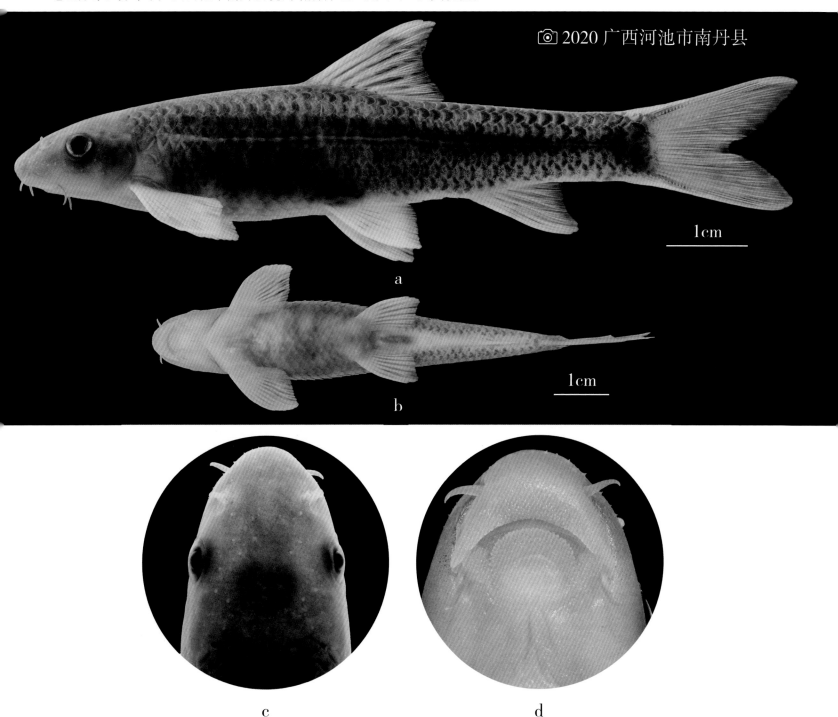

📷 2020 广西河池市南丹县

1cm

a

1cm

b

c

d

229. 大眼红水鲮 *Hongshuia megalophthalmus* (Chen, Yang & Cui, 2006)

分类地位： 鲤形目 Cypriniformes 鲤科 Cyprinidae 红水鲮属 *Hongshuia*。

鉴别特征： 体延长，前部略呈圆筒形，尾部侧扁。眼大，头长为眼径的 2.1～3.1 倍。吻侧有浅沟自吻须基部延伸至口角。吻皮向腹面扩展，盖于上颌，终止于口角处，不与下唇相连。吻皮边缘不明显开裂，散满细小肉质乳突（图 d）。上唇消失。下唇中央为一近圆形的肉质垫，垫周隆起（图 d）；下唇两侧部较中部小，明显突起（图 d）。上、下颌前缘具角质前缘。上颌有发达的系带与下唇相连，下颌与下唇有浅沟相隔。须 2 对，口角须短于吻须，均短于眼径（图 a、d）。背鳍无硬刺，外缘微凹；胸鳍短，后伸不达背鳍起点下方；腹鳍起点位于背鳍起点之后；尾鳍叉形。背部灰黑色，腹部灰白色，沿侧线有 1 条不明显的纵行黑色条纹；背鳍间膜有黑条纹。

生活习性： 栖息于小溪流及洞穴出口处，刮取岩石上的固着藻类为食。

种群状况： 有一定数量，但个体小。

地理分布： 分布于广西河池市天峨县境内喀斯特地区洞穴出口及其溪流。

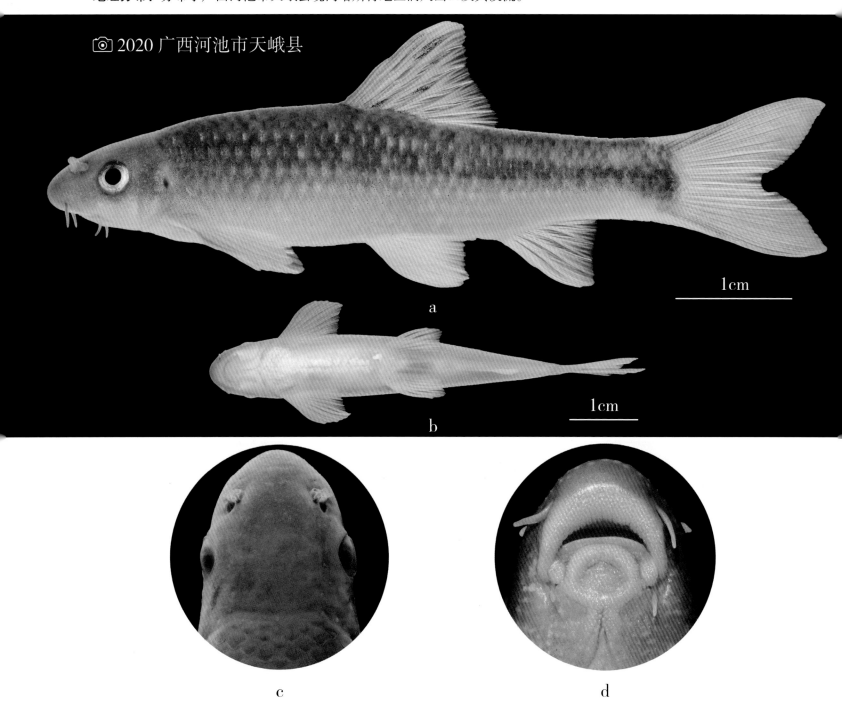

2020 广西河池市天峨县

1cm

a

1cm

b

c

d

230. 袍里红水鲮 *Hongshuia paoli* Zhang, Qiang & Lan, 2008

分类地位： 鲤形目 Cypriniformes 鲤科 Cyprinidae 红水鲮属 *Hongshuia*。

鉴别特征： 体延长，前部略呈圆筒形，尾部侧扁。鼻孔下缘至吻部具珠星。吻侧有浅沟自吻须基部延伸至口角。吻皮向腹面扩展，盖于上颌，终止于口角处，不与下唇相连。吻皮边缘散满细小肉质乳突（图 d），上唇消失。下唇中央为一近圆形的肉质垫，垫周围隆起，表面具乳突（图 d）；下唇两侧部较中部小，明显突起。口下位。上、下颌前缘具角质前缘。上颌有发达的系带与下唇相连，下颌与下唇有浅沟相隔。须 2 对，口角须短于吻须，均短于眼径（图 a、b、d）。背鳍无硬刺，外缘微凹；胸鳍短，后伸不达背鳍起点下方；腹鳍起点位于背鳍起点之后；尾鳍叉形。背部灰黑色，腹部灰白色，沿侧线有 1 条不明显的纵行黑色条纹；背鳍间膜有黑条纹。

生活习性： 栖息于河流源头及地下河出口处。

种群状况： 有一定种群量，但个体小。

地理分布： 分布于广西河池市凤山县、百色市凌云县境内喀斯特地区洞穴出口处。

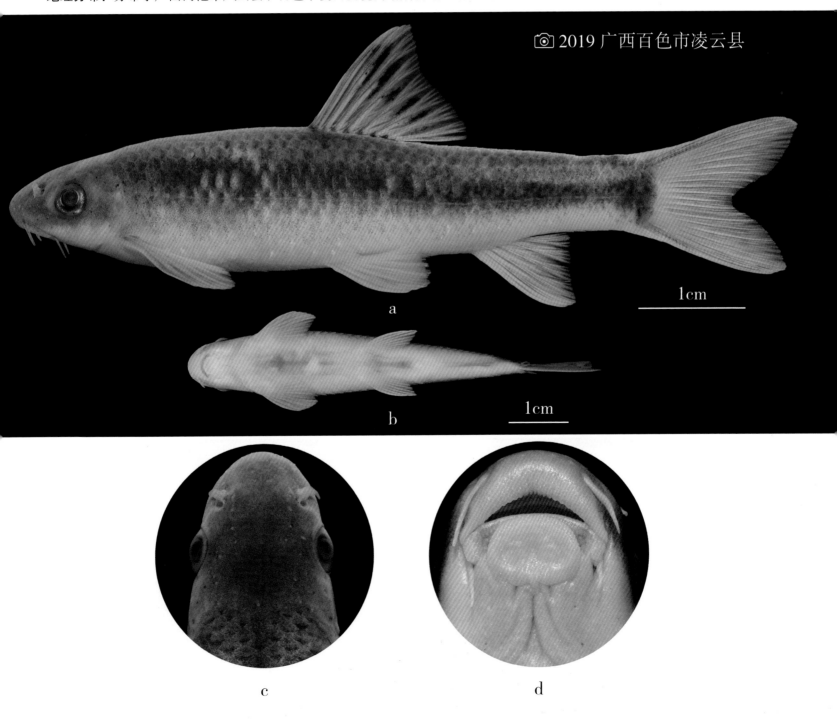

◎ 2019 广西百色市凌云县

1cm

a

b

1cm

c

d

231. 才劳桂墨头鱼 *Guigarra cailaoensis* Wang, Chen & Zheng, 2022

分类地位： 鲤形目 Cypriniformes 鲤科 Cyprinidae 桂墨头鱼属 *Guigarra*。

鉴别特征： 体延长，粗壮，前部呈圆筒形，尾部侧扁。吻皮光滑，向腹面扩展，覆盖上颌，在口角处与下唇相连。须2对，小于眼径（图a、c）。口下位，新月形（图c）。上、下颌具角质前缘。上唇发达，覆盖上颌大部。下唇宽厚，形成发达的吸盘（图c）；吸盘前缘呈新月状突起，在口角处扩大为唇片，与吻皮和上唇相连；吸盘中央肉质垫呈椭圆形，边缘为游离的薄片。鳞片较大，侧线鳞38~40枚（图a）。背鳍无硬刺，外缘微凹；胸鳍短，后伸不达背鳍起点下方；腹鳍起点位于背鳍起点之后，后伸可达肛门，但不及臀鳍基（图b）；尾鳍叉形。体背深褐色，体侧及背部鳞片颜色较深。

生活习性： 生活于水温低、水流急的山间溪流。

种群状况： 种群数量少。

地理分布： 分布于广西河池市凤山县境内山溪。

📷 2021 广西河池市凤山县

a

b

232. 那坡华墨头鱼 *Sinigarra napoense* Zhang & Zhou, 2012

分类地位：鲤形目 Cypriniformes 鲤科 Cyprinidae 华墨头鱼属 *Sinigarra*。

鉴别特征：体延长，粗壮，前部呈圆筒形，尾部侧扁。鼻孔前方略下陷，吻部具珠星。吻皮向腹面扩展，覆盖上颌，在口角处与下唇相连。须2对，小于眼径。口下位，新月形（图 d）。上、下颌具角质前缘。上唇与上颌分离。下唇后缘具一小缺刻（图 d），下唇有发达的吸盘，中央为肉质垫，后缘不完全游离（图 d）。背鳍无硬刺，外缘凹入；胸鳍短，后伸不达背鳍起点下方；腹鳍起点位于背鳍起点之后，后伸可达肛门，但不及臀鳍基（图 b）；尾鳍叉形。体背淡黄色，体侧眼后部至尾鳍基具一浅绿色纵纹。尾鳍基部具一黑斑。

生活习性：生活于水温低、水流急的山间溪流。

种群状况：种群数量少。

地理分布：分布于广西百色市那坡县境内山溪。

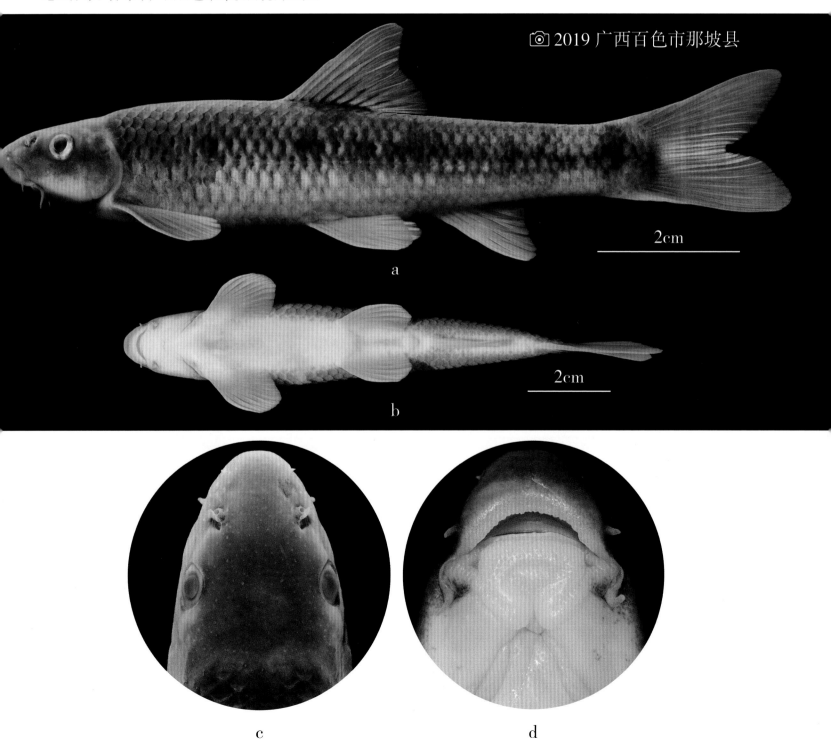

© 2019 广西百色市那坡县

2cm

a

2cm

b

c   d

233. 缺刻墨头鱼 *Garra incisorbis* Zheng, Yang & Chen, 2016

分类地位：鲤形目 Cypriniformes 鲤科 Cyprinidae 墨头鱼属 *Garra*。

鉴别特征：体延长，粗壮，前部呈圆筒形，尾部侧扁。鼻孔向前至吻端散布细小珠星。吻皮发达，向腹面扩展，覆盖上颌，边缘略分裂，在口角处与下唇相连。口下位，新月形（图 d）。上、下颌具角质前缘。上唇消失。下唇有发达的吸盘，中央为肉质垫，后缘游离（图 d）；吸盘后缘中央具一明显的缺刻（图 d）。须 2 对，短小。背鳍无硬刺，外缘凹入；胸鳍短，后伸不达背鳍起点下方；腹鳍起点位于背鳍起点之后，后伸超过臀鳍基（图 b）；尾鳍叉形。体背淡黄色，尾鳍基部具一黑斑。

生活习性：生活于山间溪流水质清澈、水温较低的环境。

种群状况：种群数量少。

地理分布：目前所知仅分布于广西百色市那坡县。

2019 广西百色市那坡县

a

1cm

b

2cm

c

d

234. 东方墨头鱼 *Garra orientalis* Nichols, 1925

分类地位：鲤形目 Cypriniformes 鲤科 Cyprinidae 墨头鱼属 *Garra*。

鉴别特征：体粗短，前部呈圆筒形，尾部侧扁。鼻孔前方有一深陷，将吻分成上、下两部分，上部具粗大珠星，下部前端为吻突，略向上翘（图 a、c）。吻皮向腹面扩展，覆盖于上颌外表，边缘分裂成流苏状（图 d），在口角处与下唇相连。口下位，新月形（图 d）。上、下颌具角质前缘。上唇消失。下唇有发达的吸盘，中央为肉质垫，后缘游离（图 b、d）。须 2 对。背鳍无硬刺，外缘微凹；胸鳍后伸超过背鳍起点下方；腹鳍起点位于背鳍起点之后，后伸超过臀鳍基；尾鳍叉形。体背墨绿色。体侧各鳞具黑斑，形成 6 条纵纹。

生活习性：底层鱼类，喜欢栖息于急流处。

种群状况：数量多，是江河经济鱼类。

地理分布：红水河、柳江、桂江、右江、左江均有分布。

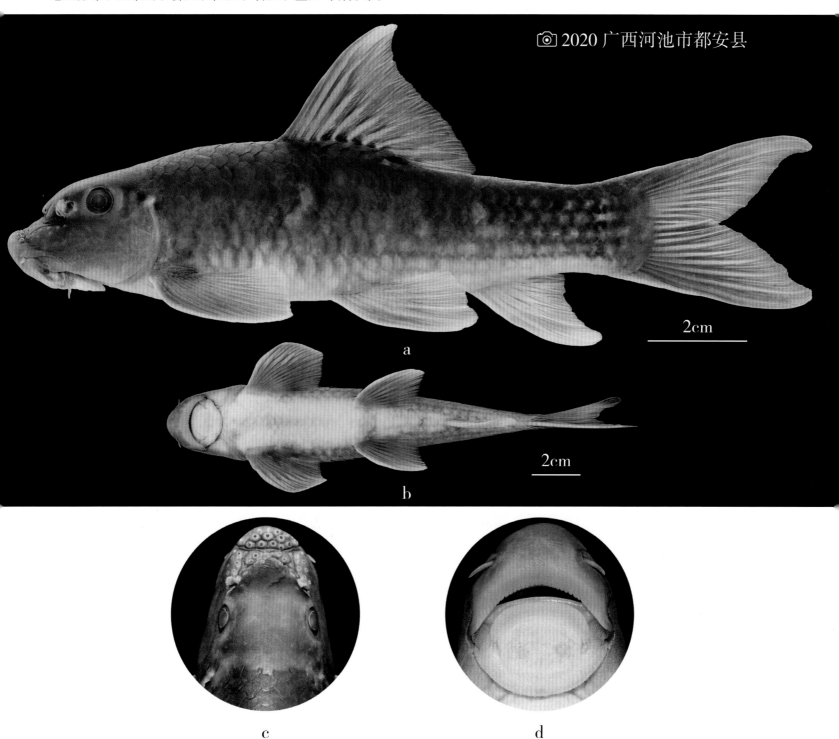

2020 广西河池市都安县

2cm

2cm

a

b

c

d

235. 墨头鱼 *Garra imberba* (Garman, 1912)

分类地位： 鲤形目 Cypriniformes 鲤科 Cyprinidae 墨头鱼属 *Garra*。

鉴别特征： 体延长，前部呈圆筒形，尾部侧扁。吻圆钝，前端具角质珠星。吻皮向腹面扩展而盖于上颌，边缘分裂成流苏（图 d）。口大，下位，下唇吸盘宽大，后缘游离（图 d）。成鱼无须。背鳍无硬刺，外缘微凹；胸鳍后伸不达背鳍起点下方；腹鳍起点位于背鳍起点之后，后伸远超过肛门，但远不及臀鳍基（图 b）；尾鳍叉形。体青黑色，腹部乳白色。体侧每一鳞片基部具黑点，常连成黑褐色不连续的纵条纹。

生活习性： 常栖息于急流的河滩。

种群状况： 有一定种群数量，是分布地经济鱼类之一。

地理分布： 分布于广西百色市那坡县境内河流。

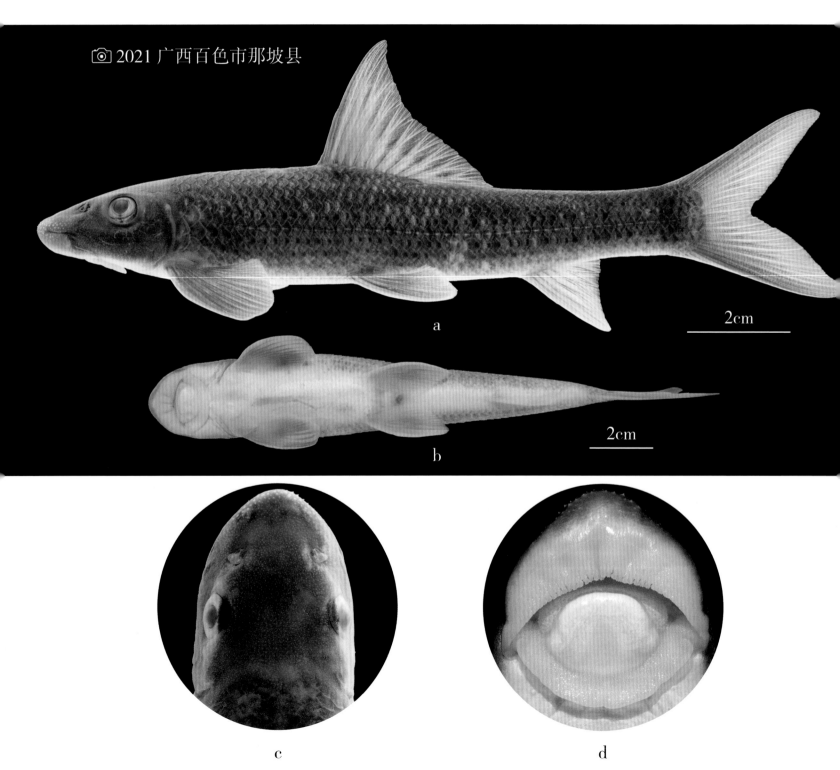

2021 广西百色市那坡县

2cm

2cm

a

b

c

d

236. 短鳔盘鮈 *Discogobio brachyphysallidos* Huang, 1989

分类地位： 鲤形目 Cypriniformes 鲤科 Cyprinidae 盘鮈属 *Discogobio*。

鉴别特征： 体小，粗壮，前部呈圆筒形。吻部圆钝，常具细小颗粒状珠星。口下位。吻皮下包，盖于上颌。吻皮与上颌分离，上唇消失。下颌与下唇分离，下唇宽阔，有吸盘（图 c），吸盘中央为一小而光滑的肉质垫，垫前面及两侧有隆起的皮褶，呈马蹄形，下唇后缘游离（图 c）。须 2 对，短于眼径（图 a、c）。腹面胸部鳞片小，埋于皮下，胸腹部裸露区大，扩展至胸鳍中部之下方或更后（图 c）。背鳍无硬刺，外缘微凹；胸鳍后伸不达背鳍起点下方；腹鳍起点与背鳍第 4~5 根分枝鳍条相对，后伸可达臀鳍基；尾鳍叉形。体背部及侧面棕黑色，腹部灰白色。尾鳍上、下侧各具一黑色条纹。

生活习性： 生活于山间水温较低的溪流环境。

种群状况： 有一定种群数量，但个体较小。

地理分布： 广西百色市凌云县、田林县有分布。

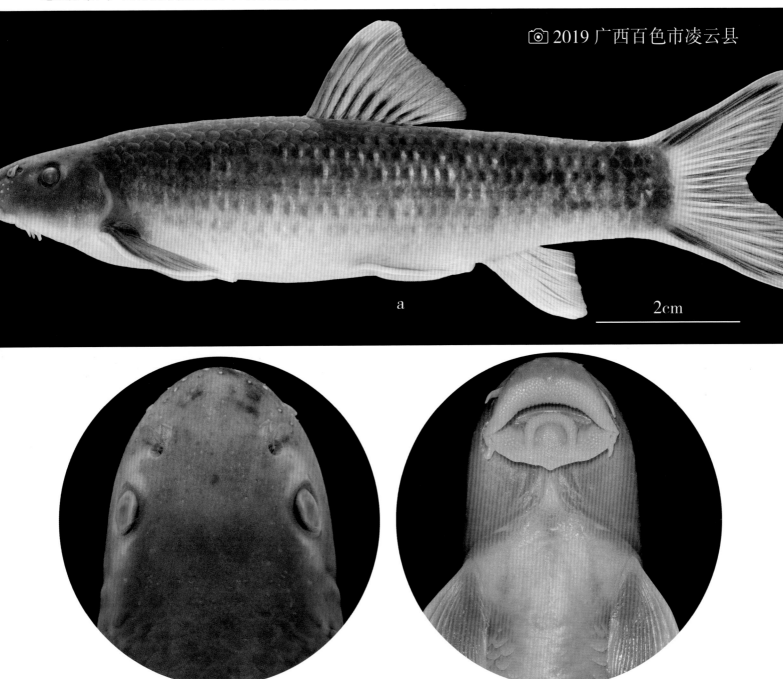

2019 广西百色市凌云县

2cm

a

b

c

237. 宽头盘鮈 *Discogobio laticeps* Chu, Cui & Zhou, 1993

分类地位： 鲤形目 Cypriniformes 鲤科 Cyprinidae 盘鮈属 *Discogobio*。

鉴别特征： 体长，前部呈圆筒形。头宽大于头高。吻部圆，吻端近背面具 1 对大珠星，周围布满小珠星。吻皮下包盖于上颌外面，边缘分裂。口下位，呈弧形（图 d）。吻皮与上颌分离，上唇消失。下颌与下唇分离。下唇宽阔，形成大吸盘（图 b、d），吸盘中央为一具小乳突的肉质垫，垫前面及两侧有隆起的皮褶，呈马蹄形，下唇后缘游离（图 d）。须 2 对，均短小。背鳍无硬刺，外缘微凹；胸鳍后伸接近背鳍起点下方；腹鳍起点与背鳍第 3～4 根分枝鳍条相对，后伸超过肛门（图 b）；尾鳍叉形。体墨绿色，腹部略浅。尾鳍上、下缘为黑色。

生活习性： 栖息于山区小溪流水流急的环境。

种群状况： 有一定种群数量。

地理分布： 分布于广西河池市巴马县，百色市田林县、隆林县境内，均属珠江流域的红水河支流。

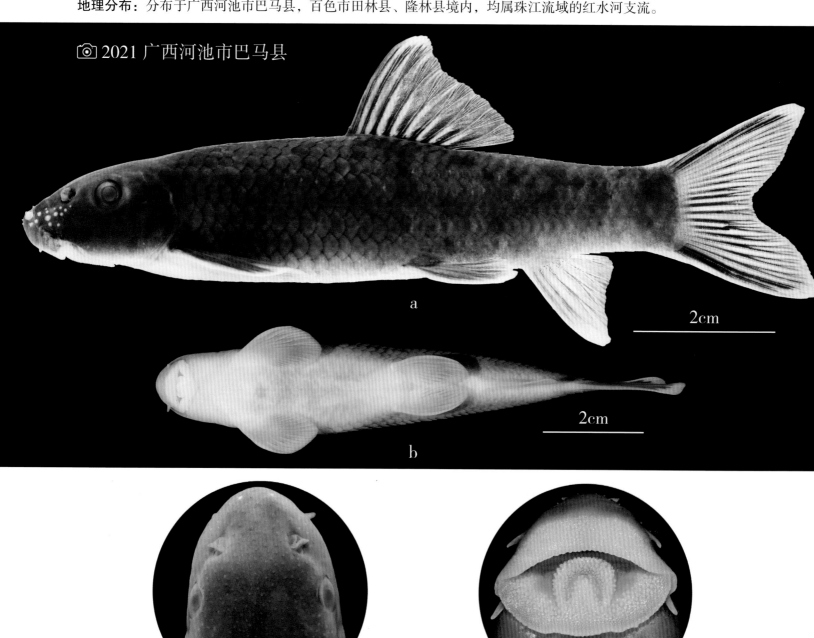

📷 2021 广西河池市巴马县

2cm

2cm

a

b

c

d

238. 多线盘鮈 *Discogobio multilineatus* Cui, Zhou & Lan, 1993

分类地位： 鲤形目 Cypriniformes 鲤科 Cyprinidae 盘鮈属 *Discogobio*。

鉴别特征： 体长，前部呈圆筒形。吻端两侧各具 1 对大型珠星（图 a、b、c、d）。口下位。吻皮下包，盖于上颌，边缘纵裂，并有小乳突。吻皮与上颌分离，上唇消失。下颌与下唇分离；下唇有吸盘（图 b、d），吸盘中央为肉质垫，具隆起的皮褶，呈马蹄形（图 d）；下唇后缘游离。须 2 对，吻须长于口角须，均短于眼径。背鳍无硬刺，外缘平截；胸鳍远不达背鳍起点下方；腹鳍起点与背鳍第 3~4 根分枝鳍条相对，后伸可达肛门；尾鳍叉形。体灰黑色，背部深暗，体侧自头后至尾鳍基部有 5~6 条黑色纵纹（图 a）。尾鳍上、下缘为黑色。

生活习性： 栖息于河滩，喜欢急流环境。

种群状况： 种群数量少。

地理分布： 分布于红水河支流的盘阳河。

📷 2019 广西河池市巴马县

a

1cm

b

1cm

c

d

239. 四须盘鮈 *Discogobio tetrabarbatus* Lin, 1931

分类地位： 鲤形目 Cypriniformes 鲤科 Cyprinidae 盘鮈属 *Discogobio*。

鉴别特征： 体长，前部呈圆筒形。具吻突（图 c、d），吻端两侧着生 1 对显著的大珠星（图 a、c、d），其后常布有小珠星。口小，下位。吻皮下包，盖于上颌，边缘纵裂，具小乳突。吻皮与上颌分离，上唇消失。下颌与下唇分离。下唇具吸盘（图 b、d），中央为肉质垫，周缘前面及两侧有隆起的皮褶，呈马蹄形（图 d）。须 2 对，约等长。背鳍无硬刺，外缘平截；胸鳍后伸接近背鳍起点下方；腹鳍起点与背鳍第 4~5 根分枝鳍条相对，后伸超过臀鳍基（图 b）；尾鳍叉形。体灰黑色，腹部乳白色。尾鳍上、下侧各具一黑色条纹。

生活习性： 生活于河流急流险滩处，以岩石上固着的藻类为食。

种群状况： 数量多，是江河小型经济鱼类。

地理分布： 分布广，红水河、柳江、桂江、右江、左江均有分布。

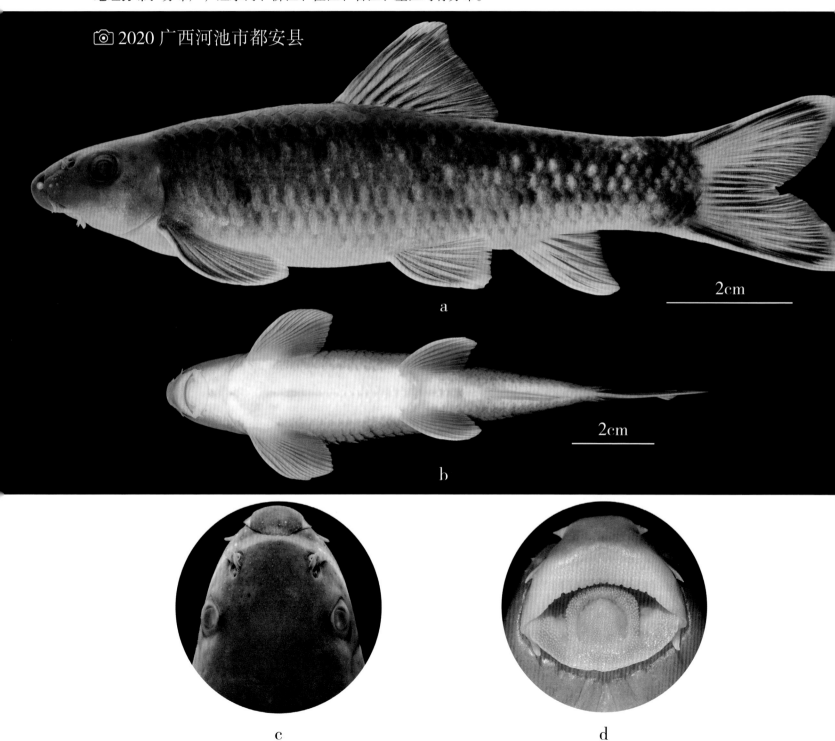

📷2020 广西河池市都安县

a

b

c

d

240. 伍氏盘口鲮 *Discocheilus wui* (Chen & Lan, 1992)

分类地位： 鲤形目 Cypriniformes 鲤科 Cyprinidae 盘口鲮属 *Discocheilus*。

鉴别特征： 体小，前部呈圆筒状，后部侧扁。吻圆钝。吻端有小颗粒状珠星。吻皮向腹面扩展盖住上颌，外缘散布细小乳突，边缘不分裂，两侧扩大（图 b、d）。口下位。上唇消失。吻皮与上颌分离。下唇有一椭圆形的吸盘（图 b、d），中央为一肉质垫；下唇后缘游离（图 b、d）。须 2 对。背鳍无硬刺，外缘平截；胸鳍后伸接近背鳍起点下方；腹鳍起点与背鳍第 2～3 根分枝鳍条相对，后伸超过臀鳍基（图 b）；尾鳍叉形。体棕黄色，沿侧线具有一黑色宽条纹；尾鳍基具一黑斑；尾鳍上、下叶边缘各具一黑色细条纹。

生活习性： 生活于急流山溪中。

种群状况： 有一定种群数量，但个体很小。

地理分布： 分布于广西河池市天峨县、东兰县、凤山县，百色市乐业县、德保县的山溪中。

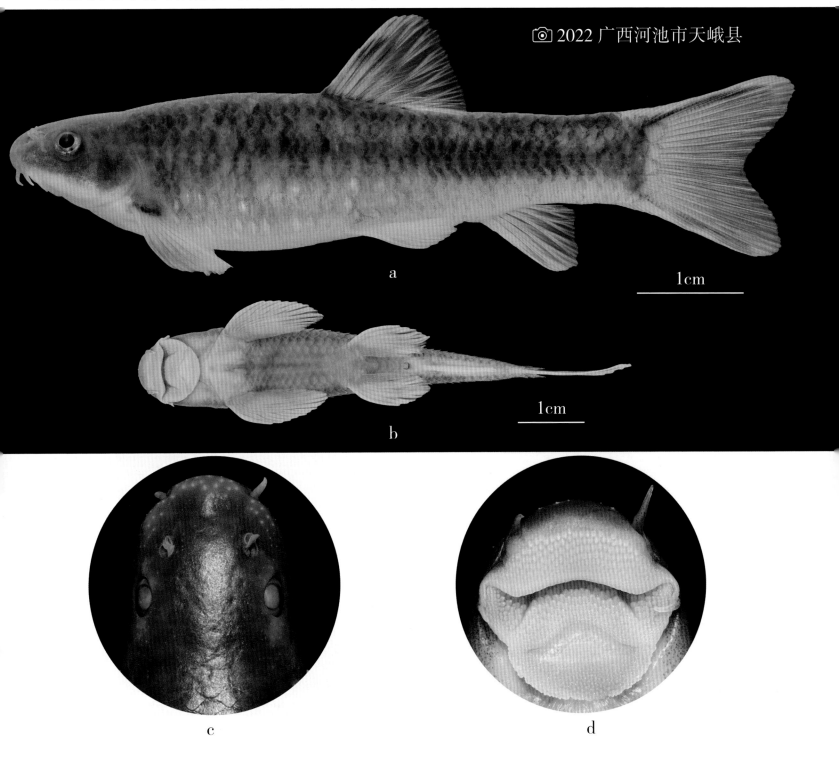

📷 2022 广西河池市天峨县

a

1cm

b

1cm

c

d

241. 乌原鲤 *Procypris merus* Lin, 1933

分类地位： 鲤形目 Cypriniformes 鲤科 Cyprinidae 原鲤属 *Procypris*。

鉴别特征： 体延长、侧扁，背部隆起。头近圆锥形，鼻孔处稍凹。吻钝。口下位。须 2 对，约等长，长度与眼径相当（图 b）。鳞中等大，侧线鳞 42～45 枚（图 a）。下咽齿 2·3·4—4·3·2。背鳍外缘微凹，末根不分枝鳍条为硬刺，后缘具锯齿；胸鳍后伸超过背鳍起点下方；腹鳍末端伸达肛门；臀鳍最后不分枝鳍条后缘有锯齿（图 c）；尾鳍深分叉。头及体背部暗黑色，腹部银白色，体侧每个鳞片黑色，形成数条纵形条纹；各鳍深黑色。

生活习性： 底层鱼类，杂食性，主要以底栖动物为食。

种群状况： 种群数量少，为国家二级重点保护野生动物。

地理分布： 分布于红水河、桂江、柳江、左江、右江等支流。

📷 2021 广西河池市都安县

6cm

a

b

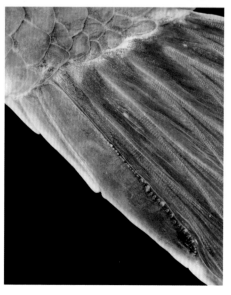

c

242. 三角鲤 *Cyprinus multitaeniata* Pellegrin & Chevey, 1936

分类地位： 鲤形目 Cypriniformes 鲤科 Cyprinidae 鲤属 *Cyprinus*。

鉴别特征： 体侧扁，头后背部显著隆起。尾柄高稍大于尾柄长。头短。口亚下位。须 2 对，须长大于眼径。鳞较大。侧线鳞 36 枚（图 a）。背鳍具硬刺后缘具强锯齿（图 a、b），背鳍外缘平截。胸鳍末端可伸达腹鳍起点（图 a）。腹鳍起点位于背鳍起点之前，末端可伸达肛门。臀鳍最后不分枝鳍条为硬刺，后缘具强锯齿（图 c）。尾鳍深分叉。体背部暗灰色，腹部银白色。鳍呈浅灰色。

生活习性： 底层鱼类，杂食性，主要以底栖动物为食。

种群状况： 数量多，在红水河是重要的经济鱼类。

地理分布： 红水河、柳江、桂江、右江、左江均有分布。

© 2020 广西河池市都安县

2cm

a

b

c

243. 尖鳍鲤 *Cyprinus acutidorsalis* Chen & Huang, 1977

分类地位： 鲤形目 Cypriniformes 鲤科 Cyprinidae 鲤属 *Cyprinus*。

鉴别特征： 体长而侧扁，头后背部隆起。吻短而钝。口亚下位。须2对，短于眼径（图a、b）。下咽齿3行，1·1·3—3·1·1，咽喉齿主行中间一枚最大（图c）。侧线鳞32~33枚（图a）。背鳍短，末根不分枝鳍条为后缘带锯齿的粗壮硬刺，分枝鳍条15~18根（图a）。臀鳍短，末根不分枝鳍条为后缘带锯齿的硬刺（图a）。胸鳍长，末端圆钝。腹鳍起点位于背鳍起点之前。尾鳍叉形。体背部灰黑色，侧线下方略黄，腹部灰白色；背鳍、臀鳍基部呈浅黑色。

生活习性： 河口性鱼类，杂食偏肉食性，主要以底栖动物为食。

种群状况： 数量少，个体大。

地理分布： 分布于钦州市各入海河口。

2022 广西钦州市

4cm

a

b   c

244. 鲤 *Cyprinus carpio* Linnaeus, 1758

分类地位：鲤形目 Cypriniformes 鲤科 Cyprinidae 鲤属 *Cyprinus*。

鉴别特征：体长而侧扁，头后背部隆起。吻短而钝。口亚下位。须2对，发达。鳞较大，侧线鳞33~35枚（图a）。背鳍长，末根不分枝鳍条为后缘带锯齿的粗壮硬刺，分枝鳍条16~22根（图a）。下咽齿3行（图b），1·1·3－3·1·1（图b）。胸鳍后伸不达腹鳍起点。腹鳍起点位于背鳍起点之后。臀鳍短，末根不分枝鳍条为后缘带锯齿的硬刺（图c）。尾鳍叉形。体背部灰黑色，侧线下方略黄，腹部灰白色；背鳍、臀鳍基部呈浅黑色。

生活习性：底层鱼类，杂食偏肉食性，主要以底栖动物为食。

种群状况：数量多，是养殖的重要经济鱼类。

地理分布：广西各地的江河、水库都有分布。

📷2021 广西河池市都安县

3cm

a

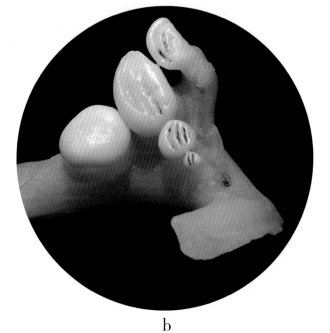

b

c

245. 须鲫 *Carassioides acuminatus* (Richardson, 1846)

分类地位： 鲤形目 Cypriniformes 鲤科 Cyprinidae 须鲫属 *Carassioides*。

鉴别特征： 体高而侧扁，略呈菱形。头小。吻钝圆而短。口亚下位。须 2 对，短小（图 a、b）。眼大，侧上位，眼后缘至吻端的距离大于眼后头长。眼间宽而平。鳞大，侧线鳞 29～32 枚（图 a）。下咽齿 2 行（图 c），2·4 — 4·2（图 c）。背鳍外缘微凹。背鳍、臀鳍末根不分枝鳍条均为后缘带锯齿的硬刺（图 a）。胸鳍末端可伸达腹鳍起点。腹鳍起点位于背鳍起点之后。尾鳍分叉。体背部及头部呈灰色，腹部银白色，胸鳍、腹鳍、臀鳍和尾鳍红色。

生活习性： 常栖息于静水环境的小河沟及水库库汊的草丛中，杂食性。

种群状况： 种群数量少。

地理分布： 分布于柳江、桂江支流，单独入海的南流江，以及钦州、北海各小河流。

📷 2020 广西北海市合浦县

3cm

a

b

c

246. 鲫 *Carassius auratus* (Linnaeus, 1758)

分类地位：鲤形目 Cypriniformes 鲤科 Cyprinidae 鲫属 *Carassius*。

鉴别特征：体高，稍侧扁。头小。口小，端位。无须。鳞较大，侧线鳞 28 枚左右（图 a）。背鳍外缘平直，末根不分枝鳍条为后缘具锯齿的硬刺（图 a）。臀鳍末根不分枝鳍条为后缘具锯齿的粗壮硬刺（图 a、c）。胸鳍末端可伸达腹鳍起点。腹鳍起点位于背鳍起点之后。尾鳍浅分叉。下咽齿 1 行，4－4（图 b）。体背部灰黑色，体侧银灰色或带黄绿色。

生活习性：底层鱼类，杂食性。

种群状况：数量多，是主要经济鱼类之一。

地理分布：广西各地江河、水库、塘沟均有分布。

📷2022 广西河池市都安县

2cm

a

b   c

爬鳅科 Balitoridae

247. 拟平鳅 *Liniparhomaloptera disparis* (Lin, 1934)

分类地位： 鲤形目 Cypriniformes 爬鳅科 Balitoridae 拟平鳅属 *Liniparhomaloptera*。

鉴别特征： 体延长，前段圆筒形，后段稍侧扁。头部平扁。口下位。下唇具 4 对分叶状乳突，上、下唇在口角处相连。下颌外露。上唇与吻皮间具吻沟。吻褶分 3 叶，中叶较大呈三角形，两侧叶端尖而略呈须状。吻褶叶间具吻须 2 对（图 c、e）。下唇不分叶，边缘具小乳突。口角须 1 对（图 c、e）。鳃裂较宽，下缘延伸到头部腹面。体被细鳞，侧线完全（图 a）。背鳍起点在腹鳍起点的稍前方。腹鳍左、右分开（图 c），13～15 根分枝鳍条。尾鳍凹形。肛门靠前，约在腹鳍腋部至臀鳍起点间的 1/3 处（图 c）。头背面具黑色小斑点（图 b、d），体背和体侧密布不规则的黑色斑纹，沿体侧中部有一黑纵带。尾鳍基部中央具一黑斑纹。各鳍均有由黑色斑点组成的条纹。

生活习性： 栖息于急流环境，以岩石上的固着藻类为食。

种群状况： 在山区的溪流中数量多。

地理分布： 分布于广西南宁市上林县、武鸣区的大明山及西江流域各河流、山溪。

2020 广西南宁市上林县

a

1cm

b

1cm

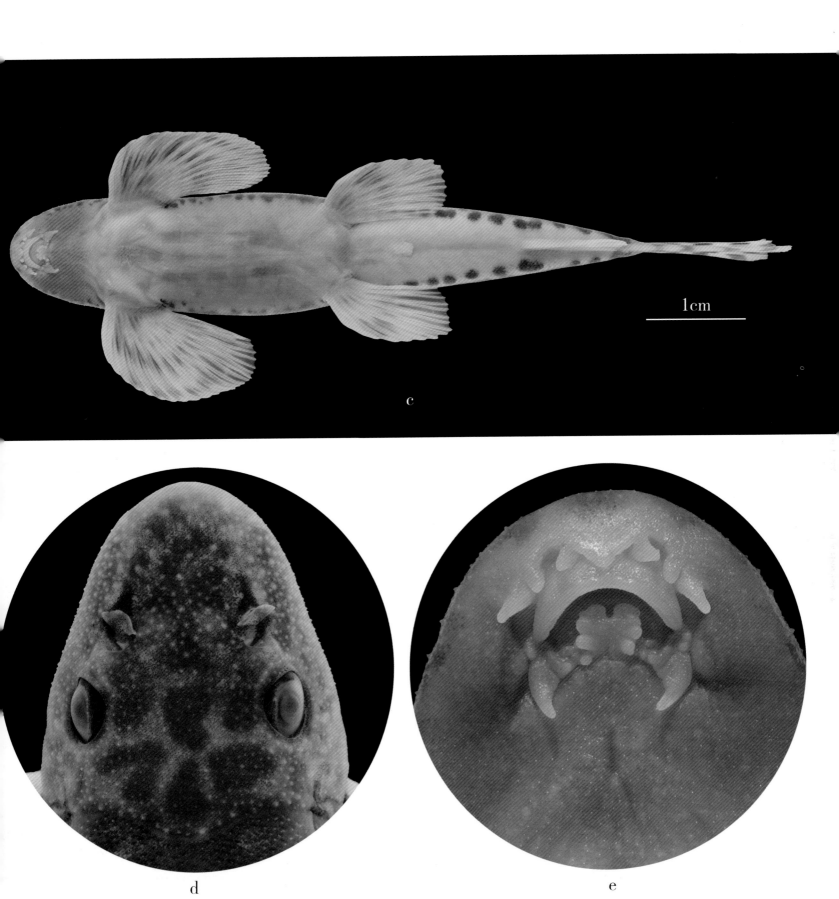

c

d

e

1cm

248. 琼中拟平鳅 *Liniparhomaloptera qiongzhongensis* Zheng & Chen, 1980

分类地位：鲤形目 Cypriniformes 爬鳅科 Balitoridae 拟平鳅属 *Liniparhomaloptera*。

鉴别特征：体延长，前段圆筒形。头部平扁，吻圆钝。口下位，口宽约为头宽的 1/3（图 c、e）。下唇具 4 对分叶状乳突，上、下唇在口角处相连。下颌外露，上唇与吻皮间具吻沟。吻褶分 3 叶，中叶较大呈三角形。吻褶叶间具吻须 2 对（图 e）。下唇不分叶，边缘具小乳突。口角须 1 对（图 e）。鳃裂较宽，下缘延伸到头部腹面。体被细鳞，侧线完全（图 a）。背鳍起点在腹鳍起点的稍前方。腹鳍左、右分开（图 c），18 ~ 19 根分枝鳍条。尾鳍凹形。肛门约在腹鳍腋部至臀鳍起点间的 1/3 处（图 c）。头背面和体侧具细密的虫蚀状黑纹（图 a、d）。各鳍均有由黑色斑点组成的条纹。

生活习性：栖息于山区的小河流，在河滩多岩石、砾石、沙底河段。

种群状况：种群数量多。

地理分布：分布于广西沿海各小河流、山溪，十万大山的防城区、上思县的溪流。

📷 2020 广西防城港市防城区

1cm

a

1cm

b

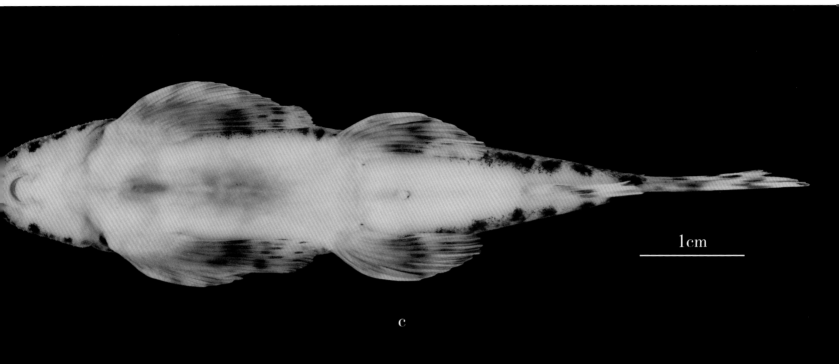

c

1cm

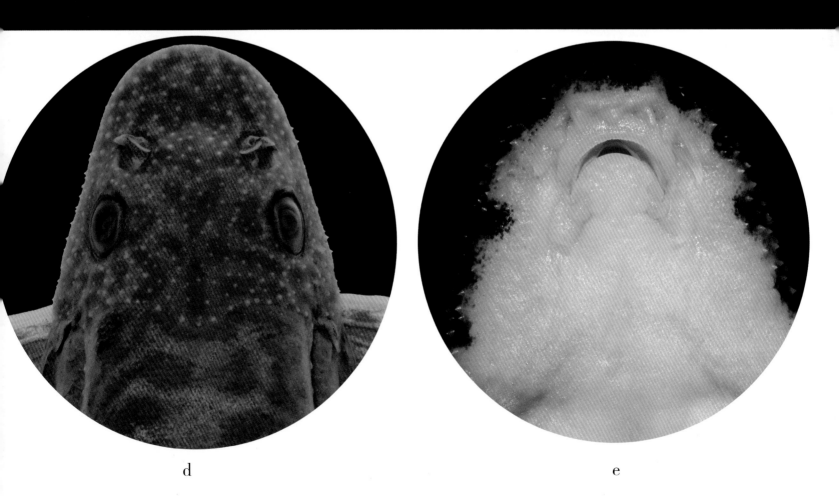

d   e

249. 平舟原缨口鳅 *Vanmanenia pingchowensis* (Fang, 1935)

分类地位： 鲤形目 Cypriniformes 爬鳅科 Balitoridae 原缨口鳅属 *Vanmanenia*。

鉴别特征： 体细长。口下位。下唇具 4 个分叶状的大乳突（图 d），上、下唇在口角处相连。下颌前缘稍外露。上唇与吻端之间具较宽而深的吻沟。吻沟前具吻褶，吻褶分 3 叶，叶端稍尖。吻褶叶间具吻须 2 对（图 c、d）。口角须 2 对（图 c、d）。鳃裂较宽，上起眼下缘之后方，沿胸鳍基部前方延伸到头部腹面（图 c）。体被细鳞，侧线完全（图 a）。背鳍起点在腹鳍起点的前方。胸鳍末端不达腹鳍起点，腹鳍末端超过肛门（图 c、e）。尾鳍凹形。肛门约在腹鳍腋部至臀鳍起点间的 2/3 处（图 c、e）。体背黑褐色，腹面浅黄色。头背部具虫蚀状的黑斑纹，横跨自头后至尾鳍基部的体背中线有 8～10 个圆状大黑斑（图 b），沿侧线有 1 条黑色条纹。尾鳍基部有一黑色斑点。各鳍均有由黑色斑点组成的条纹。

生活习性： 栖息于岩石、砾石、沙石的河滩，喜欢急流环境。

种群状况： 种群数量多。

地理分布： 分布于红水河、右江、柳江、漓江和桂江等支流。

📷 2019 广西百色市凌云县

a

1cm

b

1cm

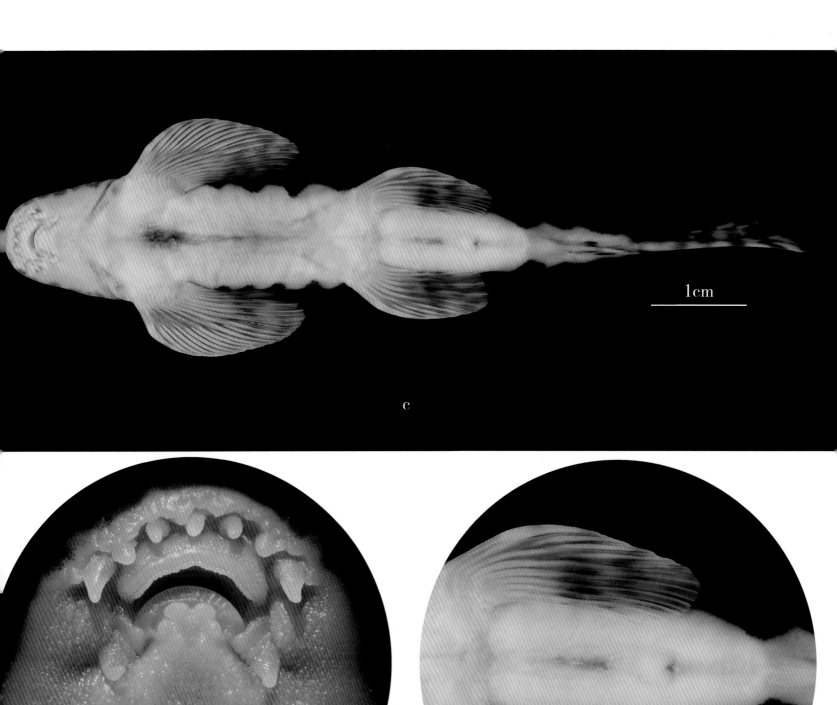

c

d   e

250. 线纹原缨口鳅 *Vanmanenia lineata* (Fang, 1935)

分类地位： 鲤形目 Cypriniformes 爬鳅科 Balitoridae 原缨口鳅属 *Vanmanenia*。

鉴别特征： 体细长。口下位。下唇具 4 个分叶状的大乳突（图 d），上、下唇在口角处相连。下颌前缘稍外露。上唇与吻端之间具较宽而深的吻沟（图 d）。吻沟前具吻褶，吻褶分 3 叶，叶端稍尖。吻褶叶间具吻须 2 对。口角须 1 对（图 d）。鳃裂较宽，上起眼下缘之后方，沿胸鳍基部前方延伸到头部腹面（图 c）。体被细鳞，侧线完全。背鳍起点在腹鳍起点的前方。胸鳍末端不达腹鳍起点。腹鳍末端到达肛门（图 c、e）。尾鳍凹形。肛门约在腹鳍腋部至臀鳍起点间的 3/5 处（图 c、e）。体背黑褐色，腹面浅黄色。头背部具虫蚀状的黑斑纹，横跨自头后至尾鳍基部的体背中线有 8 ~ 10 个圆状大黑斑（图 b），沿侧线有 1 条黑色条纹。尾鳍基部有一黑色斑点。各鳍均有由黑色斑点组成的条纹。

生活习性： 栖息于岩石、砾石、沙石的河滩，喜欢急流环境。

种群状况： 种群数量多。

地理分布： 分布于右江、柳江、漓江和桂江等支流。

📷 2019 广西贺州市昭平县

1cm

a

2cm

b

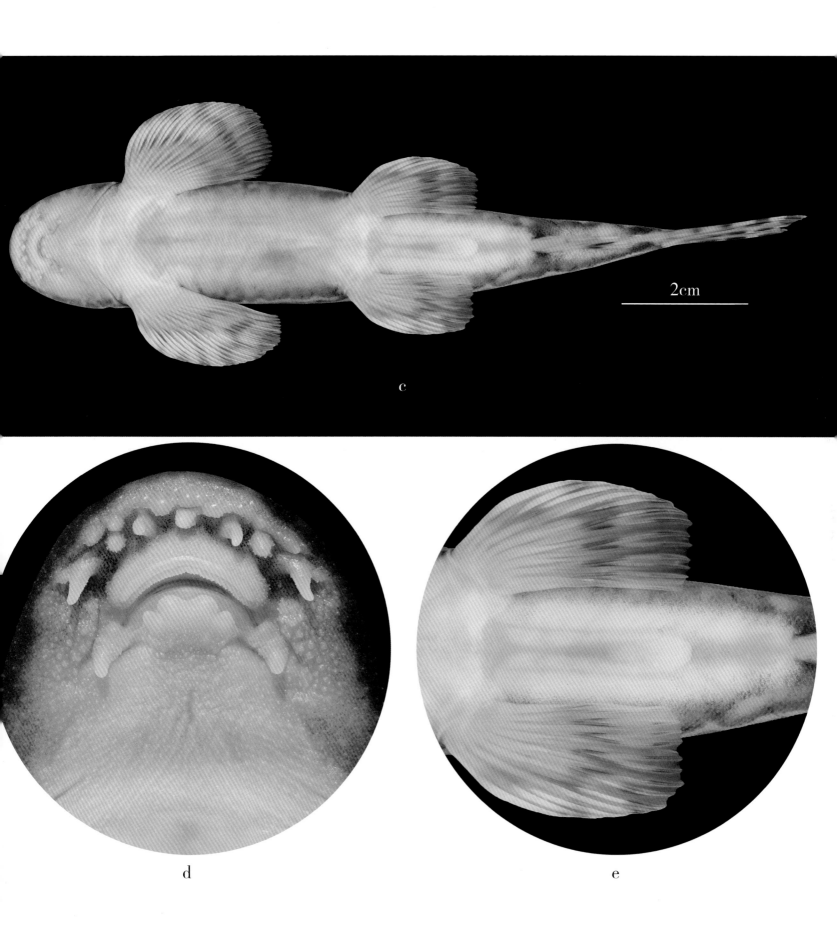

2cm

c

d

e

251. 平头原缨口鳅 *Vanmanenia homalocephala* Zhang & Zhao, 2000

分类地位：鲤形目 Cypriniformes 爬鳅科 Balitoridae 原缨口鳅属 *Vanmanenia*。

鉴别特征：体较细长，前段近圆筒形，后段稍侧扁。吻端圆钝。口下位，口裂较小，呈弧形。下唇前缘表面具 4 个分叶状乳突。上唇与吻端之间具吻沟。吻沟前具吻褶，吻褶分 3 叶。吻褶叶间具吻须 2 对，口角须 1 对（图 c、d），前、后鼻孔接近。眼中等大，侧上位。鳃裂较宽，下缘延伸到头部腹面（图 c）。体被细鳞，侧线完全（图 a）。背鳍起点在腹鳍起点的稍前方。胸鳍末端不达腹鳍。腹鳍起点在背鳍起点之后，左、右腹鳍分开，基部背侧具一皮质瓣膜，末端超过肛门（图 c、e）。尾鳍浅凹。肛门约在腹鳍腋部至臀鳍起点间的 3/5 处（图 c、e）。体背浅褐色，腹面微黄色。头背部具褐色的虫蚀状斑纹，体背部具 7~9 个马鞍形的黑褐色斑块（图 b）。各鳍均有由黑色斑点组成的条纹。

生活习性：栖息于岩石、砾石、沙石的河滩，喜欢急流环境。

种群状况：种群数量多。

地理分布：分布于柳江、桂江的支流。

📷 2020 广西贺州市昭平县

1cm

a

1cm

b

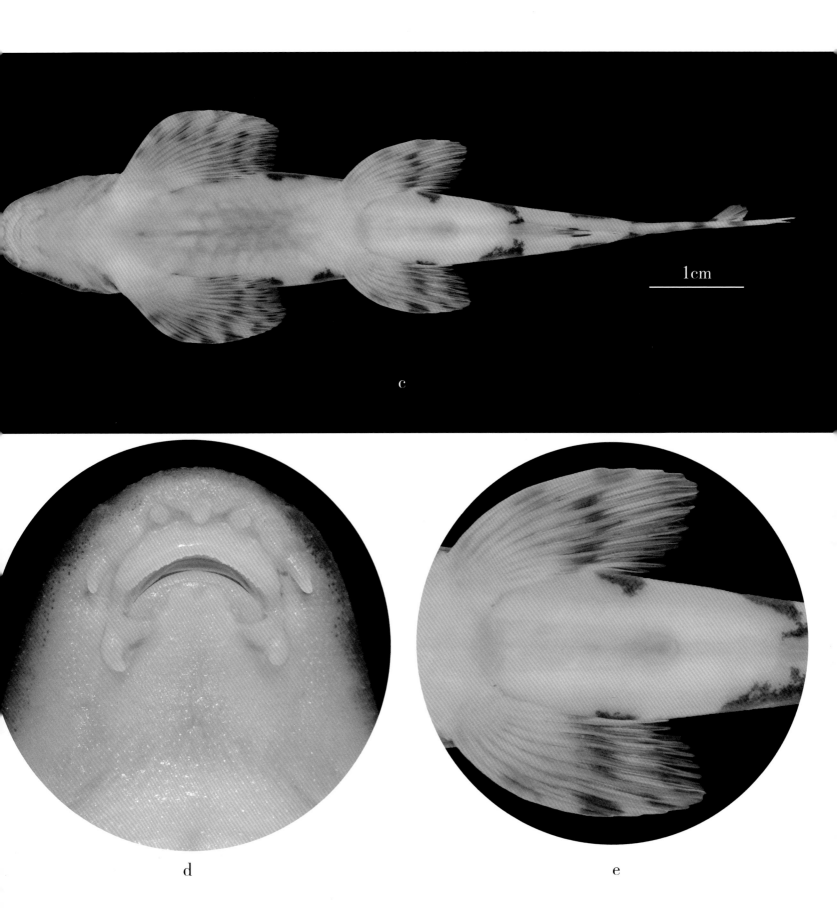

c

d   e

252. 厚唇瑶山鳅 *Yaoshania pachychilus* (Chen, 1980)

分类地位： 鲤形目 Cypriniformes 爬鳅科 Balitoridae 瑶山鳅属 *Yaoshania*。

鉴别特征： 体细长，背缘较平直，腹面平坦。口下位。唇肥厚，上唇无明显乳突，下唇中部有 4 个分叶乳突，下唇在
　　　　　　侧后部增大，并于近口角处形成发达的唇片，上、下唇在口角处相连。下颌外露。吻皮分为不甚显著的 3 叶，
　　　　　　中叶稍大。吻皮叶间具吻须 2 对，口角须 1 对（图 d），鳃裂较窄，体被小鳞，侧线完全，背鳍起点在腹
　　　　　　鳍起点之前。腹鳍左、右分开，基部背侧具一皮质瓣膜，末端超过肛门（图 c、e）。尾鳍末端微凹。肛门
　　　　　　约在腹鳍腋部至臀鳍起点间的中点（图 c、e）。幼鱼体背部有 4 黑 3 白相间的宽横条纹。成鱼体褐色，吻
　　　　　　端两侧及眼眶下缘各有一黑斑，沿侧线有 1 条纵行暗带纹，体侧有不规则黑色斑块。背鳍和尾鳍有由黑色
　　　　　　斑点组成的条纹。

生活习性： 生活在清澈的山间小溪中，常匍匐于水底岩石上栖息，以附生于石上的固着藻类为食。

种群状况： 种群数量少。

地理分布： 分布于广西来宾市金秀县境内大瑶山、桂林市临桂区山溪。

2021 广西来宾市金秀县

1cm

a

1cm

b

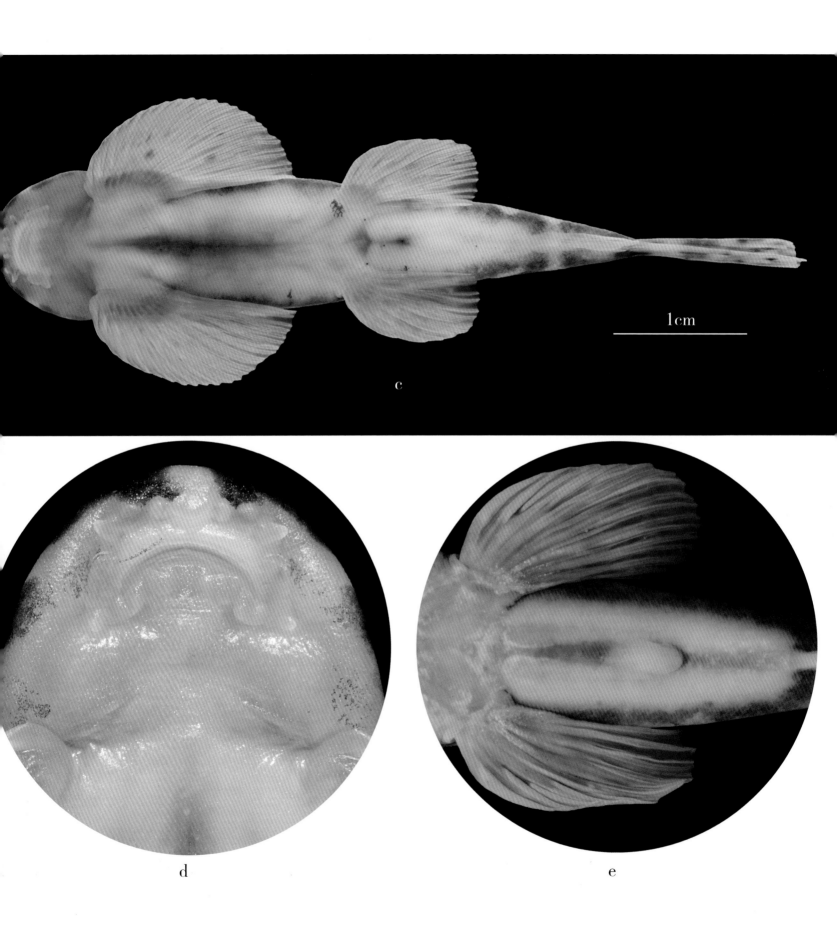

c

d   e

253. 中华游吸鳅 *Erromyzon sinensis* (Chen, 1980)

分类地位： 鲤形目 Cypriniformes 爬鳅科 Balitoridae 游吸鳅属 *Erromyzon*。

鉴别特征： 体细长。吻圆钝。口下位。上、下唇在口角处相连。上唇与吻皮间具吻沟。吻褶分为不甚显著的 3 叶，中叶稍大，叶端略尖。吻褶叶间具 2 对乳突状吻须（图 c、d）。口角须 1 对（图 c、d）。鳃裂下缘终止于胸鳍基部上方，体被小鳞，侧线完全（图 a），背鳍起点位于腹鳍起点之前。胸鳍短，不达腹鳍起点。腹鳍左右分开，末端到达或稍超过肛门（图 c、e）。尾鳍末端微凹，下叶稍长。肛门约在腹鳍腋部至臀鳍起点间的中点或稍后（图 c、e）。体黑褐色，腹部略黄。头背部密布虫蚀状的黑斑纹和白色斑点。尾鳍基部有一黑色斑点。体背侧具 20 条左右的垂直条纹（图 b）。背鳍和尾鳍有 4～5 条灰黑色斑点组成的条纹。

生活习性： 栖息于山区溪流、河滩的急流环境。刮取附着于岩石上的固着藻类为食。

种群状况： 种群数量多。

地理分布： 广西区内广泛分布。

📷 2021 广西来宾市金秀县

a

1cm

b

1cm

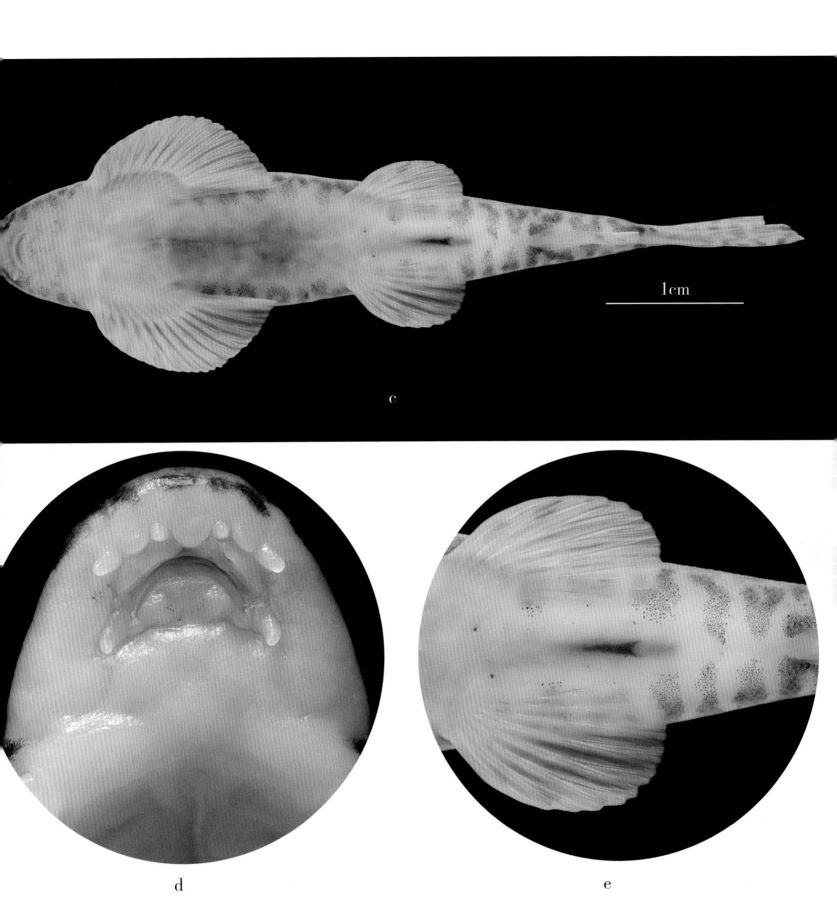

c

d

e

254. 美斑游吸鳅 *Erromyzon kalotaenia* Yang, Kottelat, Yang & Chen, 2012

分类地位： 鲤形目 Cypriniformes 爬鳅科 Balitoridae 游吸鳅属 *Erromyzon*。

鉴别特征： 体较粗壮，吻圆钝，口下位，上下唇在口角处相连，上唇与吻皮间具吻沟。吻褶分为不甚显著的 3 叶，中叶小，呈三角形，叶端尖。吻褶叶间具 2 对乳突状吻须，口角须 1 对（图 c、d），鳃裂下缘终止于胸鳍基部上方，体被小鳞。侧线完全，侧线鳞 85 ~ 89 枚。背鳍起点位于腹鳍起点之前。胸鳍短，不达腹鳍起点（图 c）。腹鳍左右分开，末端不达肛门（图 c、e）。尾鳍末端微凹。肛门约在腹鳍腋部至臀鳍起点间的 2/3 处（图 c、e）。体浅褐色，腹部略白。尾鳍基部有一黑色斑点。体侧具 8 ~ 9 个块状垂直斑纹，斑纹的宽度约为体高的 1/3（图 a）。背鳍和尾鳍有明显的褐色斑点组成的条纹。

生活习性： 小型底栖鱼类，栖息于山区溪流、河滩的急流环境，刮取附着于岩石上的固着藻类为食。

种群状况： 种群数量少。

地理分布： 分布于广西来宾市金秀县大瑶山及其周边山溪。

📷 2022 广西来宾市金秀县

a

1cm

b

1cm

c

1cm

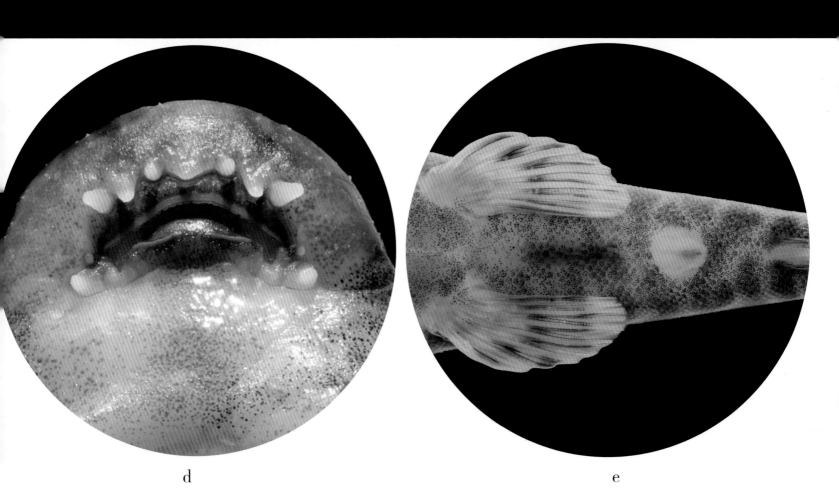

d   e

255. 大明山游吸鳅 *Erromyzon damingshanensis* Xiu & Yang, 2017

分类地位： 鲤形目 Cypriniformes 爬鳅科 Balitoridae 游吸鳅属 *Erromyzon*。

鉴别特征： 体粗壮，吻圆钝，口下位，上下唇在口角处相连，上唇与吻皮间具吻沟。吻褶分为不甚显著的 3 叶，中叶稍大。吻褶叶间具 2 对乳突状吻须（图 c、d）。口角须 1 对（图 c、d），短于吻须。鳃裂下缘终止于胸鳍基部上方。鳞小，侧线鳞 88 ~ 95 枚。背鳍起点与腹鳍起点相对，分枝鳍条 7 根。胸鳍短，不达腹鳍起点，分枝鳍条 16 根。腹鳍左右分开，末端超过肛门（图 c、e）。尾柄高稍大于尾柄长。尾鳍末端微凹，下叶稍长。肛门约在腹鳍腋部至臀鳍起点间的中点或稍前（图 c、e）。体黑褐色，腹部略黄。头背部密布虫蚀状的黑斑纹和白色斑点。尾鳍基部有一黑色斑点。体背侧具 12 条左右的垂直条纹（图 a）。背鳍和尾鳍有 4 ~ 5 条灰黑色斑点组成的条纹。

生活习性： 栖息于山区溪流，刮取附着于岩石上的固着藻类为食。

种群状况： 种群数量多。

地理分布： 分布于广西南宁市上林县境内的大明山溪流。

📷 2020 广西南宁市上林县

a

1cm

b

1cm

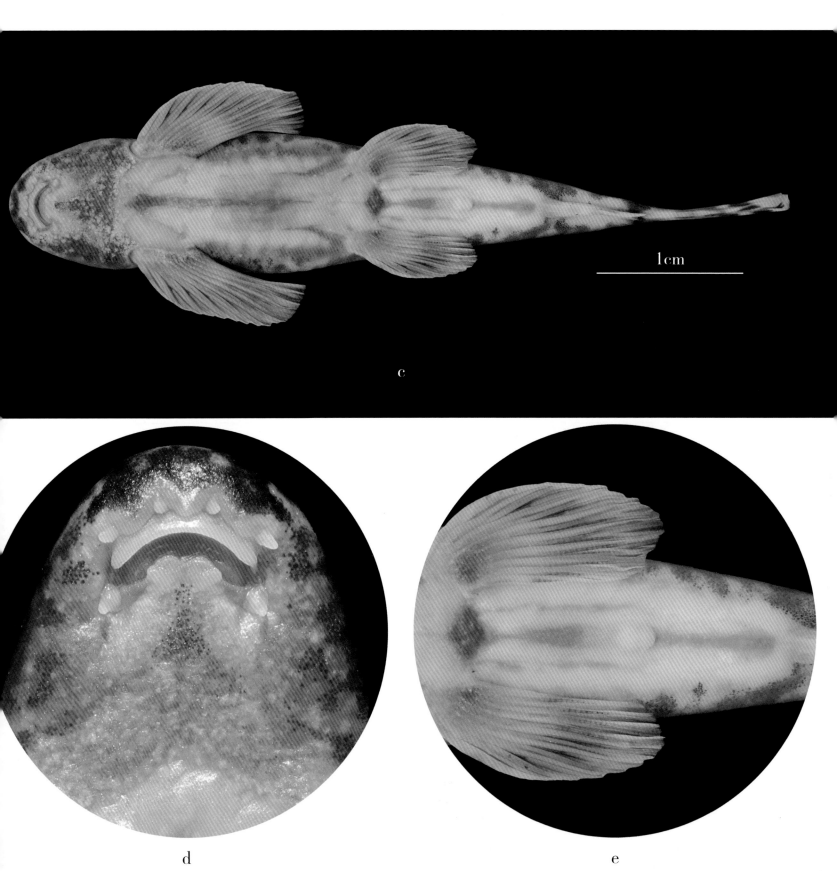

c

d

e

256. 方氏品唇鳅 *Pseudogastromyzon fangi* (Nichols, 1931)

分类地位： 鲤形目 Cypriniformes 爬鳅科 Balitoridae 拟腹吸鳅属 *Pseudogastromyzon*。

鉴别特征： 体延长，背缘略隆起，腹部平坦。吻圆钝，吻背侧具刺状疣突。口下位，口裂较大，呈弧形（图 c、d）。唇肉质，表面具细小乳突；下唇吸附器呈"品"字形（图 d）。上唇与吻端之间具吻沟。吻褶分 3 叶，各叶边缘分裂出须状乳突。吻褶叶间具吻须 2 对，口角须 1 对（图 d），鳃裂小，体被细鳞，侧线完全。背鳍起点约与腹鳍起点相对。胸鳍起点在眼后缘的垂直下方，末端超过腹鳍起点。腹鳍左、右分开，基部背面具一皮质瓣膜，末端超过肛门（图 c、e）。尾鳍略凹或斜截，下叶稍长。肛门约在腹鳍腋部至臀鳍起点间的中点（图 c、e）。体背棕色，腹面微黄。头背及背鳍之前的体背部具黑色小圆点（图 a）；背鳍后的体侧具不规则暗色横纹 11 条左右（图 a）。背鳍边缘黑色。胸鳍、腹鳍和尾鳍鳍膜具黑色斑点。尾鳍具由黑色斑点组成的条纹。

生活习性： 栖息于沙石底的河滩、山区溪涧。

种群状况： 种群数量多。

地理分布： 分布于桂江和柳江上游支流。

📷 2021 广西来宾市金秀县

a

1cm

b

1cm

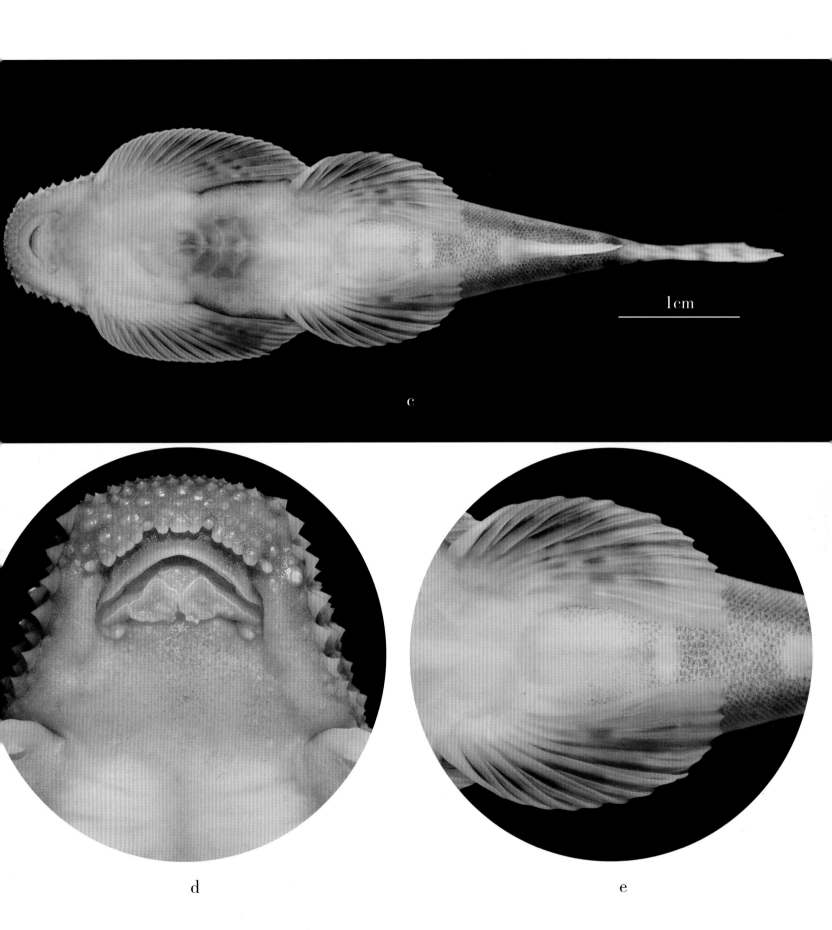

1cm

c

d

e

257. 似原吸鳅 *Paraprotomyzon multifasciatus* Pellegrin & Fang, 1935

分类地位： 鲤形目 Cypriniformes 爬鳅科 Balitoridae 似原吸鳅属 *Paraprotomyzon*。

鉴别特征： 体小，前躯平扁，尾部侧扁，腹面平坦。吻端圆钝。口下位，口裂小，呈弧形（图 c、d）。吻褶分 3 叶，每叶呈三角形。吻褶叶间具 2 对小吻须。上唇与吻皮间具吻沟，上唇光滑；下唇呈"八"字形，每侧表面具乳突 6~8 个。下颌前缘外露。口角须 2 对，内侧 1 对须呈乳突状（图 d）。体被细鳞。侧线完全，侧线鳞 62~68 枚（图 a）。背鳍起点位于腹鳍起点之后上方。胸鳍起点在眼后缘的下方，末端超过腹鳍起点，腹鳍起点前于背鳍起点，末端到达或稍超过肛门（图 c、e）。胸鳍分枝鳍条 19~21 根。腹鳍基部背侧具一发达的皮质瓣膜，腹鳍左右分开（图 c、e）。尾鳍末端略微凹，下叶稍长。体淡黄色。头背部具密集的黑色小圆斑，横跨背鳍起点之前的背面有 3 个较大的近圆形黄色暗斑。体侧具不规则褐色条纹。背鳍基部前缘具一黑斑。背鳍和尾鳍由灰色斑点组成的 2~3 个不明显条纹。

生活习性： 喜生活在急流河滩处，吸附在砾石、岩石上，刮取固着藻类为食。

种群状况： 种群数量少。

地理分布： 分布于广西百色市田林县境内红水河支流的山溪。

📷 2022 广西百色市田林县

a

1cm

1cm

b

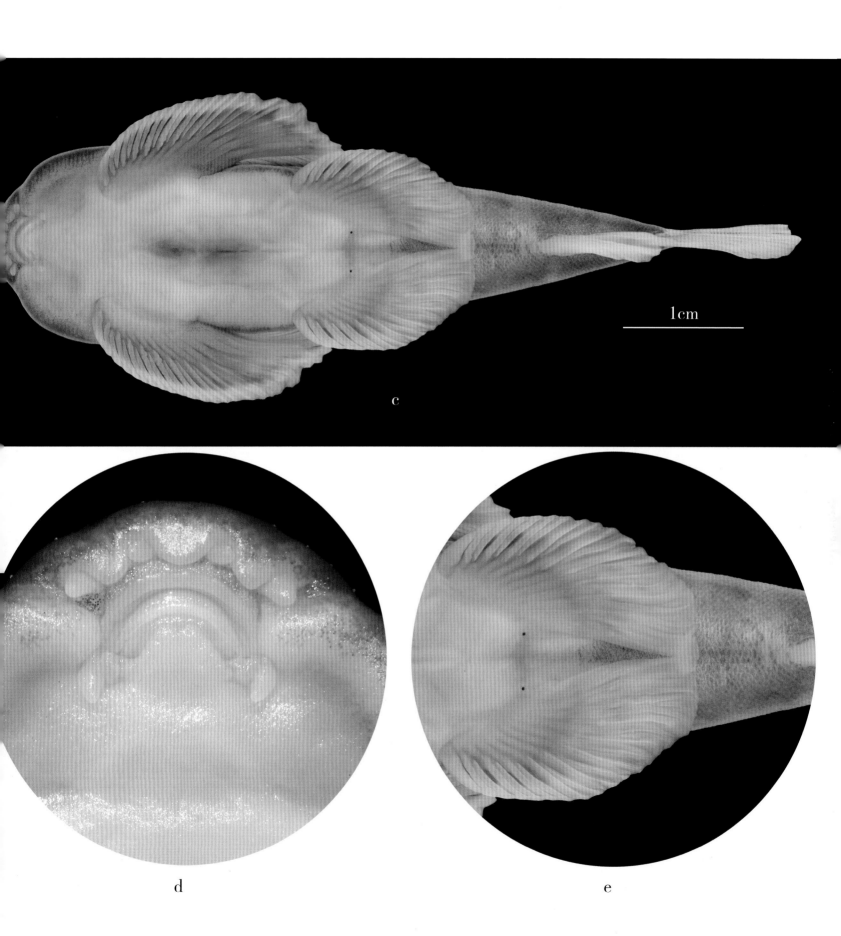

1cm

c

d

e

258. 巴马似原吸鳅 *Paraprotomyzon bamaensis* Tang, 1997

分类地位： 鲤形目 Cypriniformes 爬鳅科 Balitoridae 似原吸鳅属 *Paraprotomyzon*。

鉴别特征： 体小，前躯平扁，尾部侧扁，腹面平坦。吻端至头背部具细小密集的刺状突。口下位，口裂小，呈马蹄形（图 c、d）。吻褶分成等大的 3 叶，每叶呈三角形。吻褶叶间具 2 对小吻须。上唇与吻皮间具吻沟，上唇光滑；下唇呈"八"字形，两侧近口角处扩大，后缘游离呈唇片，每侧表面具乳突 4~5 个。下颌前缘外露。口角须 2 对。体被细鳞。侧线完全（图 a）。背鳍起点位于腹鳍起点之后上方。胸鳍起点在眼后缘的下方，末端超过腹鳍起点。腹鳍基部背侧具一发达的皮质瓣膜，腹鳍左、右分开，腹鳍末端不达肛门（图 c、e）。尾鳍末端略内凹，下叶稍长。肛门约在腹鳍腋部至臀鳍起点间的 3/5 ~ 2/3 处（图 c、e）。体淡黄色。头背部具密集的黑色小圆斑，横跨背鳍起点之前的背面有 3 个较大的近圆形黄色暗斑。体侧具不规则圆斑。背鳍和尾鳍具由灰色斑点组成的 2 ~ 3 个条纹。

生活习性： 在急流河滩处，吸附在砾石、岩石上，刮取固着藻类为食。

种群状况： 在分布地种群数量多。

地理分布： 分布于珠江流域红水河的盘阳河支流。

📷 2021 广西河池市巴马县

1cm

a

1cm

b

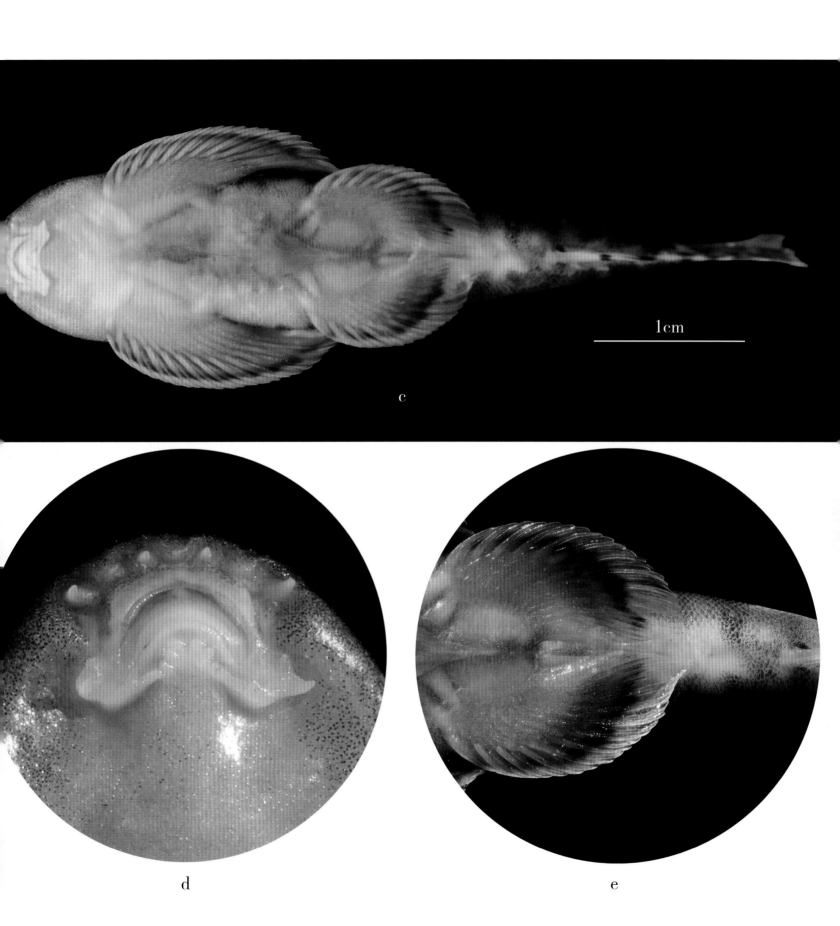

1cm

c

d

e

259. 条斑爬岩鳅 *Beaufortia zebroidus* (Fang, 1930)

分类地位： 鲤形目 Cypriniformes 爬鳅科 Balitoridae 爬岩鳅属 *Beaufortia*。

鉴别特征： 体较短，背鳍后段侧扁，腹面平坦。头平扁。口下位，口裂小，呈马蹄形（图 c、d）。下唇呈弧形，中部有一缺刻，左、右唇片边缘各具 3 ~ 5 个分叶状的乳突。下颌稍外露。吻褶分为约等大的 3 叶，叶端圆钝。吻褶叶间具 2 对须。鳃裂很窄，下缘不达胸鳍基部。体被细鳞，为皮膜所覆盖。侧线完全。胸鳍起点约在眼后缘的垂直线下方，分枝鳍条 19 根。腹鳍起点至臀鳍起点的距离显著小于至吻端的距离（图 c），左右腹鳍最末根鳍条在中部相连，后缘有一缺刻（图 c、e），腹鳍末端不达肛门，腹鳍分枝鳍条 15 ~ 16 根（图 c、e）。尾鳍末端斜截，下叶稍长。肛门约在腹鳍腋部至臀鳍起点间的 3/5 ~ 2/3 处（图 c、e）。体背棕色，腹部略黄。头背部和胸鳍背面具圆形或长圆形不规则黑色斑点，体侧具 10 ~ 14 条黑色横纹（图 a）。各鳍均具由黑色斑点组成的条纹。

生活习性： 喜吸附在岩石上，刮取固着藻类为食。

种群状况： 种群数量少。

地理分布： 分布于珠江流域的红水河、右江、左江水系的支流。

📷 2021 广西河池市凤山县

1cm

a

1cm

b

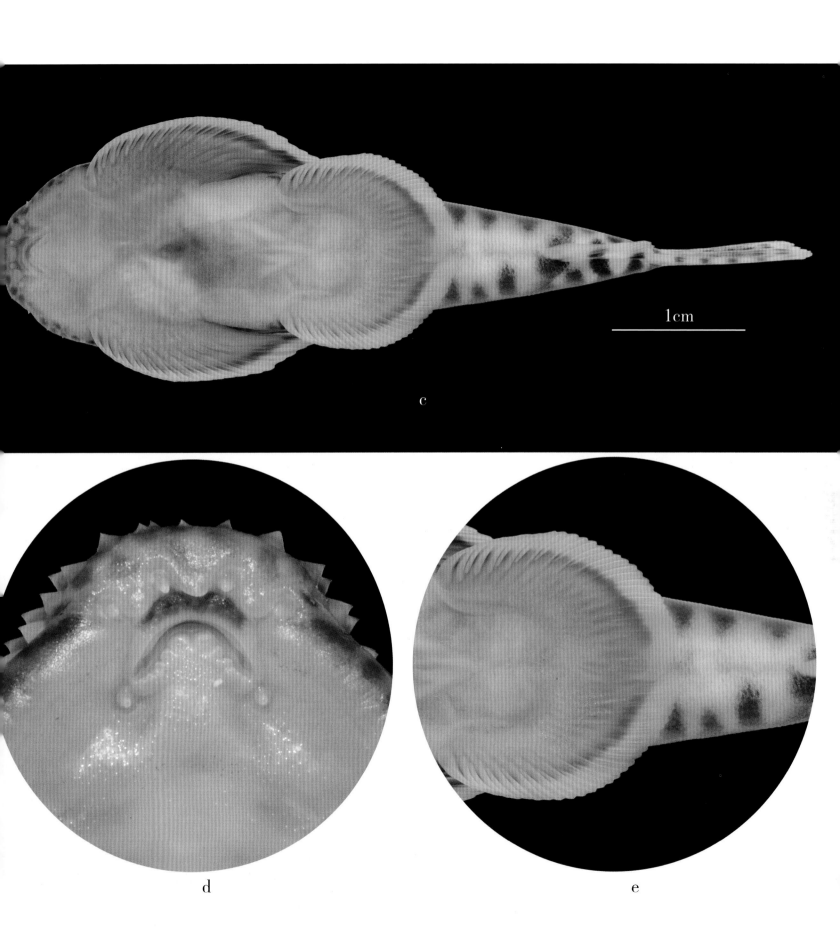

c

1cm

d

e

260. 秉氏爬岩鳅 *Beaufortia pingi* (Fang, 1930)

分类地位： 鲤形目 Cypriniformes 爬鳅科 Balitoridae 爬岩鳅属 *Beaufortia*。

鉴别特征： 体较短，背鳍后段侧扁，腹面平坦。头平扁。口下位，口裂小，呈马蹄形（图 c、d）。下唇呈弧形，中部有一缺刻，左、右唇片边缘各具 3~5 个分叶状的乳突。下颌稍外露。吻褶分为约等大的 3 叶，叶端圆钝。吻褶叶间具 2 对须。鳃裂很窄，下缘不达胸鳍基部。体被细鳞，为皮膜所覆盖。侧线完全（图 a）。胸鳍起点约在眼后缘的垂直线下方，分枝鳍条 21~23 根。腹鳍起点至臀鳍起点的距离显著大于至吻端的距离（图 c），左右腹鳍最末根鳍条在中部相连，后缘有一缺刻，腹鳍末端远不达肛门，分枝鳍条 18~20 根（图 c、e）。尾鳍末端斜截，下叶稍长。肛门约在腹鳍腋部至臀鳍起点间的 2/3 处（图 c、e）。体背棕色，腹部略黄。头背部和胸鳍背面具圆形或长圆形不规则黑色斑点，尾柄具黑色横纹。各鳍均具由黑色斑点组成的条纹。

生活习性： 生活于山溪、小河急流处，吸附在岩石上，刮取固着藻类为食。

种群状况： 常见种类，数量多。

地理分布： 分布于珠江流域的左江、右江和红水河的支流山溪。

📷 2021 广西百色市凌云县

a

1cm

b

1cm

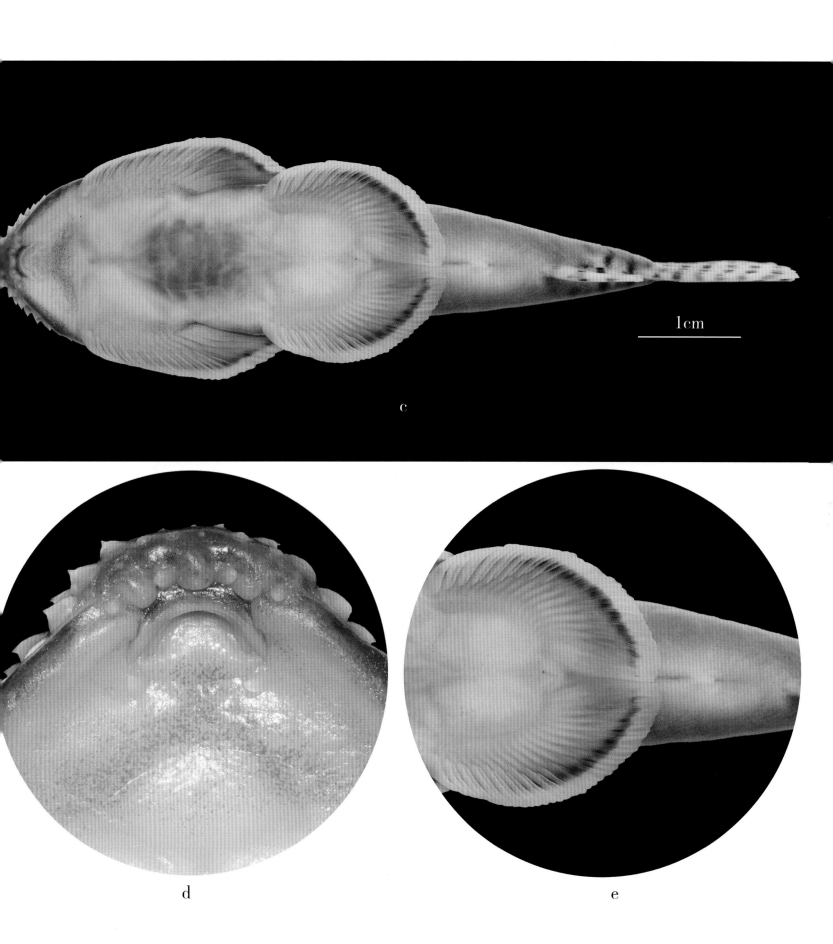

c

1cm

d   e

261. 贵州爬岩鳅 *Beaufortia kweichowensis* (Fang, 1931)

分类地位： 鲤形目 Cypriniformes 爬鳅科 Balitoridae 爬岩鳅属 *Beaufortia*。

鉴别特征： 体稍延长，尾柄侧扁。头部宽扁，吻端圆钝。口下位，口裂较大，呈弧形。下颌外露。吻褶分3叶，叶端圆钝。吻褶叶间具2对短小吻须。口角须1对（图c、d）。鳃裂极小，约等于眼径。体被细鳞，为皮膜所覆盖。侧线完全。胸鳍起点约在鼻孔中部垂直下方（图a）。左右腹鳍的最末3~4根鳍条在中部斜向相连，后缘有一条较深的缺刻，末端达到肛门（图c、e）。尾鳍末端斜截，下叶略长。肛门约在腹鳍腋部至臀鳍起点间的2/3处（图c、e）。体背棕褐色。头部、体背部和偶鳍基部密布大小不等的棕褐色圆斑（图b）。背鳍和尾鳍具由黑色斑点组成的条纹。

生活习性： 在河滩急流处，吸附于岩石、砾石上，刮取固着藻类为食。

种群状况： 数量多，常见种。

地理分布： 分布于珠江流域的龙江、浔江、融江和漓江各支流。

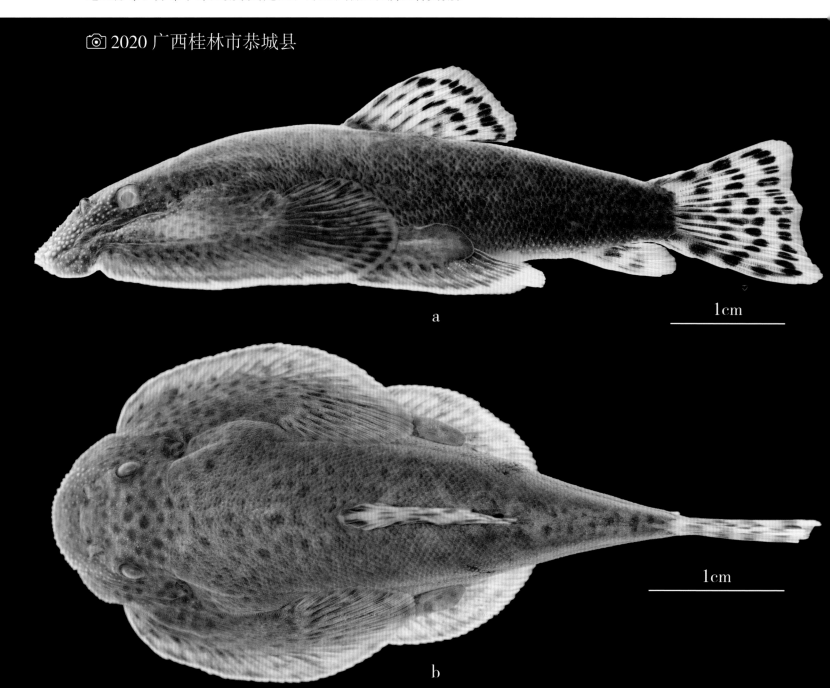

📷 2020 广西桂林市恭城县

a

1cm

b

1cm

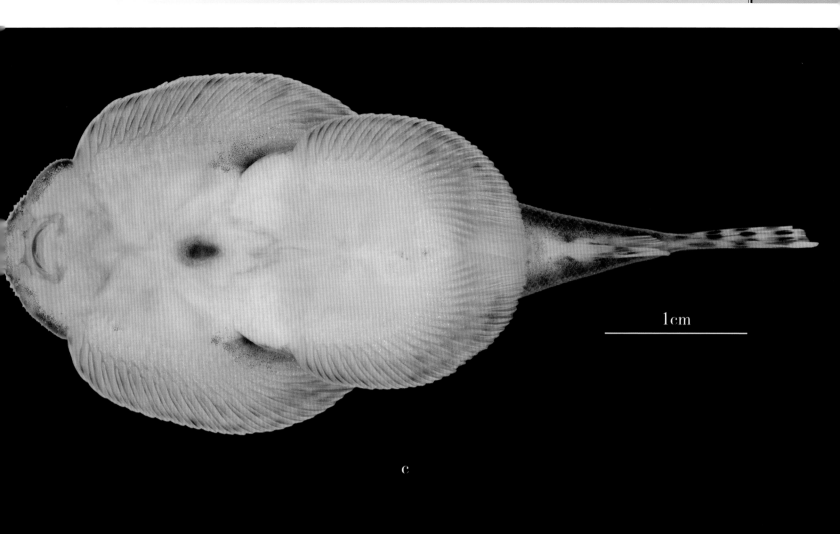

1cm

c

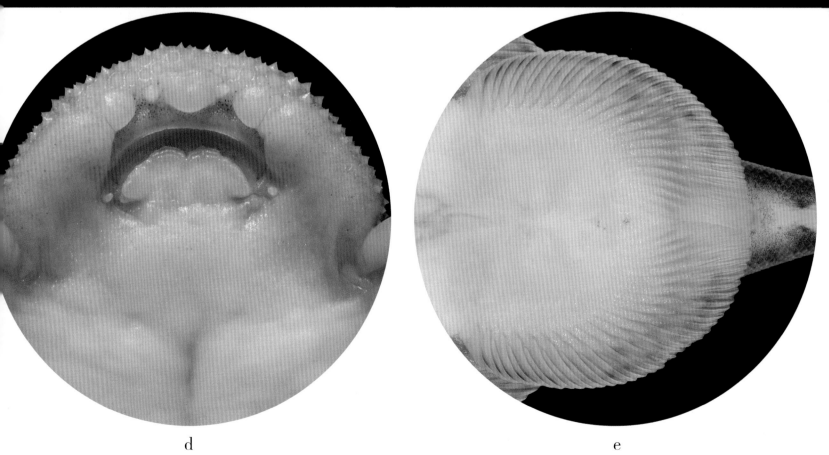

d   e

262. 爬岩鳅 *Beaufortia leveretti* (Nichols & Pope, 1927)

分类地位： 鲤形目 Cypriniformes 爬鳅科 Balitoridae 爬岩鳅属 *Beaufortia*。

鉴别特征： 体稍延长，尾柄侧扁。头部宽扁，吻端圆钝。口下位，口裂小，呈弧形（图 c、d）。下颌外露。下唇呈"八"字形，中部有一缺刻；左、右唇片前缘具乳突。口角须 1 对。鳃裂极小，约等于眼径。体被细鳞，为皮膜所覆盖。侧线完全。左右腹鳍联合处有一较深的缺刻，末端超过肛门（图 c、e）。肛门被腹鳍末端所覆盖。尾鳍末端斜截，下叶略长。肛门约在腹鳍腋部至臀鳍起点间的中点或稍前（图 c、e）。体背棕褐色。头部、体背部和偶鳍基部密布大小不等的虫蚀斑。背鳍和尾鳍具由黑色斑点组成的条纹。

生活习性： 在河流急流处，吸附于岩石、砾石上，刮取固着藻类为食。

种群状况： 数量少。

地理分布： 分布于广西沿海各单独入海河流的山溪。

📷 2020 广西防城港市防城区

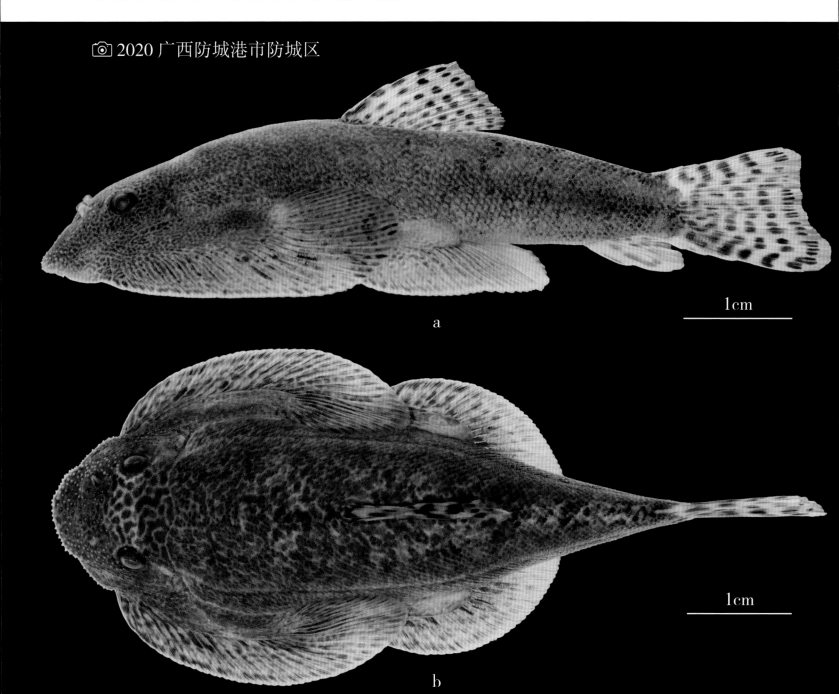

1cm

a

1cm

b

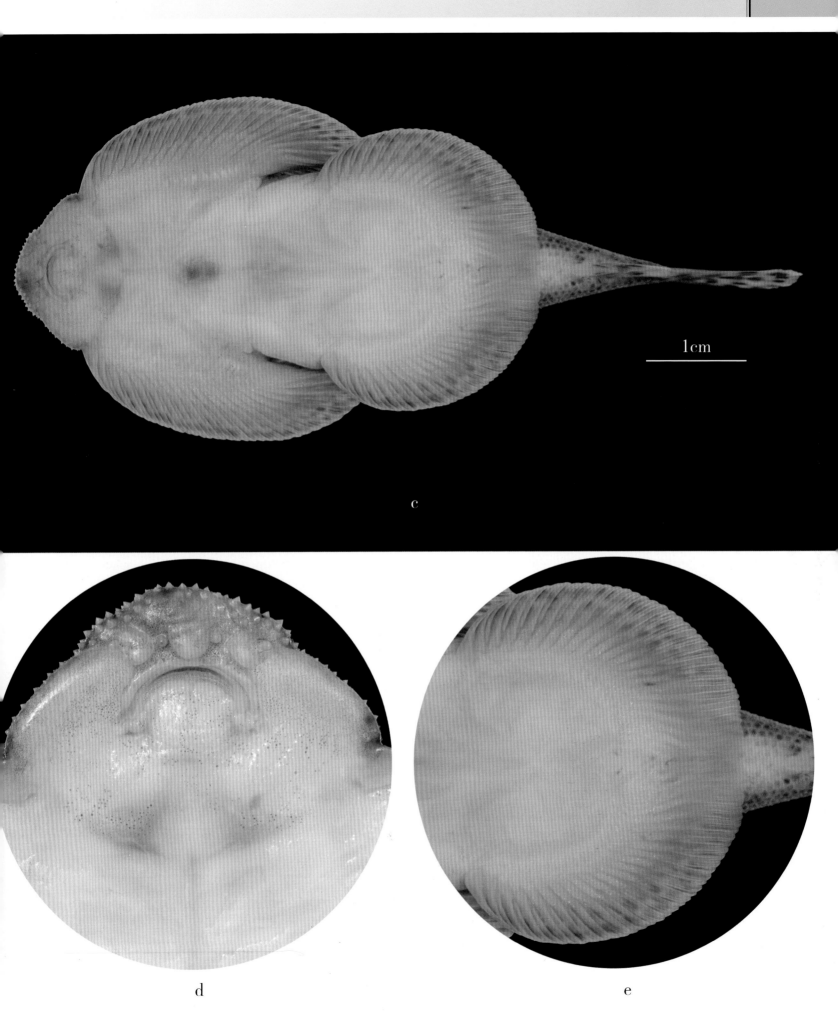

c

1cm

d

e

263. 圆体爬岩鳅 *Beaufortia cyclica* Chen, 1980

分类地位： 鲤形目 Cypriniformes 爬鳅科 Balitoridae 爬岩鳅属 *Beaufortia*。

鉴别特征： 体前段平扁，背鳍后部身体侧扁，腹面平坦。头较宽扁，吻端圆钝。口下位，口裂呈弧形（图 c、d）。下唇呈弧形，外侧边缘各具 3 个小乳突。下颌外露。上唇与吻端之间具吻沟，延伸至口角。吻沟前具发达的吻褶，吻褶分 3 叶。吻褶叶间具 2 对小吻须，内侧 1 对稍粗大。口角须 1 对。前、后鼻孔接近。眼较小，侧上位。鳃裂小，下缘不达胸鳍基部。体被细鳞。侧线完全（图 a）。背鳍起点位于腹鳍起点之后。胸鳍起点在鼻孔之前（图 a、b）。左右腹鳍完全相连，末端不达肛门（图 c、e）。尾鳍末端斜截，下叶略长。肛门约在腹鳍腋部至臀鳍起点间的 2/3 处（图 c、e）。体背棕褐色。头背部具不规则的褐色斑点；横跨背部有 5～7 个黑色大斑块。胸鳍外缘有 7～9 个褐色斑（图 a、b）。背鳍和尾鳍均具由黑色斑点组成的条纹。

生活习性： 喜欢生活在急流中，吸附于岩石、砾石上，刮取固着藻类为食。

种群状况： 种群数量多，但个体很小。

地理分布： 分布于左江上游。

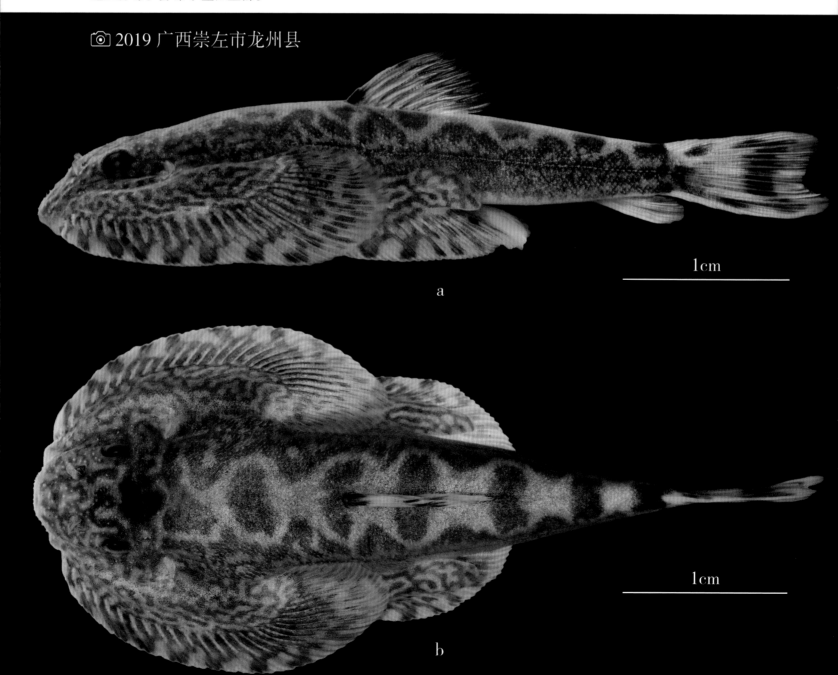

📷 2019 广西崇左市龙州县

1cm

a

1cm

b

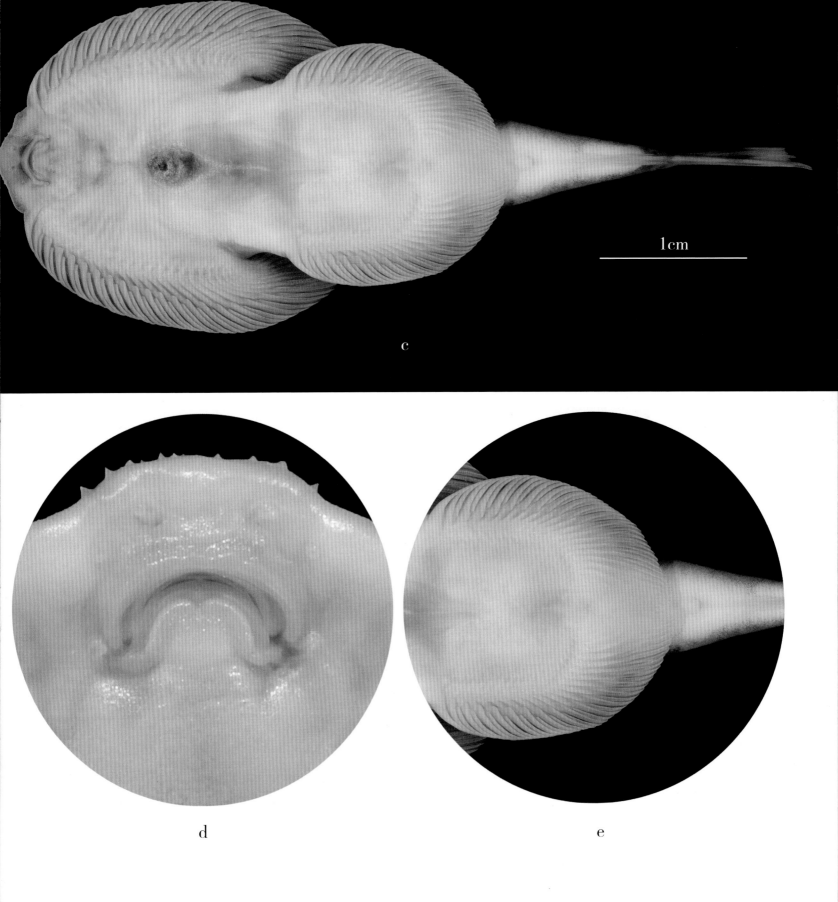

c

d

e

1cm

264. 禄峒爬鳅 *Balitora ludongensis* Liu & Chen, 2012

分类地位： 鲤形目 Cypriniformes 爬鳅科 Balitoridae 爬鳅属 *Balitora*。

鉴别特征： 体延长，前躯近圆筒形，尾柄侧扁。头平扁。吻端稍尖。口下位，口裂小，深弧形。上唇 3~5 个乳突排成一行。下颌稍外露。吻褶分叶不明显，吻褶叶间有 2 对吻须（图 c、e）。口角须 2 对（图 c、e）。鳃裂宽，下缘延伸到头部腹面（图 a、c）。体侧被鳞。侧线完全，侧线鳞 69~74 枚（图 a）。背鳍起点在腹鳍起点的前方。胸鳍末端不达腹鳍起点。腹鳍具 2 根不分枝鳍条，左、右腹鳍分离（图 c）。尾柄高为尾柄长的 39.1%~55.0%。尾鳍叉形且长。肛门约在腹鳍腋部至臀鳍起点间的 2/3 处（图 c）。体背浅黄色，腹部灰白色。横跨体背中线具黑褐色圆形大斑 6~9 个（图 b）。

生活习性： 在山溪急流中，吸附在岩石上。

种群状况： 数量较多。

地理分布： 分布于广西百色市靖西市、那坡县及崇左市大新县的河流。

📷 2019 广西崇左市大新县

a

b

c

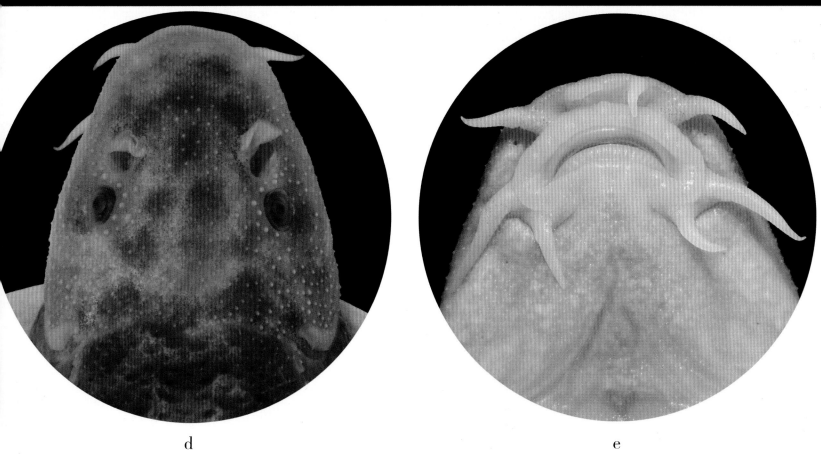

d   e

265. 广西爬鳅 *Balitora kwangsiensis* (Fang, 1930)

分类地位： 鲤形目 Cypriniformes 爬鳅科 Balitoridae 爬鳅属 *Balitora*。

鉴别特征： 体延长，前躯近圆筒形，尾柄侧扁。头平扁。吻端稍尖。口下位，口裂小，深弧形。上唇具2排发达乳突（图e）。下唇有1排8个乳突。下颌稍外露。吻褶分叶不明显，吻褶叶间有2对较粗大的吻须（图e）。口角须2对（图e）。鳃裂宽，下缘延伸到头部腹面。体侧被鳞。侧线完全（图a）。背鳍起点在腹鳍起点的前方。胸鳍末端不达腹鳍起点。腹鳍具2根不分枝鳍条，左、右腹鳍分离（图c）。尾鳍叉形，下叶稍长。肛门约在腹鳍腋部至臀鳍起点间的2/3处（图c）。体背浅黄色，腹部灰白色。头背面具不规则的褐色斑点，横跨体背中线具黑褐色圆形大斑7~8个（图b）。体侧具不规则的暗斑块。各鳍均具由黑色斑点组成的条纹。

生活习性： 喜欢在河流急滩处，吸附于岩石、砾石上，刮取固着藻类为食。

种群状况： 数量较多，常见种类。

地理分布： 分布于珠江流域左江、右江、红水河、柳江、桂江、浔江及单独入海的南流江。

📷 2019 广西崇左市龙州县

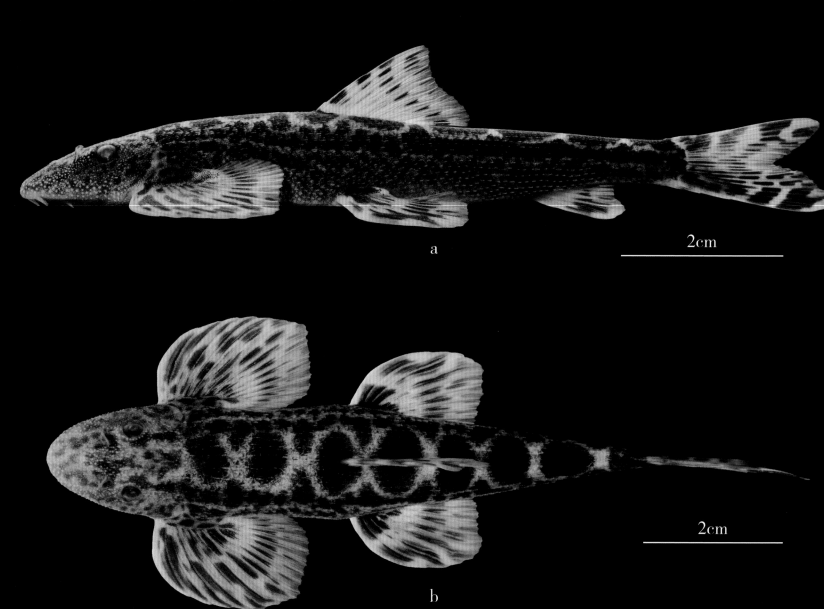

a

2cm

b

2cm

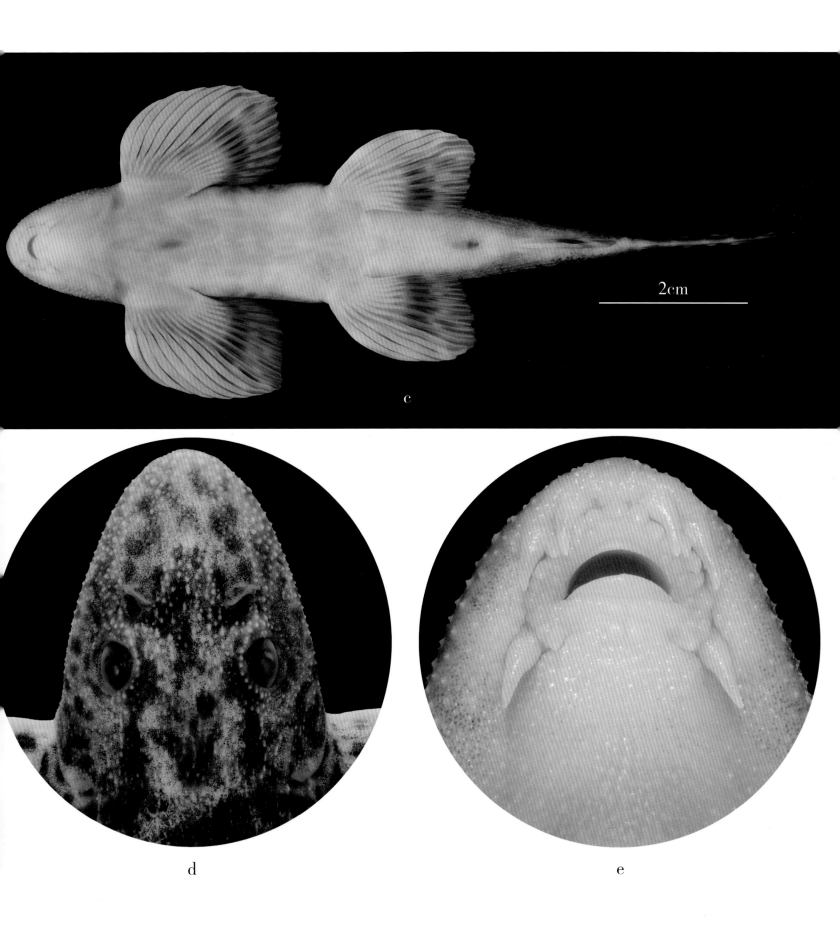

2cm

c

d

e

266. 矮身间吸鳅 *Hemimyzon pumilicorpora* Zheng & Zhang, 1987

分类地位： 鲤形目 Cypriniformes 爬鳅科 Balitoridae 间吸鳅属 *Hemimyzon*。

鉴别特征： 体稍长，前段扁平，后部渐侧扁，尾柄细长（图 a），腹部平坦。吻端圆钝。口下位，口裂呈马蹄形。吻褶发达，分 3 叶，叶端圆钝。吻褶叶间有 2 对吻须（图 d）。上唇具 5~8 个细小乳突排成 1 列。口角须 2 对（图 d）。鳃裂自胸鳍基部延伸到头部腹面。体被细鳞；侧线完全（图 a）。背鳍分枝鳍条 7 根。偶鳍宽大而平展，基部具发达的肉质鳍柄。胸鳍具 12~15 根不分枝鳍条（图 c），11~13 根分枝鳍条；胸鳍超过腹鳍起点。腹鳍起点位于背鳍起点之前；左、右腹鳍相互靠近，但不相连接，其末端超过肛门（图 c、e）；分枝鳍条 10~11 根。尾鳍叉形，下叶较长。体背棕色。头背部、体侧及偶鳍基部具不规则的黑褐色小斑块（图 b），横跨体背中线有 6~7 个较大的圆形黑褐色斑块。尾鳍的上、下叶各有 1 条纵向的黑色斜条纹。

生活习性： 生活在河流急滩处，吸附于岩石、砾石上，刮取固着藻类为食。

种群状况： 数量少。

地理分布： 分布于红水河中游河池市都安县境内河段。

📷 2004 广西河池市都安县

a

1cm

1cm

b

1cm

c

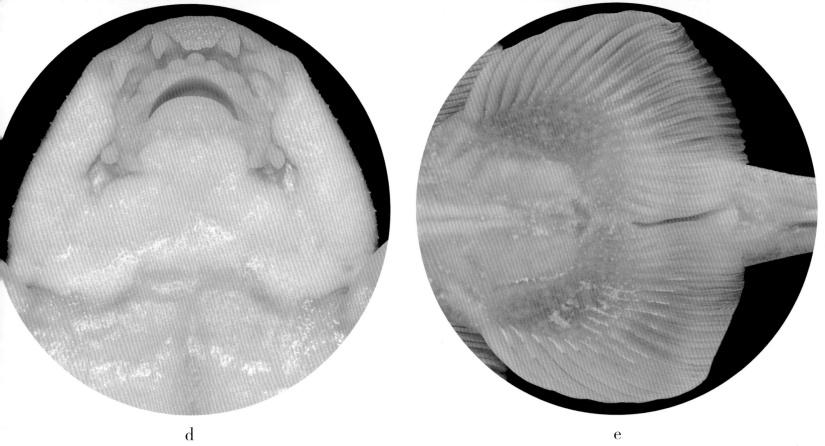

d   e

267. 伍氏华吸鳅 *Sinogastromyzon wui* Fang, 1930

分类地位： 鲤形目 Cypriniformes 爬鳅科 Balitoridae 华吸鳅属 *Sinogastromyzon*。

鉴别特征： 体短，前段宽而扁平，背鳍基后部身体侧扁，腹部平坦。头宽，吻端圆钝。口下位，口裂呈弧形（图 c、e）。上唇具 9~12 个细小乳突排成 1 列。吻褶发达，分 3 叶，叶端圆钝，中叶宽大。吻褶叶间有 2 对约等长的小吻须（图 d）。口角须 2 对（图 e）。鳃裂下缘终止于胸鳍基部。体被细鳞。侧线完全（图 a）。偶鳍宽大而平展，基部具发达的肉质鳍柄。胸鳍具 10~14 根不分枝鳍条，胸鳍超过腹鳍起点（图 c）。左右腹鳍条在后缘中部完全愈合成吸盘状，末端超过肛门（图 c）。尾鳍凹形，下叶较长。体背棕色，腹面略黄。头背部、体侧及偶鳍基部具不规则的黑褐色小斑块，横跨体背中线有 5~9 个较大的圆形黑褐色斑块（图 b）。背鳍和尾鳍具由黑色斑点组成的条纹。

生活习性： 常在河流急滩处，吸附于岩石、砾石上，刮取固着藻类为食。

种群状况： 数量较多，为常见种。

地理分布： 分布于珠江流域的左江、红水河、融江、柳江、漓江和黔江。

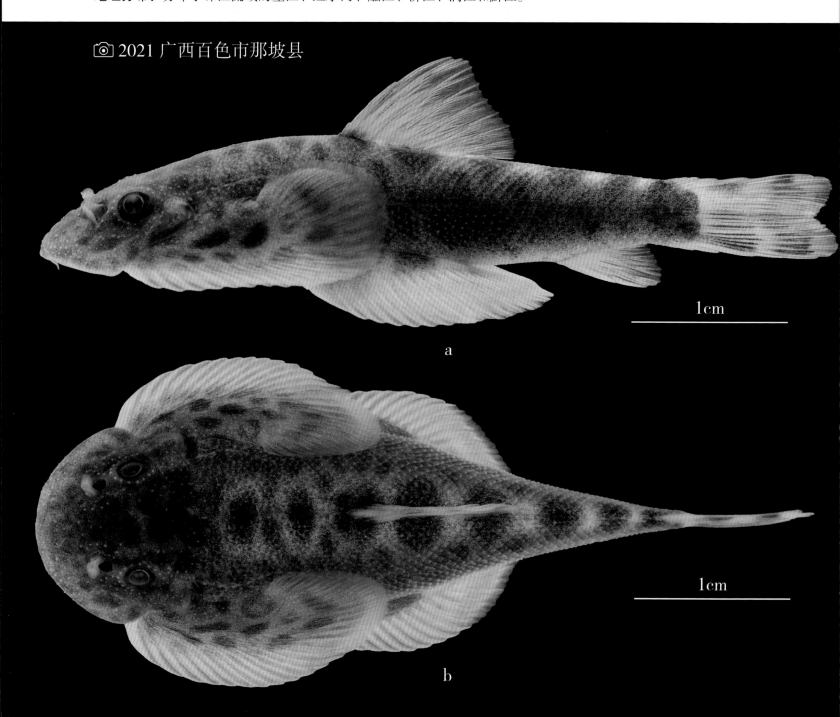

📷 2021 广西百色市那坡县

1cm

a

1cm

b

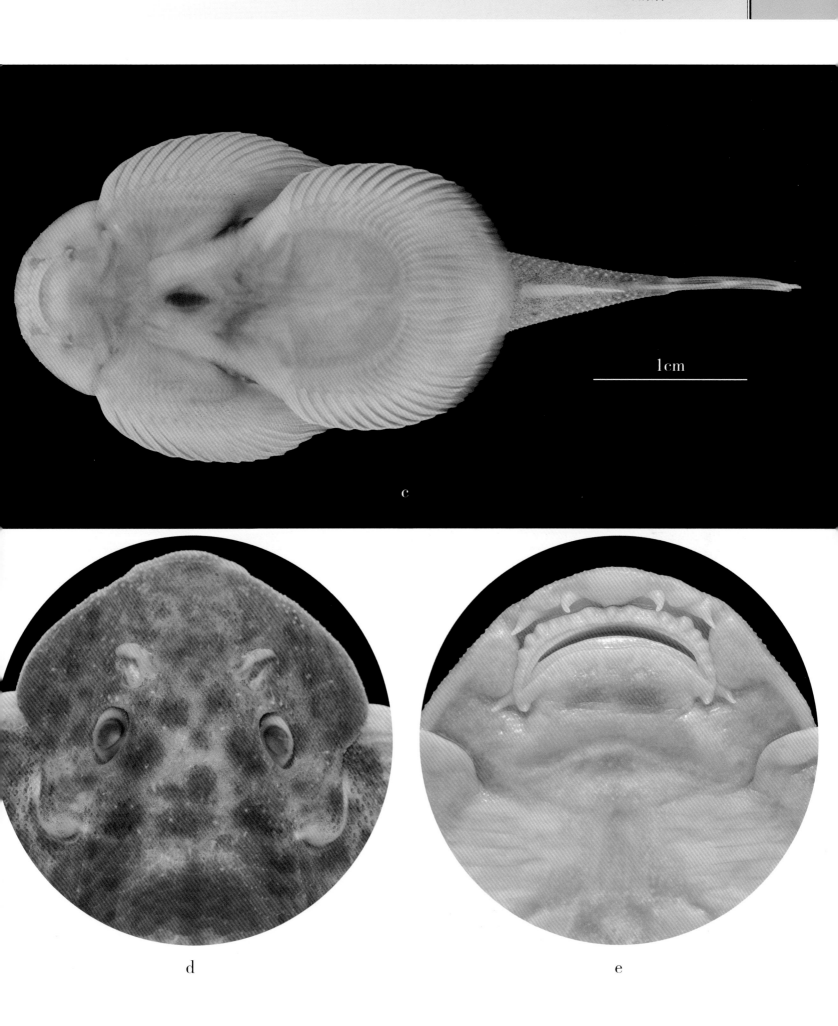

1cm

c

d

e

鲇科 Siluridae

268. 糙隐鳍鲇 *Pterocryptis anomala* (Herre, 1934)

分类地位： 鲇形目 Siluriformes 鲇科 Siluridae 隐鳍鲇属 *Pterocryptis*。

鉴别特征： 体延长，背鳍后部身体长而侧扁。头圆钝且宽。口亚下位。上颌略突出于下颌（图 c）。须 3 对（图 a~c），颌须最长，后伸可达臀鳍起点；颏须 2 对（图 c）。鳃盖膜不与鳃峡相连。侧线完全。背鳍短小，无硬刺。臀鳍长，后端与尾鳍相连（图 a）。胸鳍硬刺短而弱，前缘光滑，后缘具弱锯齿。尾鳍微内凹。活体呈褐色，略红；腹部颜色浅。

生活习性： 有穴居习性的小型肉食性鱼类。

种群状况： 有一定种群数量。

地理分布： 分布于珠江流域红水河、柳江、桂江、漓江、左江和右江。

📷 2019 广西百色市凌云县

2cm

a

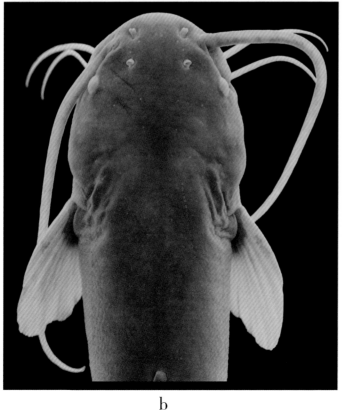

b

c

269. 越南隐鳍鲇 *Pterocryptis cochinchinensis* (Valenciennes, 1840)

分类地位： 鲇形目 Siluriformes 鲇科 Siluridae 隐鳍鲇属 *Pterocryptis*。

鉴别特征： 体长形，背鳍后部长而侧扁。头宽且钝圆，略平扁。口大，亚下位。上颌长于下颌（图 c）。前、后鼻孔相离较远，前鼻孔呈短管状。须 2 对（图 b、c），颌须较长，后伸常及腹鳍。鳃耙 7~8 枚。鳃盖膜不与鳃峡相连。侧线完全。背鳍短小，无硬刺。臀鳍基长，后端与尾鳍相连（图 a）。胸鳍骨质硬刺前缘光滑，后缘具弱锯齿。尾鳍平截或略内凹。活体深灰褐色，腹部灰白色；各鳍灰白色，臀鳍和胸鳍边缘具白边。

生活习性： 主要以小鱼、虾为食的小型肉食性鱼类。

种群状况： 常见经济鱼类，数量多。

地理分布： 广泛分布于红水河、柳江、桂江、左江、右江水系。

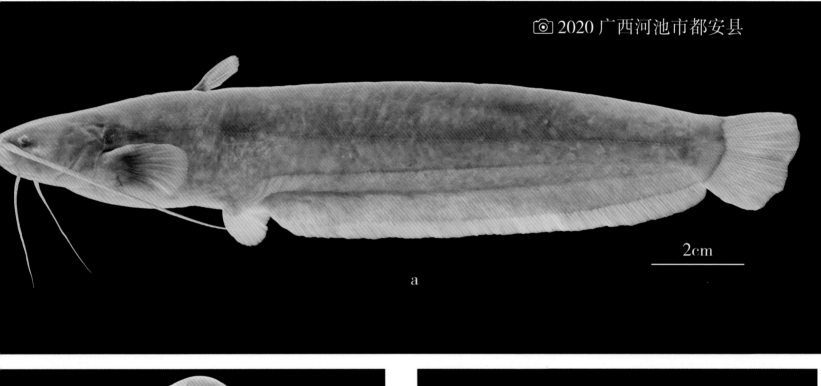

◎2020 广西河池市都安县

2cm

a

b

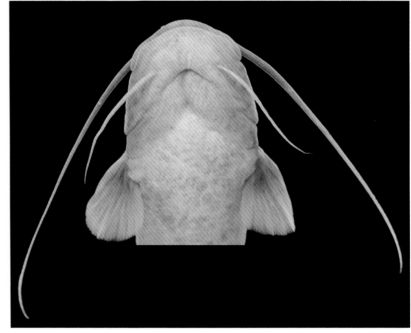

c

270. 长须鲶 *Silurus longibarbatus* Li, Li, Zhang & He, 2019

分类地位：鲇形目 Siluriformes 鲇科 Siluridae 鲇属 *Silurus*。

鉴别特征：体长形，背鳍后部长而侧扁。头宽且钝圆，略平扁。口大，上位。下颌长于上颌（图 a、c）。前、后鼻孔相离较远，前鼻孔呈短管状。须 3 对（图 a、b、c、d），颌须较长，后伸常及腹鳍。鳃耙 7~8 枚，鳃盖膜不与鳃峡相连，侧线完全（图 a）。背鳍短小，无硬刺，分枝鳍条 2~3 根。臀鳍基长，后端与尾鳍相连，臀鳍分枝鳍条 50~58 根（图 a）。胸鳍骨质硬刺前缘光滑，后缘具弱锯齿。尾鳍平截或略内凹。体灰色，体侧、头背部散布不规则褐色斑纹，腹部白色。

生活习性：生活在清澈的水体，水深 0.5~1.0 m，底质为沙和砾石。

种群状况：数量较多，个体较小。

地理分布：分布于广西南宁市上林县大明山溪流。

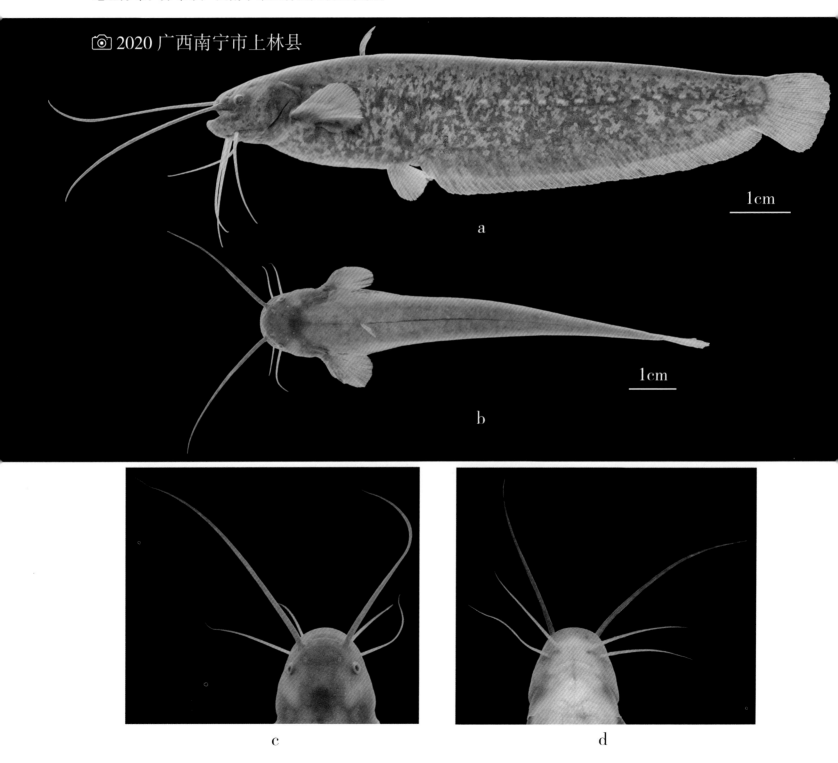

2020 广西南宁市上林县

a

b

c　　　　　　　　　　　　　　d

271. 鲇 *Silurus asotus* Linnaeus, 1758

分类地位： 鲇形目 Siluriformes 鲇科 Siluridae 鲇属 *Silurus*。

鉴别特征： 体延长，背鳍后部身体长而侧扁。头略平扁，钝圆。吻宽、平扁。口大，口裂伸达眼前缘垂直下方。下颌长于上颌（图 a、b）。犁骨的齿带连成一片（图 d）。须 2 对（图 a、b、c），颌须较长，后伸达胸鳍基后端；颏须短。鳃盖膜不与鳃峡相连。侧线完全（图 a）。背鳍短小，无硬刺。胸鳍骨质硬刺前缘具弱锯齿，后缘锯齿强硬。尾鳍微凹。生活时体呈灰褐色，体侧色浅，具不规则的灰黑色斑块，腹面白色。

生活习性： 喜生活于水草多、水流较缓的泥底环境。为肉食性鱼类，以虾、小鱼为食。

种群状况： 数量多，是重要的经济鱼类。

地理分布： 广西各地广泛分布。

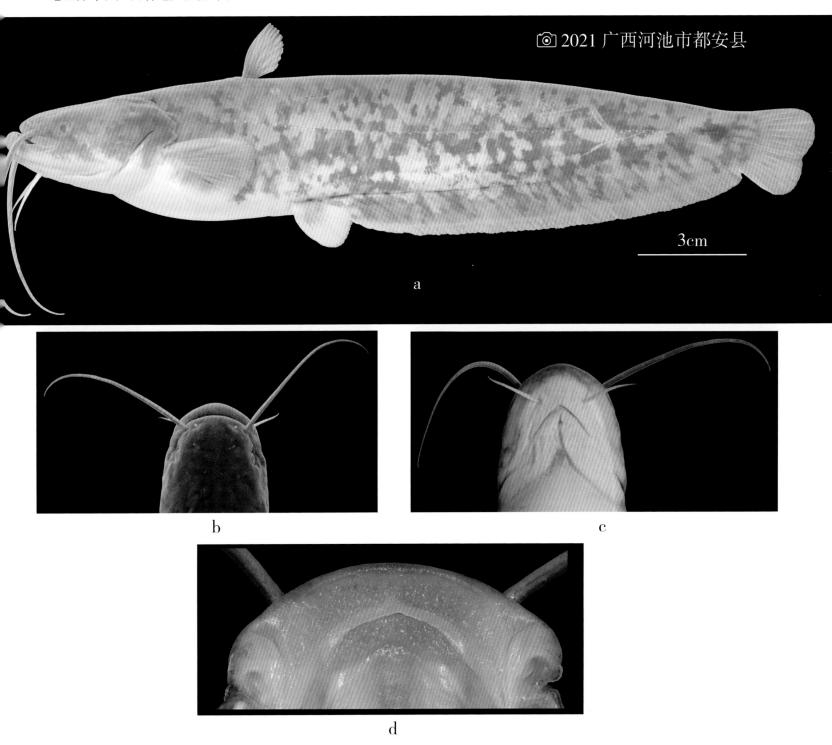

2021 广西河池市都安县

3cm

a

b

c

d

272. 都安鲇 *Silurus duanensis* Hu, Lan & Zhang, 2004

分类地位：鲇形目 Siluriformes 鲇科 Siluridae 鲇属 *Silurus*。

鉴别特征：体延长，背鳍以后侧扁。吻圆钝且平扁。口大，次上位，下颌突出于上颌（图 a、b）。犁骨齿形成左右各一条齿带（图 d）。眼小。前、后鼻孔分隔较远，前鼻孔呈短管状，向前开口。须 2 对（图 b、c），颌须较长，后伸超过胸鳍起点；颏须较颌须为短。背鳍基短，无硬刺。臀鳍基长，后端与尾鳍相连处有一缺刻（图 a）。胸鳍硬刺前缘具颗粒状小突起，后缘具弱锯齿。尾鳍近平截或略凹。体棕黄色，背上部略黑；通体无斑纹。

生活习性：穴居性鱼类。

种群状况：种群数量少，但个体较大。

地理分布：分布于广西河池市都安县、南丹县，百色市凌云县，桂林市恭城县等地的地下河。

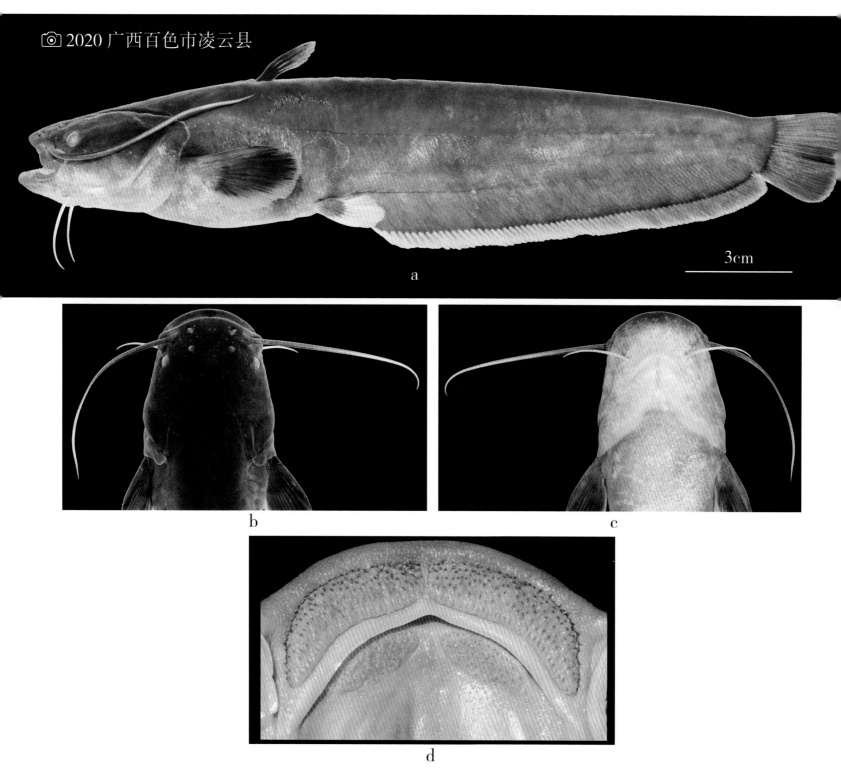

2020 广西百色市凌云县

3cm

a

b

c

d

273. 大口鲇 *Silurus meridionalis* Chen, 1977

分类地位： 鲇形目 Siluriformes 鲇科 Siluridae 鲇属 *Silurus*。

鉴别特征： 体延长，前部短而粗圆，后部长而侧扁。口大，下颌突出于上颌，下颌齿明显外露（图 b）。口裂深，后伸达眼球中央垂直下方（图 c）。眼小。须 2 对，颌须后伸可达腹鳍起点；颏须后伸达鳃盖后缘，犁骨的齿带连成一片（图 d），侧线完全。背鳍基短。胸鳍具硬刺，硬刺前缘具颗粒状突起。臀鳍基长，后端与尾鳍相连（图 a）。尾鳍小，略凹。体灰褐色，腹部灰白色；体侧具不规则灰黑色云斑。

生活习性： 生活于水面宽阔的江、河，是凶猛的肉食性鱼类。

种群状况： 重要的人工养殖经济鱼类。

地理分布： 广西各地均有养殖。

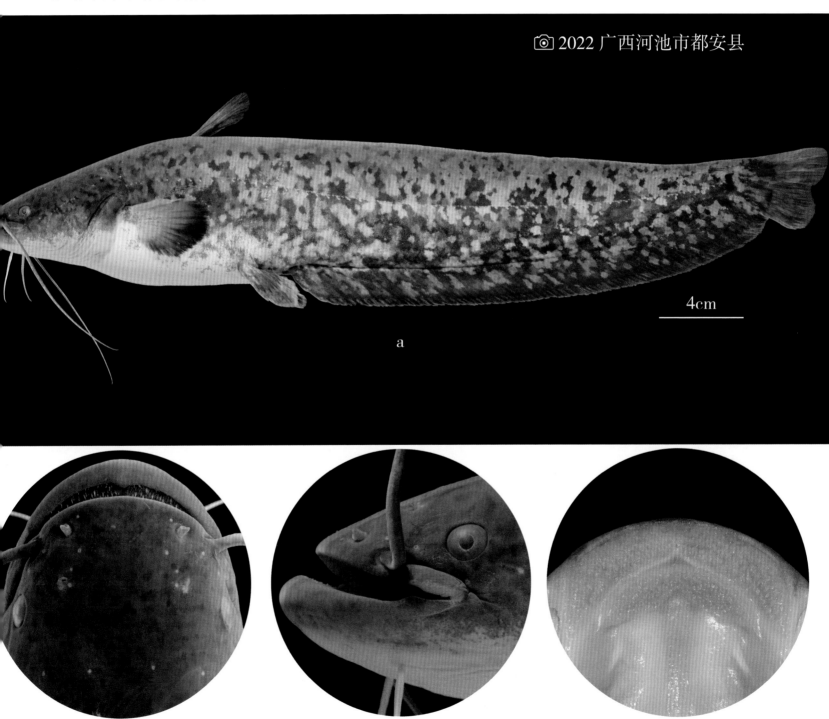

📷 2022 广西河池市都安县

4cm

a

b   c   d

胡子鲇科 Clariidae

274. 胡子鲇 *Clarias fuscus* (Lacépède, 1803)

分类地位： 鲇形目 Siluriformes 胡子鲇科 Clariidae 胡子鲇属 *Clarias*。

鉴别特征： 体延长，头部平扁，体后部侧扁。口大，亚下位。上颌略突出于下颌。眼很小。须 4 对（图 a、b、c），颌须最长，末端一般超过胸鳍，鼻须末端后伸略过鳃孔，颏须 2 对。背鳍基长，无硬刺，鳍条隐于皮膜内；背鳍条 54～64 根。臀鳍基长，但短于背鳍基。胸鳍小，硬刺前缘粗糙，后缘具弱锯齿。腹鳍小，起点位于背鳍起点垂直下方之后。尾鳍圆形。体褐黄色，体侧有一些不规则的白色小斑点。

生活习性： 适应性强，在水沟、稻田、池塘、小河、洞穴均可生存。

种群状况： 种群数量多。经济鱼类，可人工养殖。

地理分布： 广西各地均有分布，亦有人工养殖。

2021 广西河池市都安县

3cm

a

b

c

275. 革胡子鲇 *Clarias gariepinus* (Burchell, 1822)

分类地位： 鲇形目 Siluriformes 胡子鲇科 Clariidae 胡子鲇属 *Clarias*。

鉴别特征： 体延长，头部平扁，体后部侧扁。口大，亚下位。上颌略突出于下颌。眼很小。须 4 对（图 a～c），颌须最长，末端一般超过胸鳍，鼻须末端后伸略过鳃孔，颏须 2 对。背鳍基长，无硬刺；背鳍条 64～76 根。臀鳍基长，但短于背鳍基。胸鳍小，硬刺前缘粗糙，后缘具弱锯齿。腹鳍小，起点位于背鳍起点垂直下方之后。尾鳍圆形。体侧有一些不规则的黑色斑点和灰白色云状斑块（图 a）。

生活习性： 以小鱼、虾为主食的肉食性鱼类，生长快，繁殖力强。

种群状况： 数量较多的经济鱼类，可人工养殖。

地理分布： 外来物种，在各地江河偶有发现自然分布。

©2022 广西河池市都安县

3cm

a

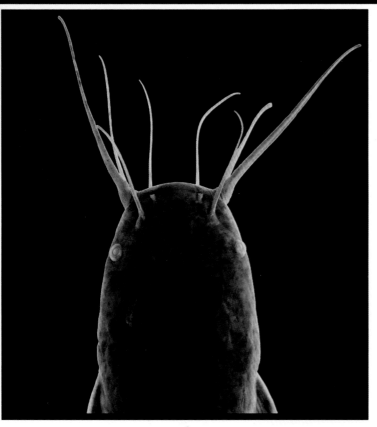

b

c

长臀鮠科 Cranoglanididae

276. 长臀鮠 *Cranoglanis bouderius* (Richardson, 1846)

分类地位： 鲇形目 Siluriformes 长臀鮠科 Cranoglanididae 长臀鮠属 *Cranoglanis*。

鉴别特征： 体延长，侧扁。头近锥形。枕突长，后延几达背鳍起点。口亚下位，上颌长于下颌。后鼻孔之前有一鼻须，可伸达眼。颌须后伸超过胸鳍起点（图 a）。颏须 2 对。背鳍高，最长硬刺略短于最长分枝鳍条，后缘具锯齿。腹鳍分枝鳍条 10 ~ 11 根。脂鳍小（图 a）。臀鳍基长，具 26 ~ 34 根分枝鳍条（图 a）。腹鳍超过臀鳍起点。肛门紧靠臀鳍基。尾鳍深分叉。活体浅褐色，腹部略白。鳍条灰白色，基部黄色。

生活习性： 栖息于江河底层。肉食性，以小鱼、虾为食。

种群状况： 数量较少。

地理分布： 红水河、柳江、桂江、浔江和邕江均有分布。

📷 2021 广西河池市都安县

4cm

a

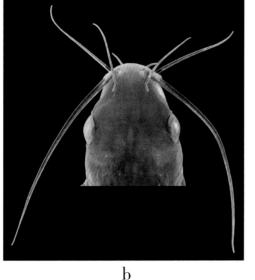

b

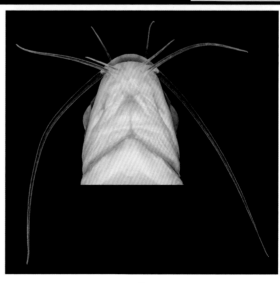

c

鲇科 Pangasiidae

277. 克氏鲇 *Pangasius krempfi* Fang & Chaux, 1949

分类地位: 鲇形目 Siluriformes 鲇科 Pangasiidae 鲇属 *Pangasius*。

鉴别特征: 体延长, 后部侧扁。背部平直, 腹部圆。头平扁, 吻短而宽。眼侧下位, 口亚下位, 须 2 对, 背鳍和胸鳍具强棘。腹鳍无棘, 具 6 根鳍条。脂鳍小 (图 a)。尾鳍叉形。侧线明显。腹部自腹鳍基部至肛门, 具一明显的皮质棱突 (图 b)。体侧及背部青灰色, 腹部银灰色; 背鳍、腹鳍和尾鳍具浅灰色边缘。

生活习性: 洄游鱼类。

种群状况: 种群数量少。

地理分布: 分布于北部湾沿海及其入海河流中。

2021 广西北海市合浦县

5cm

a

鲿科 Bagridae

278. 黄颡鱼 *Pelteobagrus fulvidraco* (Richardson, 1846)

分类地位： 鲇形目 Siluriformes 鲿科 Bagridae 黄颡鱼属 *Pelteobagrus*。

鉴别特征： 体延长，粗壮，后躯侧扁。口大，下位。须粗壮（图 a、b）；鼻须位于后鼻孔前缘；颌须 1 对；颏须 2 对。侧线完全（图 a）。背鳍较小，具骨质硬刺，前缘光滑，后缘具细锯齿。胸鳍硬刺前缘锯齿细小而多（图 c），后缘锯齿粗壮而少。脂鳍小，后缘游离。尾鳍深分叉，末端圆。体橄榄褐色，腹部浅黄色。腹鳍与臀鳍上方各有一深色横带。尾鳍两叶中部各有一暗色纵条纹。

生活习性： 适应性很强，栖息于江河底层，为小型的肉食性鱼类。

种群状况： 重要的经济鱼类，可人工养殖。

地理分布： 广西各地均有分布，亦有人工养殖。

2020 广西河池市都安县

2cm

a

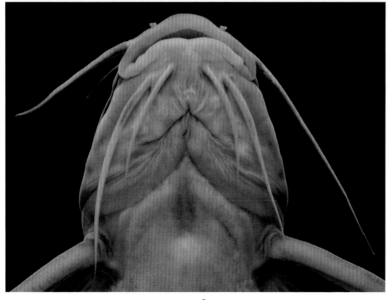

b

c

279. 中间黄颡鱼 *Pelteobagrus intermedius* Nichols & Pope, 1927

分类地位： 鲇形目 Siluriformes 鲿科 Bagridae 黄颡鱼属 *Pelteobagrus*。

鉴别特征： 体延长，前部略圆，后部侧扁。口下位，弧形。须 4 对，较弱（图 a、b）。侧线完全（图 a）。背鳍刺前缘光滑，后缘有弱锯齿。脂鳍末端游离（图 a）。胸鳍刺前、后缘均有锯齿，前缘锯齿细小（图 c），后缘锯齿强硬。尾鳍叉形。体侧、体背淡黄色，腹部色淡。背鳍前具一鞍状浅色斑，背鳍下方和臀鳍上方各有一暗色斑块。

生活习性： 小型肉食性鱼类。

种群状况： 数量少。

地理分布： 分布于十万大山的上思县及沿海各单独入海河流。

2020 广西防城港市上思县

2cm

a

b

c

280. 瓦氏黄颡鱼 *Pelteobagrus vachelli* (Richardson, 1846)

分类地位：鲇形目 Siluriformes 鲿科 Bagridae 黄颡鱼属 *Pelteobagrus*。

鉴别特征：体长形，前部略圆，后部侧扁。口下位，弧形（图 b）。须 4 对。侧线完全（图 a）。背鳍刺前缘光滑，后缘粗糙。脂鳍末端游离（图 a）。胸鳍刺前缘光滑（图 c），后缘具强锯齿。尾鳍叉形。体灰褐色，略黄，腹部色淡。背鳍和尾鳍末端暗褐色。

生活习性：小型肉食性鱼类。

种群状况：种群数量多，是江河小型经济鱼类。

地理分布：西江流域均有分布。

📷 2020 广西河池市都安县

2cm

a

b

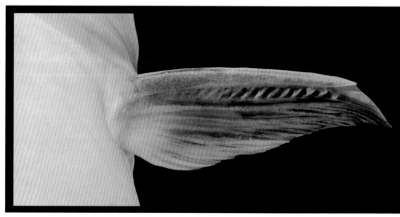

c

281. 长吻鮠 *Leiocassis longirostris* Güther, 1960

分类地位： 鲇形目 Siluriformes 鲿科 Bagridae 鮠属 *Leiocassis*。

鉴别特征： 体延长，前部略粗壮，后部侧扁。吻尖且突出（图 a），上枕骨棘裸露，口下位，上颌突出于下颌。眼小，侧上位。须 4 对，均细弱（图 a、b、c）。背鳍短小，骨质硬刺后缘具细弱锯齿。脂鳍短。胸鳍硬刺前缘光滑，后缘具齿。腹鳍起点位于背鳍基后下方（图 a）。尾鳍深分叉，上、下叶等长，末端圆钝。体淡红色，背部暗灰色；各鳍略黄。

生活习性： 肉食性鱼类，个体较大生长快。

种群状况： 人工养殖数量多。

地理分布： 在广西无天然分布，均为人工养殖。

📷 2020 广西河池市天峨县

4cm

a

b

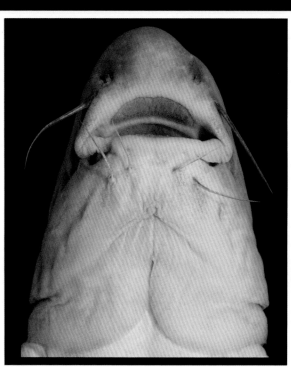

c

282. 粗唇鮠 *Leiocassis crassilabris* Güther, 1864

分类地位：鲇形目 Siluriformes 鲿科 Bagridae 鮠属 *Leiocassis*。

鉴别特征：体延长，前部略粗壮，后部侧扁。头钝。口下位。须4对，均细弱（图a、c），鼻须后伸达眼部（图a、b），颌须可达鳃盖骨。背鳍短小，骨质硬刺后缘具细弱锯齿。脂鳍发达（图a），长于臀鳍，其起点位于臀鳍起点之前。胸鳍硬刺前缘光滑（图b、c），后缘齿发达。腹鳍起点位于背鳍基后垂直下方。尾鳍深分叉，上、下叶等长，末端圆钝。体灰褐色；体侧背鳍基、脂鳍基和尾鳍基部各具一黑色横带。

生活习性：以寡毛类、小型软体动物、虾、蟹及小鱼为食，8~9月在浅水草丛中产黏性卵。

种群状况：种群数量多，是江河经济鱼类之一。

地理分布：分布于红水河、邕江、左江、右江、柳江、桂江、漓江、濛江和浔江等河流。

2020 广西河池市都安县

3cm

a

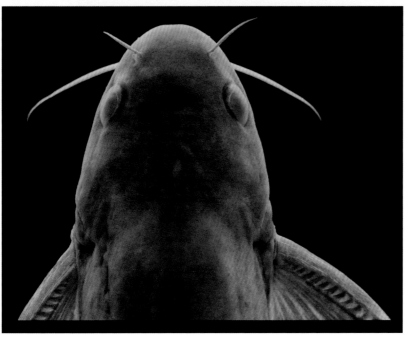

b

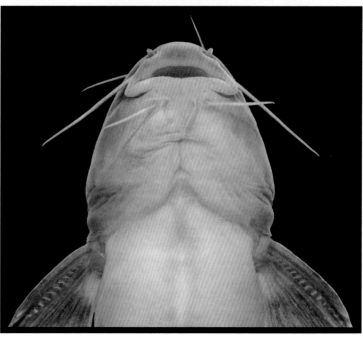

c

283. 条纹鮠 *Leiocassis virgatus* (Oshima, 1926)

分类地位： 鲇形目 Siluriformes 鲿科 Bagridae 鮠属 *Leiocassis*。

鉴别特征： 体较小，延长，前部略粗壮，后部侧扁。头钝。口下位。须 4 对，均细弱。颌须短于头长，伸达胸鳍起点。背鳍短小，骨质硬刺后缘具细弱锯齿。脂鳍发达（图 a）。胸鳍硬刺前缘光滑（图 b、c、d），后缘齿发达。尾鳍深分叉，上、下叶等长，末端圆钝。体侧和尾鳍上、下两叶各有 1 条暗色纵带纹（图 a）。

生活习性： 以小鱼、虾为主要食物的杂食性小型鱼类。

种群状况： 数量较少。

地理分布： 西江流域各河流及沿海各单独入海河流均有分布。

© 2020 广西防城港市防城区

1cm

a

1cm

b

c

d

284. 纵带鮠 *Leiocassis argentivittatus* (Regan, 1905)

分类地位： 鲇形目 Siluriformes 鲿科 Bagridae 鮠属 *Leiocassis*。

鉴别特征： 体延长，粗壮。头短，吻钝。口下位，弧形（图 c）。上颌长于下颌。眼大，侧上位。鼻须后伸超过眼后缘，颌须超过胸鳍起点（图 a、b、c），颏须 2 对。背鳍骨质硬刺后缘光滑或具弱锯齿。脂鳍基短于臀鳍基。臀鳍较短，臀鳍分枝鳍条 12～15 根（图 a）。胸鳍硬刺前缘光滑，后缘具强锯齿（图 b、c）。尾鳍深分叉。体黄褐色，腹部色浅，体侧有 1 条暗色纵带，前端至吻，后端分叉伸入尾鳍上、下叶（图 a）；体侧上、下各有 1 条黑色纵带。背鳍和脂鳍有暗色斑块。

生活习性： 以水生昆虫、底栖动物、小鱼虾为食的杂食性底层鱼类。

种群状况： 个体小，数量多，为常见种。

地理分布： 分布于红水河、柳江、濛江、邕江、浔江和西江。

📷2021 广西河池市都安县

1cm

a

b

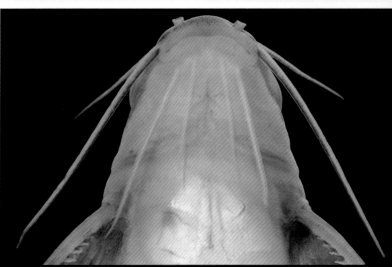

c

285. 细长拟鲿 *Pseudobagrus gracilis* Li, Chen & Chan, 2005

分类地位： 鲇形目 Siluriformes 鲿科 Bagridae 拟鲿属 *Pseudobagrus*。

鉴别特征： 体细长，体长为体高的 4.5 倍以上。头平扁。吻宽，钝圆。口下位，上颌突出于下颌。须 4 对，细小（图 a、c）。尾柄细长，尾柄高等于或小于头长的 1/3（图 a）。背鳍短，骨质硬刺前后缘均光滑。脂鳍低长，末端游离（图 a）。臀鳍起点位于脂鳍起点垂直下方之前。胸鳍硬刺前缘光滑（图 b、c），后缘具锯齿 8 ~ 10 枚。尾鳍凹入，上、下叶末端圆钝（图 a）。体褐色，腹部颜色略浅，通体无斑。

生活习性： 小型肉食性鱼类，生活于河流底层，在支流中上游，河流多砾石、沙石河段。

种群状况： 数量少。

地理分布： 分布于柳江、漓江和桂江。

📷 2021 广西来宾市金秀县

2cm

a

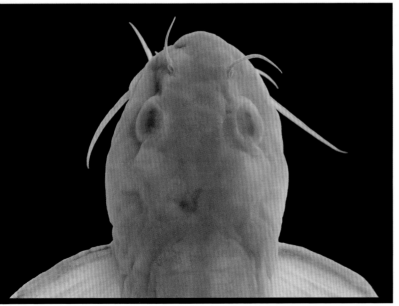

b

c

286. 蓝氏拟鲿 *Pseudobagrus lani* (Cheng, Shao, López & Zhang, 2021)

分类地位： 鲇形目 Siluriformes 鲿科 Bagridae 拟鲿属 *Pseudobagrus*。

鉴别特征： 体延长，胸部粗圆，向后渐侧扁。头宽而平扁。吻钝圆，宽扁。口下位，闭合时上颌前端稍外露。须细短（图 a、b、c）。体裸露无鳞。侧线完全。背鳍短，背鳍刺后缘有弱锯齿。脂鳍后端圆凸，底部游离。胸鳍有 1 根后缘带锯齿的硬刺。尾鳍发达，后缘圆形或微凹。体褐色，腹部略白。尾鳍边缘灰白色（图 a）。

生活习性： 以水生昆虫、小鱼虾为食的杂食性鱼类。生活于山区的溪流，喜欢清澈透明、水温较低的环境。

种群状况： 种群数量少。

地理分布： 分布于广西来宾市金秀县大瑶山和南宁市上林县大明山，桂江、柳江各支流山区均有分布。

📷 2021 广西桂林市永福县

2cm

a

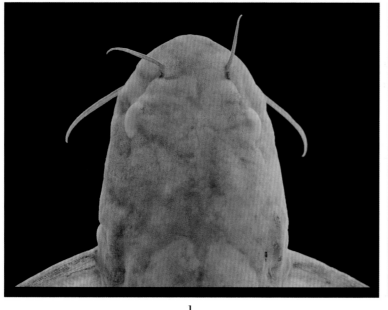

b

c

287. 越鲿 *Mystus pluriradiatus* (Vaillant, 1904)

分类地位： 鲇形目 Siluriformes 鲿科 Bagridae 鲿属 *Mystus*。

鉴别特征： 体延长，后部侧扁。头宽，略平扁。吻宽而钝。口大，下位。上颌突出于下颌。后鼻孔前缘具鼻须，末端超过眼前缘；口角须长，后端超过腹鳍起点（图 a）；颌须 2 对。体光滑无鳞。背鳍短，硬刺前缘、后缘均光滑（图 a、b）。脂鳍后缘游离（图 a、c）。胸鳍硬刺前缘光滑或粗糙（图 e）。腹鳍起点位于背鳍基后端垂直下方略前。臀鳍基短，起点位于脂鳍起点之后。脂鳍长为臀鳍的 2 倍，后缘略圆且游离。尾鳍分叉，上叶延长或呈丝状（图 a、d）。体呈灰褐色，腹部色浅。

生活习性： 肉食性底层鱼类，4~7 月为产卵期。

种群状况： 种群数量少。

地理分布： 北仑河及广西沿海单独入海河流有分布。

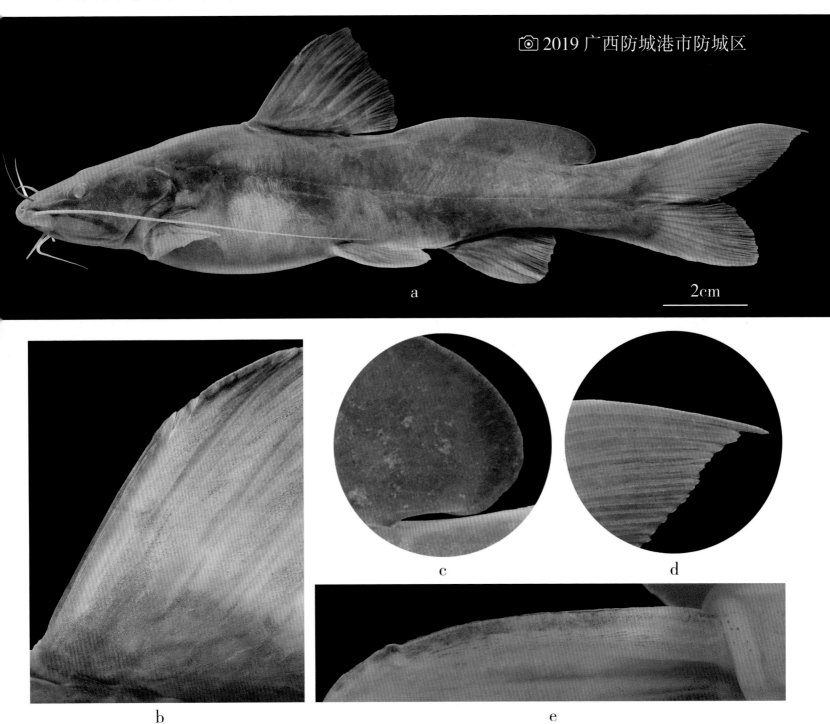

📷 2019 广西防城港市防城区

2cm

a

b

c

d

e

288. 斑鱯 *Mystus guttatus* (Lacépède, 1803)

分类地位： 鲇形目 Siluriformes 鲿科 Bagridae 鱯属 *Mystus*。

鉴别特征： 体延长，后部侧扁。头宽，略平扁。吻宽而钝。口大，下位。上颌稍突出于下颌。后鼻孔前缘具鼻须，末端达眼后缘；颌须长，后伸超过胸鳍后端；颏须 2 对。体光滑无鳞。背鳍短，骨质硬刺前缘光滑，后缘有弱锯齿（图 c）。脂鳍长，后缘略圆而游离（图 a、b）。臀鳍基短，起点位于脂鳍起点之后。胸鳍硬刺前缘有细小锯齿，后缘锯齿粗壮（图 d）。腹鳍起点位于背鳍基后端垂直下方略后。尾鳍分叉。体呈灰褐色，腹部色浅，体侧有大小不等零星的圆形黑色斑点（图 a、b）。背鳍、脂鳍和尾鳍有黑色小点。

生活习性： 肉食性底层鱼类，4～7 月为产卵期。

种群状况： 种群数量多，为国家二级重点保护野生动物。

地理分布： 西江流域广泛分布。

📷 2020 广西河池市都安县

3cm

a

b

c

d

289. 大鳍鳠 *Mystus macropterus* (Bleeker, 1870)

分类地位： 鲇形目 Siluriformes 鲿科 Bagridae 鳠属 *Mystus*。

鉴别特征： 体延长，后部侧扁。头宽，平扁。吻钝。口大，亚下位。上颌突出于下颌。后鼻孔前缘具鼻须，末端超过眼中央；颌须后伸达胸鳍条后端。外侧颏须长于内侧颏须，后端达胸鳍起点。鳃孔大。鳃盖膜不与鳃峡相连。鳃耙细长。体光滑无鳞。鳔 1 室。背鳍短小，骨质硬刺光滑。脂鳍长，后缘不游离（图 a、c）。胸鳍硬刺前缘具细锯齿，后缘锯齿发达，鳍条后伸不及腹鳍。腹鳍起点位于背鳍基后端垂直下方。尾鳍分叉，上叶长于下叶（图 a、c），末端圆钝。体浅褐色，腹部略白，体侧散布黑色小斑点（图 a），尾鳍后缘微黑。

生活习性： 肉食性鱼类。栖息在河流上游，小河有岩石、砾石河段。

种群状况： 种群数量少。

地理分布： 珠江流域广泛分布。

📷 2020 广西桂林市恭城县

2cm

a

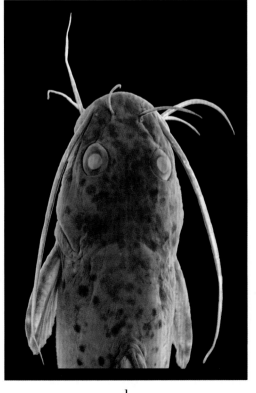

b

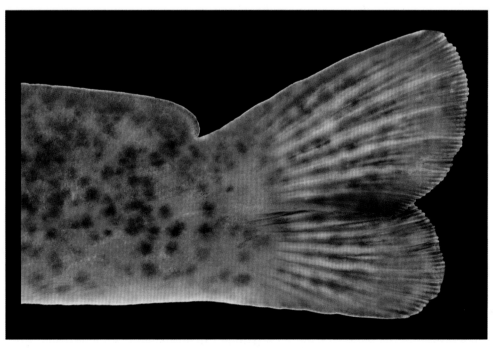

c

鲱科 Sisoridae

290. 长尾鲱 *Pareuchiloglanis longicauda* (Yue, 1981)

分类地位： 鲇形目 Siluriformes 鲱科 Sisoridae 鲱属 *Pareuchiloglanis*。

鉴别特征： 体长形，前躯平扁，后躯侧扁，尾柄细长（图a）。头宽，平扁。吻宽而圆。口下位，弧形（图c、e）。上、下颌具齿带。须4对；鼻须1对，后伸将达眼前缘（图a、b、d）。眼小，侧上位。前、后鼻孔相邻。鳃孔窄，下角伸达胸鳍第一不分枝鳍条的上部。背鳍无硬刺，起点距吻端较距脂鳍起点为远。脂鳍末端尖，游离。胸鳍及腹鳍的基部宽厚。胸鳍不达腹鳍。尾鳍平截（图a）。背部棕褐色，腹部黄色。上枕骨两侧各有一黄色斑点。背鳍起点向前两侧各有一椭圆形黄斑（图b、d）。脂鳍起点有一纵椭圆形黄斑。脂鳍灰黄色。

生活习性： 小型肉食性鱼类。栖息于山区小河、溪流多岩石、砾石河段。

种群状况： 种群数量很少。

地理分布： 分布于西江水系的红水河、南盘江、北盘江等。

📷2019 广西百色市凌云县

a

1cm

b

1cm

2cm

c

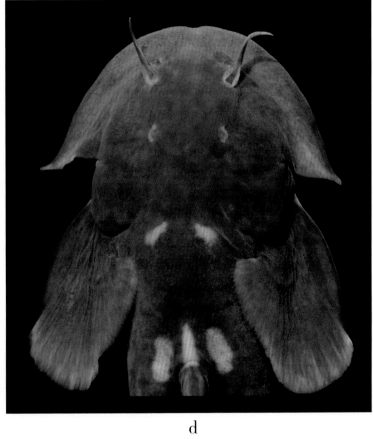

d

e

291. 中华纹胸鳅 *Glyptothorax sinensis* (Regan, 1908)

分类地位： 鲇形目 Siluriformes 鳅科 Sisoridae 纹胸鳅属 *Glyptothorax*。

鉴别特征： 体粗短。头宽而平扁。吻宽，平扁。口下位。须 4 对。胸部在鳃孔下后方有纹状吸着器（图 c、e）。侧线
完全。背鳍短，其硬刺粗壮，后缘具弱锯齿，背鳍起点位于腹鳍的前上方。脂鳍短而高（图 a）。臀鳍短。
胸鳍水平伸展，硬刺内缘有锯齿。尾鳍叉形（图 a）。体橄榄色。背鳍起点有鞍状黄斑（图 a、b、d）。
背鳍和脂鳍下方具灰黑色横斑。尾鳍基部均有不明显的暗斑。

生活习性： 喜生活在河流源头区的溪流水体。

种群状况： 种群数量少，但分布较广。

地理分布： 分布于红水河、漓江、桂江、柳江、左江、右江，单独入海河流亦有分布。

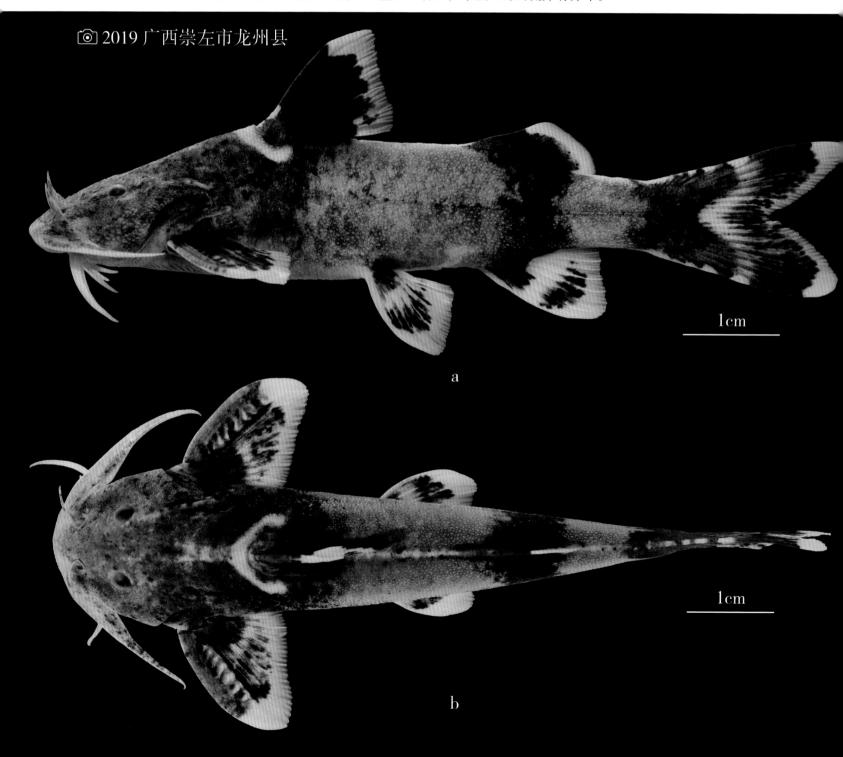

2019 广西崇左市龙州县

1cm

a

1cm

b

c

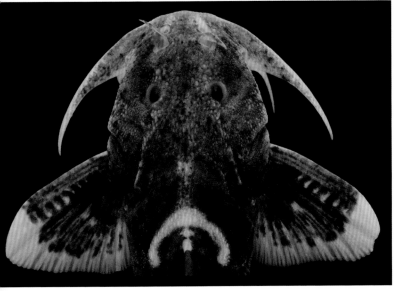

d

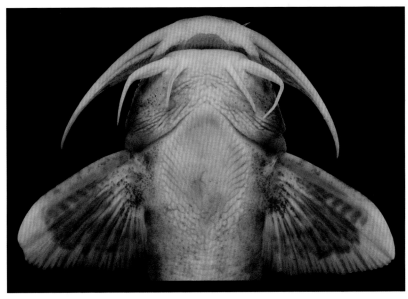

e

292. 红魾 *Bagarius rutilus* Ng & Kottelat, 2000

分类地位： 鲇形目 Siluriformes 鮡科 Sisoridae 魾属 *Bagarius*。

鉴别特征： 体延长。头宽而扁。头背面散布较多的细长结节状突起。吻钝圆，两颊鼓起。眼椭圆形。口横裂，上颌长于下颌（图 c）。须 4 对。前、后鼻孔接近（图 b）。犁骨齿带 1 行。背鳍小，有皮膜覆盖。脂鳍后端与尾鳍不相连。胸鳍刺光滑无锯齿，刺端为延长的软条（图 b）。尾鳍深分叉，上、下叶末端延长成丝（图 a）。体棕黄色，腹面颜色略淡，臀鳍与尾鳍有浅色窄边。

生活习性： 肉食性，主要以小鱼、小虾为食。个体较大。肉呈黄色，故又称南瓜鱼。

种群状况： 种群数量少。

地理分布： 分布于百色市那坡县百都河，属红河水系。

📷 2015 广西百色市那坡县

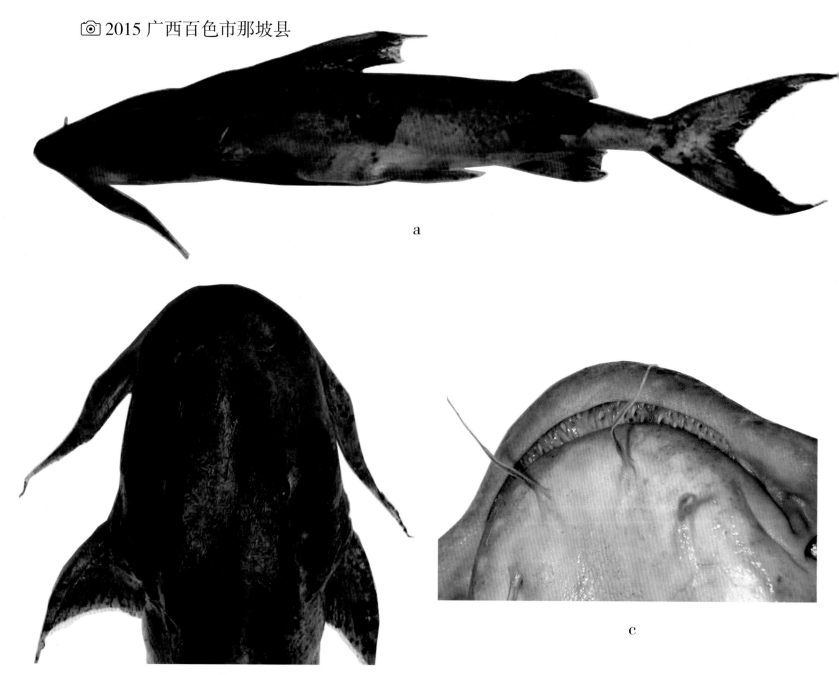

a

b

c

钝头鮠科 Amblycipitidae

293. 后背修仁鮠 *Xiurenbagrus dorsalis* Xiu, Yang & Zheng, 2014

分类地位： 鲇形目 Siluriformes 钝头鮠科 Amblycipitidae 修仁鮠属 *Xiurenbagrus*。

鉴别特征： 体细长，头平扁，吻较圆。口下位，上颌显著突出于下颌之前。犁骨齿带分离，呈2行。须4对，颌须最长，口角须长大于头长（图 a、b）。无眼（图 b）。鳃盖膜不与峡部相连。背鳍较后，胸鳍后伸远不达背鳍起点（图 a、b）；腹鳍起点约与背鳍第4～5根分枝鳍条相对。胸鳍刺内缘光滑无锯齿；脂鳍末端与尾鳍相连（图 a）。尾柄长大于臀鳍基长；臀鳍分枝鳍条9根。体淡红色，无色素，各鳍透明。

生活习性： 生活在底质为石砾、流速较快的地下河。

种群状况： 种群数量极少。

地理分布： 分布于广西贺州市富川县境内地下河。

◎ 2011 广西贺州市富川县

a

b

c

294. 等颌鲱 *Liobagrus aequilabris* Wright & Ng, 2008

分类地位： 鲇形目 Siluriformes 钝头鮠科 Amblycipitidae 鲱属 *Liobagrus*。

鉴别特征： 体延长。头宽而扁。吻钝圆，两颊鼓起。口横裂，上颌稍长于下颌（图 c、e）。须 4 对，鼻须粗壮（图 a、b、d）。前、后鼻孔接近。犁骨齿带连续，1 行。背鳍小，有皮膜覆盖。脂鳍后端与尾鳍相连（图 a）。胸鳍刺光滑无锯齿。尾鳍圆形（图 a）。体棕黄色，腹面颜色略淡，臀鳍与尾鳍有淡色窄边。

生活习性： 生活在山溪、小河，河底多砾石、沙石河段。

种群状况： 种群数量少。

地理分布： 分布于珠江流域的柳江、桂江上游。

📷 2019 广西柳州市鹿寨县

1cm

a

1cm

b

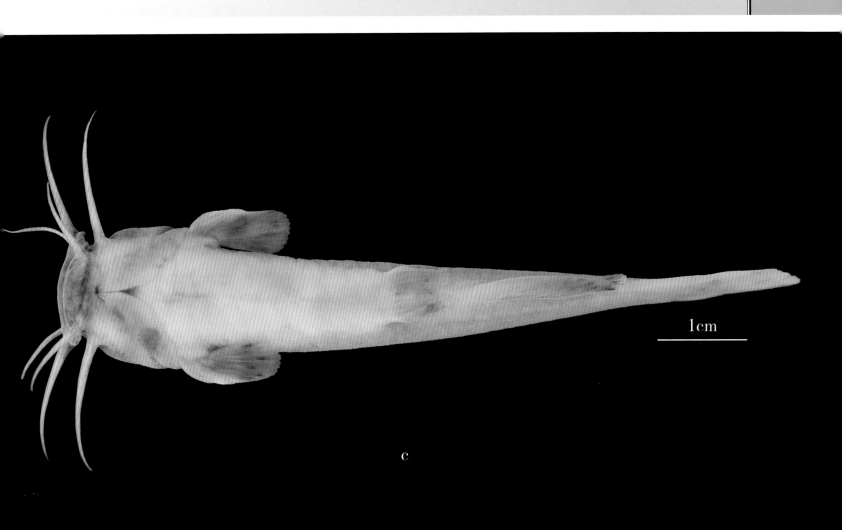

1cm

c

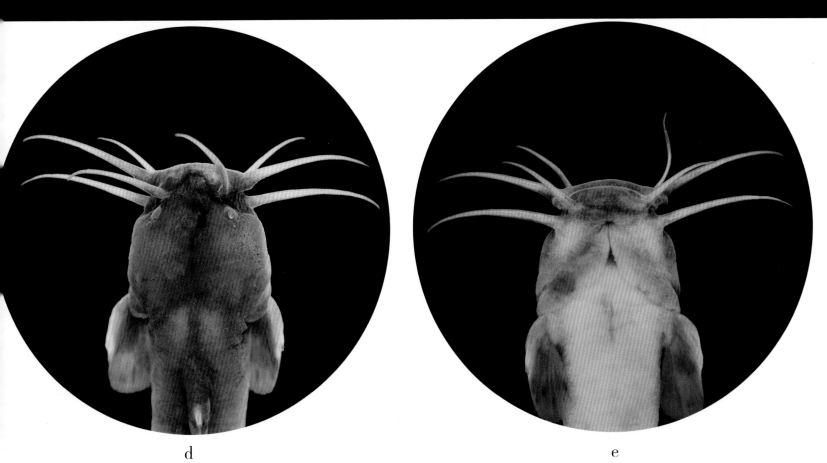

d   e

295. 修仁鮠 *Xiurenbagrus xiuenensis* (Yue, 1981)

分类地位： 鲇形目 Siluriformes 钝头鮠科 Amblycipitidae 修仁鮠属 *Xiurenbagrus*。

鉴别特征： 体延长，较小。头平扁。吻较圆。口下位，上颌长于下颌（图 c、e）。犁骨齿带分离，呈 2 行。须 4 对，颌须最长。眼小，两鼻孔相邻，鳃盖膜不与峡部相连，背鳍分枝鳍条 6 根，胸鳍刺内缘有锯齿。脂鳍后端游离，脂鳍起点与臀鳍起点相对或略前（图 a）。臀鳍短，不达尾鳍基。尾鳍内凹或平截（图 a）。体褐棕色，腹部淡黄色，背鳍、脂鳍、臀鳍和尾鳍的边缘略白。

生活习性： 肉食性鱼类，以小鱼、虾为食。

种群状况： 种群数量极少。

地理分布： 分布于漓江、桂江、恭城河、荔浦修仁河等。

📷 2002 广西桂林市恭城县

a

1cm

b

1cm

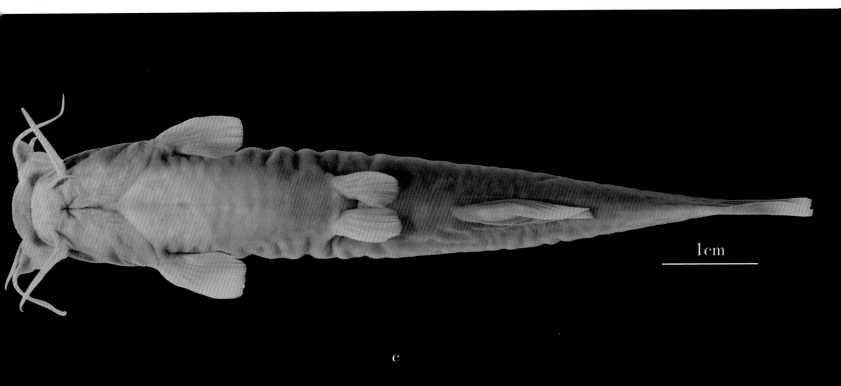

c

1cm

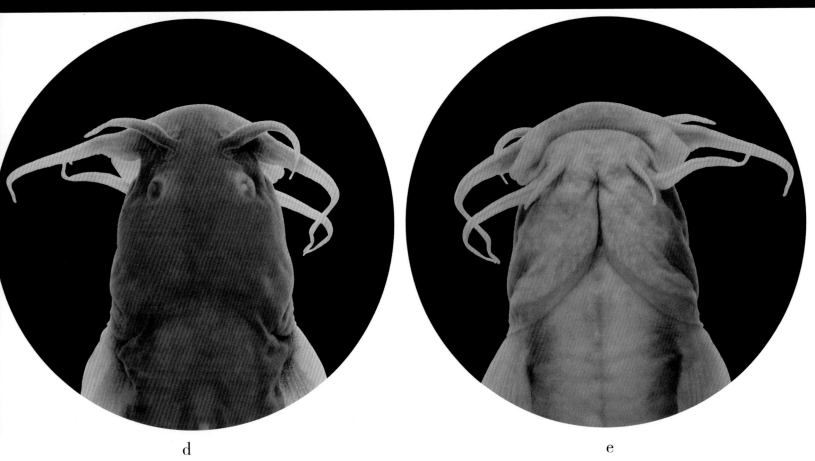

d　　　　　　　　　　　　　　　　　　e

296. 巨修仁鮠 *Xiurenbagrus gigas* Zhao, Lan & Zhang, 2004

分类地位：鲇形目 Siluriformes 钝头鮠科 Amblycipitidae 修仁鮠属 *Xiurenbagrus*。

鉴别特征：体延长。头平扁，头长大于头宽。吻较圆。口下位，上颌长于下颌（图 c、e）。犁骨齿带分离，呈 2 行。须 4 对，鼻须粗壮（图 a、b、d），前、后鼻孔接近（图 a、b、d）。颌须最长，眼小，两鼻孔相邻，鳃盖膜不与峡部相连，背鳍分枝鳍条 6 根，胸鳍刺内缘有锯齿。脂鳍后端游离，脂鳍起点远在臀鳍起点之前（图 a）。臀鳍短，不达尾鳍基。尾鳍内凹或平截（图 a）。体褐棕色，腹部淡黄色，背鳍、臀鳍和尾鳍的边缘略白（图 a）。

生活习性：肉食性鱼类，以小鱼、虾为食。

种群状况：种群数量极少。

地理分布：分布于红水河干流的都安县、天峨县境内河段。

📷 2020 广西河池市天峨县

3cm

a

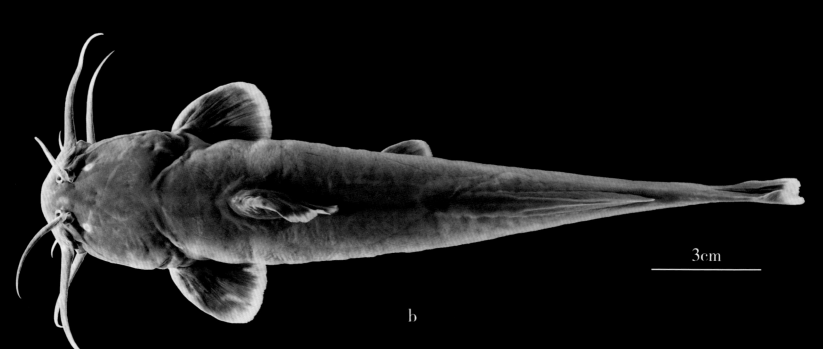

3cm

b

3cm

c

d   e

鮰科 Ictaluridae

297. 斑点叉尾鮰 *Ictalurus punctatus* (Rafinesgue, 1818)

分类地位： 鲇形目 Siluriformes 鮰科 Ictaluridae 鮰属 *Ictalurus*。

鉴别特征： 体延长。体背部较平直，腹部略圆。口亚下位，横裂。上、下颌着生有较尖的小齿。眼大。须 4 对。体表光滑无鳞。侧线孔明显。背鳍和胸鳍具硬棘，外缘光滑，内缘呈锯齿状；尾鳍深分叉（图 a）。体青绿色，体侧散布多个小于眼径的圆斑（图 a）。

生活习性： 性凶猛，肉食性，人工养殖生长速度快。

种群状况： 人工养殖数量多。

地理分布： 无天然分布，均为人工养殖。

2021 广西河池市都安县

2cm

a

b   c

甲鲇科 Loricariidae

298. 野翼甲鲇 *Pterygoplichthys disjunctivus* (Weber, 1991)

分类地位: 鲇形目 Siluriformes 甲鲇科 Loricariidae 甲鲇属 *Pterygoplichthys*。

鉴别特征: 体延长,头部平扁,后躯侧扁。吻宽而钝扁。眼小,侧上位,眼间隔宽大。口下位,口裂大而平直,上颌略为前突(图 c)。口角须 1 对。背鳍分枝鳍条 10～14 根(图 a)。胸鳍长,末端超过背鳍起点和腹鳍起点(图 a、b、d)。腹鳍末端可达臀鳍基。具脂鳍(图 a)。尾鳍上、下叶末端延长。体侧及胸腹部密布蠕虫状斑纹(图 a、d)。

生活习性: 人工养殖的观赏鱼类,对污水环境的适应性强。

种群状况: 原是人工养殖观赏鱼类,近年逃逸进入内陆江河大量繁殖并形成优势种群,在广西境内的南流江目前已占渔获量 60% 以上,泛滥成灾。

地理分布: 外来物种。目前,南流江、西江干流、柳江、右江、左江均有分布。

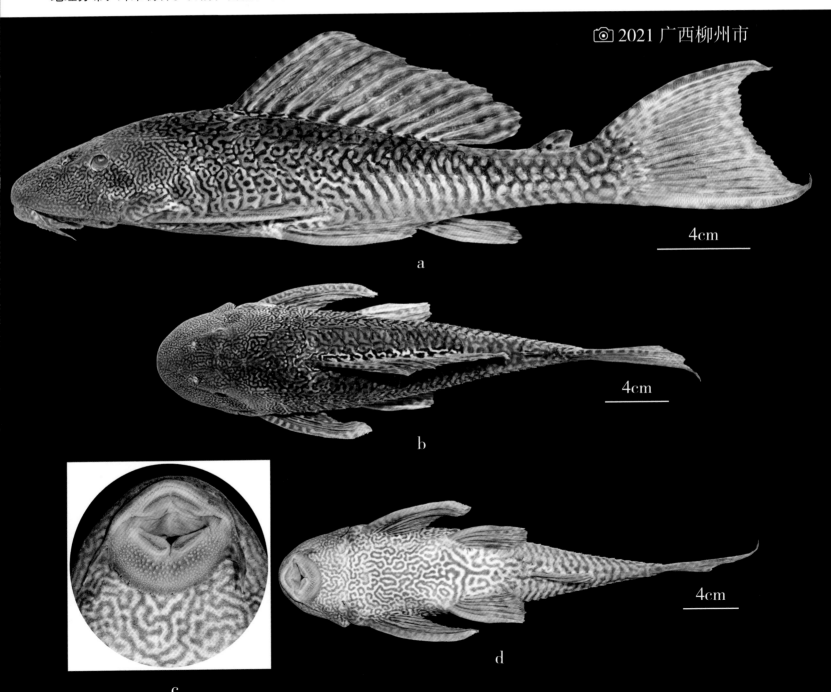

📷 2021 广西柳州市

4cm

a

4cm

b

4cm

c

d

鲻科 Mugilidae

299. 鮻 *Liza haematocheila* (Temminck & Schlegel, 1845)

分类地位： 鲻形目 Mugiliformes 鲻科 Mugilidae 鮻属 *Liza*。

鉴别特征： 体长形，后部侧扁。吻短钝，眼间隔宽而平坦。口小，亚下位。上颌有 1 行弱齿。无侧线。两个背鳍（图 a）；胸鳍后伸超过腹鳍起点；腹鳍位于第一背鳍之前；尾鳍略凹。体青灰色，略白。眼上缘呈红色。各鳍略灰。

生活习性： 河口性鱼类。

种群状况： 经济鱼类，数量多。

地理分布： 分布于各单独入海河流，西江梧州段也有分布。

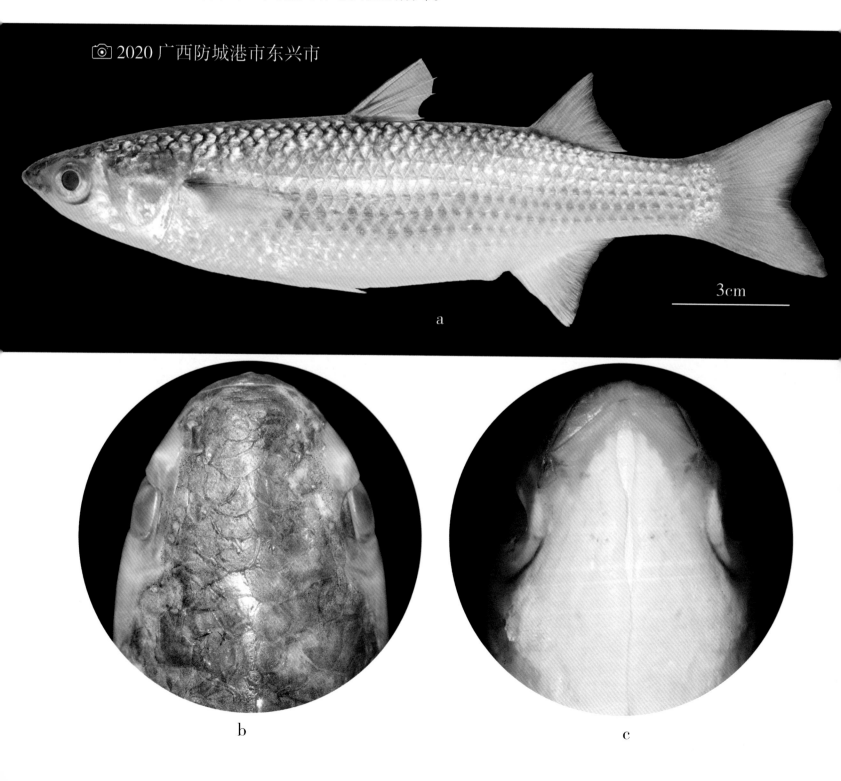

📷 2020 广西防城港市东兴市

3cm

a

b

c

鱵科 Hemiramphidae

300. 间下鱵 *Hyporhamphus intermedius* (Cantor, 1842)

分类地位： 颌针鱼目 Beloniformes 鱵科 Hemiramphidae 下鱵属 *Hyporhamphus*。

鉴别特征： 体细长；前部近圆柱形，后部侧扁。眼大，口小。下颌明显长于上颌，下颌延长呈针状（图 a、b、c）。体被圆鳞。尾鳍内凹，下叶长于上叶（图 a）。体银白色，背部暗绿色，体侧有一灰黑色纵带。

生活习性： 生活于近海沿岸及江河下游，为中上层鱼类，主要以浮游动物为食。

种群状况： 红水河都安段的乐滩库区，近年已大量繁殖，种群数量较多。

地理分布： 分布于红水河都安段和西江梧州段，为洄游鱼类。

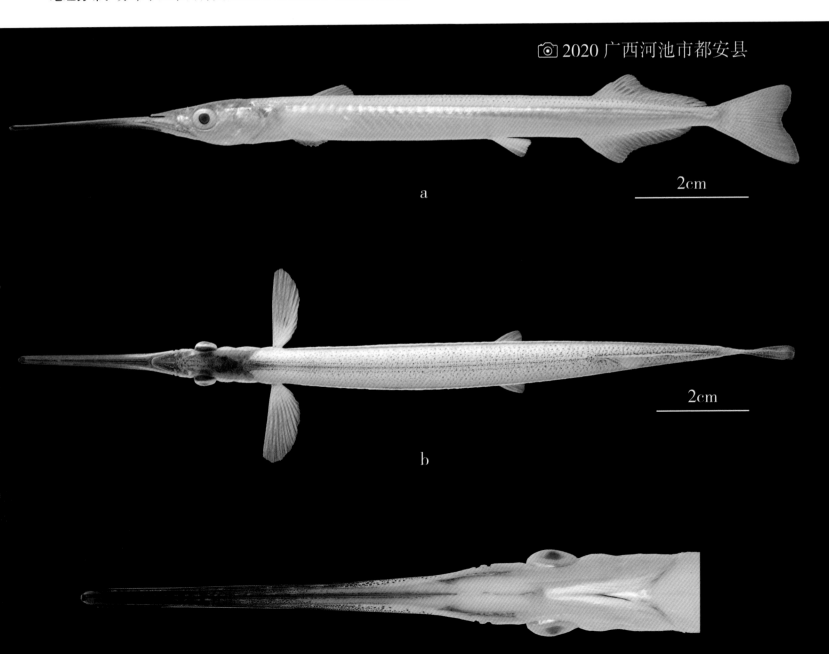

📷 2020 广西河池市都安县

2cm

a

2cm

b

怪颌鳉科 Adrianichthyidae

301. 青鳉 *Oryzias latipes* (Temminck & Schlegel, 1846)

分类地位： 颌针鱼目 Beloniformes 怪颌鳉科 Adrianichthyidae 青鳉属 *Oryzias*。

鉴别特征： 体小，细长。眼大，眼径大于吻长（图 a、b）。口小，上位（图 a、b）。体被圆鳞，纵列鳞 26 枚。背鳍后位，基底末端约与臀鳍底末端相对（图 a、c）。胸鳍后伸超过腹鳍起点。臀鳍长，分枝鳍条 17 根（图 a）。尾鳍截形（图 a、c）。体淡黄灰色，沿背缘正中有一黑色纵纹。

生活习性： 生活于沟塘及稻田等静水或缓流水体表层的小型鱼类。

种群状况： 小型鱼类，种群数量多。

地理分布： 广西各地均有分布。

📷 2022 广西河池市都安县

1cm

a

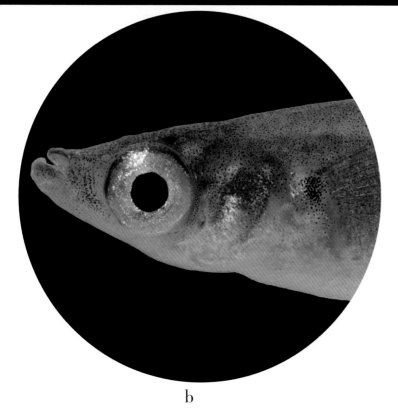

b

c

胎鳉科 Poeciliidae

302. 食蚊鱼 *Gambusia affinis* (Baird & Girard, 1853)

分类地位： 鳉形目 Cyprinodontiformes 胎鳉科 Poeciliidae 食蚊鱼属 *Gambusia*。

鉴别特征： 体小，长形，略侧扁，雄鱼稍细长，雌鱼腹缘圆凸。吻短，眼大。口小，上位，口裂横直，齿细小。体被圆鳞，纵列鳞 29~30 枚。胸鳍位高，基底上端约在体中轴水平线上。尾鳍圆形。

生活习性： 喜生活于水清的池塘等静水或缓流水体的表层。为卵胎生鱼类。

种群状况： 种群数量多。

地理分布： 外来物种。广西各地区均有分布。

2013 广西河池市都安县

合鳃鱼科 Synbranchidae

303. 黄鳝 *Monopterus albus* (Zuiew, 1793)

分类地位： 合鳃目 Synbranchiformes 合鳃鱼科 Synbranchidae 黄鳝属 *Monopterus*。

鉴别特征： 体如蛇形（图 a），尾短而尖。头膨大，略圆，吻端尖。口大，次下位，口裂超过眼后缘。左右鳃孔在腹面合二为一，鳃孔呈"V"形（图 c）。体裸露无鳞。体微黄乃至黄褐色，有不规则黑色斑点。

生活习性： 为底层生活鱼类，多夜间出外觅食。

种群状况： 种群数量多。

地理分布： 各地均有广泛分布。

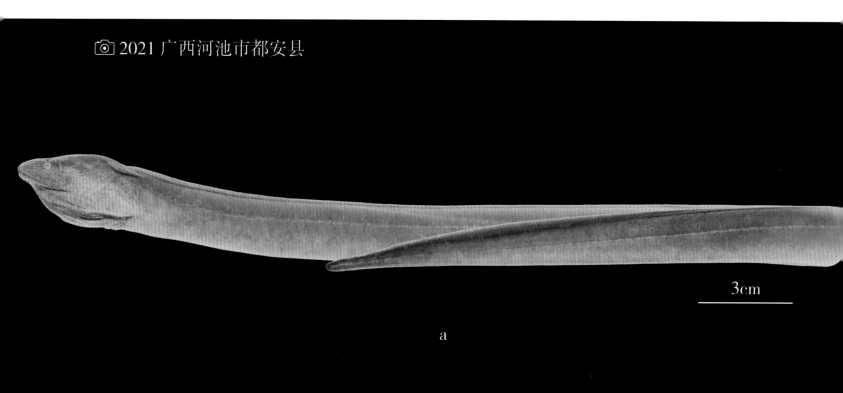

📷 2021 广西河池市都安县

3cm

a

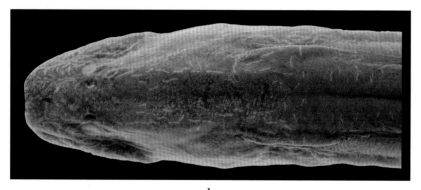

b

c

合鳃鱼科 Synbranchidae

真鲈科 Percichthyidae

304. 中国少鳞鳜 *Coreoperca whiteheadi* Boulenger, 1900

分类地位：鲈形目 Perciformes 真鲈科 Percichthyidae 少鳞鳜属 *Coreoperca*。

鉴别特征：体椭圆形，侧扁。头长与体高几乎相等。口端位，口裂大。上颌骨末端游离，后缘延伸到眼下方。体被小圆鳞。侧线完全。背鳍 13 根鳍棘，背鳍末端近尾鳍基部（图 a、b）。臀鳍第二鳍棘长而粗壮，胸鳍圆形，尾鳍圆形，鳃耙 7 枚，幽门垂 3 枚。体棕色，腹部略浅。眼后头侧有 3 条辐射状黑色斜纹带，鳃盖后端有一黑色斑块（图 a、b）。体侧有不规则暗色斑纹。奇鳍有由黑色斑点组成的条纹。

生活习性：小型凶猛肉食性鱼类，以小鱼、虾为食。

种群状况：产地常见经济鱼类，种群数量多。

地理分布：红水河、柳江、桂江、左江、右江、融江、漓江等均有分布。

📷 2020 广西河池市都安县

3cm

a

b

305. 长身鳜 *Coreosiniperca roulei* (Wu, 1930)

分类地位： 鲈形目 Perciformes 真鲈科 Percichthyidae 长身鳜属 *Coreosiniperca*。

鉴别特征： 体显著延长，前躯近圆筒形，后部略侧扁。下颌明显长于上颌（图 a、b）。上颌前端及下颌两侧齿发达；犁骨齿带椭圆形。前鳃盖骨后缘有锯齿。侧线鳞 88～99 枚。背鳍具 12 根鳍棘（图 a、b）。胸鳍圆形，不伸达腹鳍后端。臀鳍起点约与第二背鳍鳍条基部起点相对。尾鳍圆形。体背为棕黑色，腹部灰白色。头背、体侧及背部具不规则的暗色斑点和小斑块，沿体背部有 3～4 块鞍状斑。

生活习性： 为暖温带山溪鱼类，栖息于江河急流的岩洞或石缝中，善游，性较凶猛。以小鱼、小虾、水生昆虫等为食。

种群状况： 种群数量少。

地理分布： 分布于桂江上游的漓江。

a

b

306. 漓江鳜 *Siniperca loona* Wu, 1939

分类地位： 鲈形目 Perciformes 真鲈科 Percichthyidae 鳜鱼属 *Siniperca*。

鉴别特征： 体椭圆形，侧扁。头大，吻钝圆。口端位，口裂稍斜。上下颌等长或下颌稍长（图 a、b）。上下颌骨、犁骨、腭骨均具绒毛状细齿，无犬齿。舌尖、光滑无齿。前鳃盖骨后缘有强硬锯齿。间鳃盖骨和下鳃盖骨的下缘有少数细小锯齿。体被小圆鳞。背鳍起点与胸鳍起点相对。背鳍具 13 根鳍棘，背鳍分枝鳍条外缘圆凸（图 a、b）。胸鳍圆形。尾鳍圆形或平截。幽门垂 4～10 枚。体背灰褐色，腹部灰白色。体侧有不规则黑色大斑块。尾鳍基部有黑斑或垂直带，鳍暗黑色。

生活习性： 喜生活于清澈的流水中，以小鱼、小虾为食。

种群状况： 种群数量很少。

地理分布： 分布于漓江水系。

2019 广西贺州市昭平县

2cm

a

b

307. 柳州鳜 *Siniperca liuzhouensis* Zhou, Kong & Zhu, 1987

分类地位： 鲈形目 Perciformes 真鲈科 Percichthyidae 鳜鱼属 *Siniperca*。

鉴别特征： 体椭圆形，侧扁。头大，吻短尖。口端位。下颌稍长于上颌，口闭时下颌齿不外露，下颌两侧有较大的圆锥形齿。前鳃盖骨后缘有锯齿 8 枚。体被细小圆鳞。侧线完全（图 a）。背鳍具 12 根鳍棘（图 a）。胸鳍扇形，腹鳍稍后于胸鳍，尾鳍近圆形。体背暗黑色，腹部稍浅。侧线以下体侧密布黑色小圆斑；侧线以上体侧具大的不规则黑斑（图 a、b）。奇鳍有由黑色斑点组成的条纹。

生活习性： 栖息于底质为沙砾或沙滩的水域中，以小鱼虾为食。

种群状况： 种群数量很少。

地理分布： 分布于柳江及其支流的融江、龙江和洛清江。

📷 1986 广西河池市宜州区

2cm

a

b

308. 波纹鳜 *Siniperca undulate* Fang & Chong, 1932

分类地位：鲈形目 Perciformes 真鲈科 Percichthyidae 鳜鱼属 *Siniperca*。

鉴别特征：体高，侧扁。头大，吻尖。口亚上位，口裂大，上颌骨后延伸达眼后缘下部。眼大。体被小圆鳞。侧线完全。背鳍具 13 根鳍棘，分枝鳍条为 10～12 根（图 a、b）；胸鳍扇形；腹鳍稍后于胸鳍；尾鳍圆形。体背棕褐色。幽门垂 42～52 枚。体侧具 5 条左右纵向白色波纹状斑纹（图 a、b）；背部及沿侧线具多个不规则黑色斑纹。各鳍浅黑色。

生活习性：生活于水体中上层，以小鱼、虾为食的肉食性鱼类。

种群状况：稀有种类，数量很少。

地理分布：广泛分布于广西各江河。

2019 广西河池市都安县

2cm

a

b

309. 斑鳜 *Siniperca scherzeri* Steindachner, 1892

分类地位： 鲈形目 Perciformes 真鲈科 Percichthyidae 鳜鱼属 *Siniperca*。

鉴别特征： 体延长而侧扁。头大，吻尖。口端位，下颌明显长于上颌，口闭合时，下颌前端齿稍外露。眼大。体被小圆鳞。侧线完全。背鳍具 12 根鳍棘（图 a）。胸鳍扇形，尾鳍圆形，体棕黄色。头部及鳃盖具暗黑色的小圆斑，体侧有较多的黑色圆环，环中央棕黄色（图 a、b）。沿背部中线有 4 个大斑块。奇鳍有由黑色斑点组成的条纹。

生活习性： 凶猛肉食性鱼类，以鱼、虾为食。生活于多岩石、砾石河段。

种群状况： 数量多，个体大，是江河名贵经济鱼类。

地理分布： 分布于珠江流域红水河、左江、右江、浔江、融江、柳江、漓江和桂江。

2021 广西桂林市恭城县

2cm

a

b

310. 大眼鳜 *Siniperca kneri* Garman, 1912

分类地位： 鲈形目 Perciformes 真鲈科 Percichthyidae 鳜鱼属 *Siniperca*。

鉴别特征： 体高，侧扁。头大，吻尖。口端位，口裂大，上颌骨后延伸达眼下缘。下颌向前伸明显超过上颌，口闭合时，下颌前端齿外露。眼大（图 a、b）。体被小圆鳞。侧线完全。背鳍具 12 根鳍棘（图 a、b）。胸鳍扇形。腹鳍稍后于胸鳍。尾鳍圆形。幽门垂多，81～84 枚。体背棕黄色，腹部淡黄色。头侧各有一斜带自吻端发出穿过眼眶直达背鳍前部鳍棘下方（图 a、b），头顶有一宽带自吻端发出直达背鳍起点。体侧有许多垂直黑条纹及不规则的棕黑色斑块和斑点。奇鳍均有由黑色斑点组成的条纹。

生活习性： 喜欢栖息于流水的环境，为肉食凶猛性鱼类。食物中以鱼为主，其次为虾类。

种群状况： 种群数量多，是常见的江河名贵经济鱼类。

地理分布： 珠江流域的红水河、柳江、桂江、左江、右江均有分布。

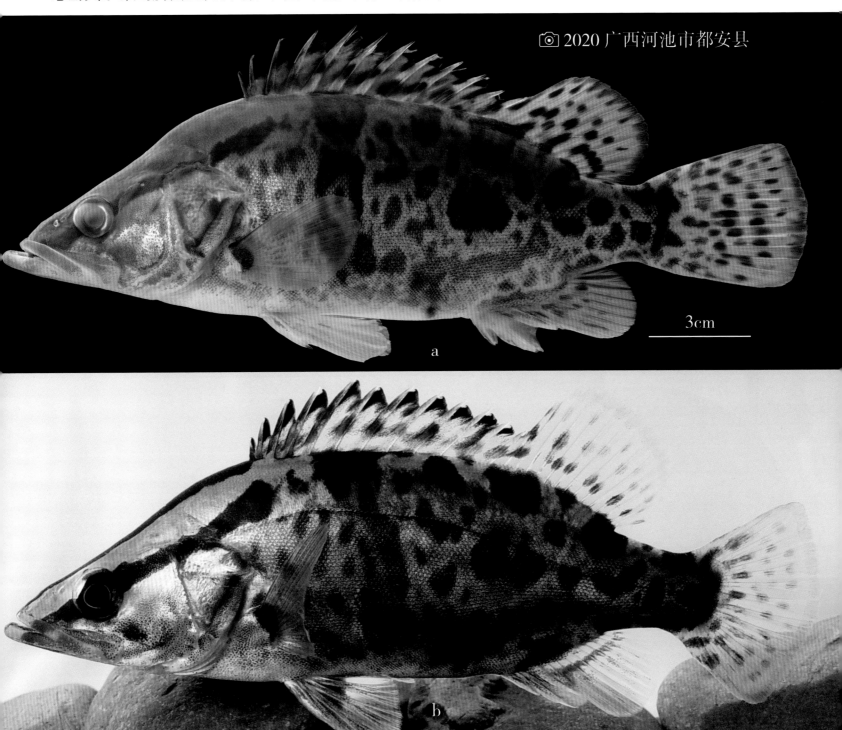

📷 2020 广西河池市都安县

3cm

a

b

棘臀鱼科 Centrarchidae

311. 大口黑鲈 *Micropterus salmoides* (Lacépède, 1802)

分类地位： 鲈形目 Perciformes 棘臀鱼科 Centrarchidae 黑鲈属 *Micropterus*。

鉴别特征： 体延长，侧扁。头中等大。口亚上位，口裂向后延达到眼中部（图 a、b）。上、下颌具梳状齿。背鳍 2 个，硬棘与鳍条部之间有深缺刻（图 a、c）。腹鳍胸位，起点位于背鳍起点下方。全身被灰白色或浅黄色栉鳞，侧线完全。尾鳍浅叉形。体侧背部灰黑色，往下渐变淡绿色，体侧中部具 1 条明显而宽阔的黑色纵带。

生活习性： 栖息于水生植物丰富的水域中。肉食性，性凶猛，产淡黄色黏性卵。

种群状况： 各地均有养殖，数量多。

地理分布： 外来种，广西各地均有养殖。

📷 2021 广西河池市都安县

4cm

a

b

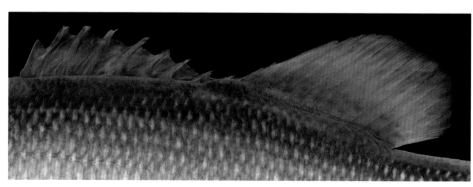

c

花鲈科 Lateolabracidae

312. 花鲈 *Lateolabrax japonicus* (Cuvier, 1828)

分类地位： 鲈形目 Perciformes 花鲈科 Lateolabracidae 花鲈属 *Lateolabrax*。

鉴别特征： 体延长、侧扁。吻短，略尖。口裂大，下颌略长于上颌。上下颌骨、犁骨及腭骨具齿带。前鳃盖骨后缘具细锯齿。体被栉鳞。侧线完全。背鳍2个，第一背鳍全为鳍棘（图a）。腹鳍起点约与背鳍起点相对。尾鳍浅分叉状，上、下叶末端钝圆。体背银灰色，腹部灰白色。侧线以上体侧散布黑色小斑点（图a、b）。背鳍和尾鳍边缘呈黑色。

生活习性： 洄游鱼类。

种群状况： 种群数量多。

地理分布： 西江梧州段及广西沿海诸河河口均有分布。

2019 广西防城港市东兴市

3cm

a

b

丽鱼科 Cichlidae

313. 尼罗口孵鱼 *Oreochromis niloticus* (Linnaeus, 1758)

分类地位： 鲈形目 Perciformes 丽鱼科 Cichlidae 口孵鱼属 *Oreochromis*。

鉴别特征： 体长，侧扁，卵圆形。口端位。上、下颌齿细小。体被栉鳞，颊部与鳃盖也有鳞。侧线断为 2 条，上侧线后部与下侧线之间有鳞 2 行（图 a、b）。背鳍起点与胸鳍起点相对或略前于胸鳍起点上方。胸鳍长，后缘斜截且上端尖。腹鳍末端伸达肛门。尾鳍中央微凹。体棕色；体侧有 9 ~ 10 条垂直的黑色条纹，成鱼不甚明显。背鳍鳍条部有若干条由大斑块组成的斜向带纹，鳍棘部的鳍膜上有与鳍棘平行的灰黑色斑条；尾鳍有 6 ~ 8 条近于垂直的黑色条纹。

生活习性： 热带鱼类，栖息于中下层。对环境适应能力很强，耐低氧。杂食性，食性广。适温条件下，约 6 个月达到性成熟。为多次产卵类型，雄鱼营巢挖窝，雌鱼含卵口孵鱼苗。

种群状况： 外来入侵种，种群数量多。

地理分布： 原产于非洲。广西各地均有养殖，部分地方在江河水库中自然繁殖。

2021 广西河池市都安县

2cm

a

b

沙塘鳢科 Odontobutidae

314. 中华沙塘鳢 *Odontobutis sinensis* Wu, Chen & Chong, 2002

分类地位： 鲈形目 Perciformes 沙塘鳢科 Odontobutidae 沙塘鳢属 *Odontobutis*。

鉴别特征： 体延长，粗壮，前段近圆筒形，向后渐侧扁。头大，平扁，颊部突出。口端位。上、下颌各有多行绒毛状细小齿。犁骨和腭骨无齿。舌大，游离，前端圆形。眼上缘具有细弱骨质嵴。无侧线。背鳍 2 个，分离（图 a）；第二背鳍具 1 鳍棘，7～10 根鳍条。臀鳍起点在第二背鳍起点之后下方。胸鳍宽圆，扇形。左、右腹鳍小，相互靠近，不愈合成吸盘（图 b）。尾鳍半椭圆形或圆形。体背黑褐色，向腹侧渐呈淡黄色。头侧及腹面有许多浅褐色及黑色相间的斑块和点纹。体侧有 3～4 块大三角形的黑褐色斑块，斑块在体侧下方相连接。胸鳍基部有 2 个长条状黑褐色大斑点。

生活习性： 小型底层鱼类，生活于河沟及湖泊中的底层，喜藏于岩石缝隙等隐蔽之处。

种群状况： 种群数量多。

地理分布： 分布于左江、右江、红水河、柳江、邕江、漓江和桂江等河流，广西十万大山、大明山的溪流；沿海单独入海诸河亦有分布。

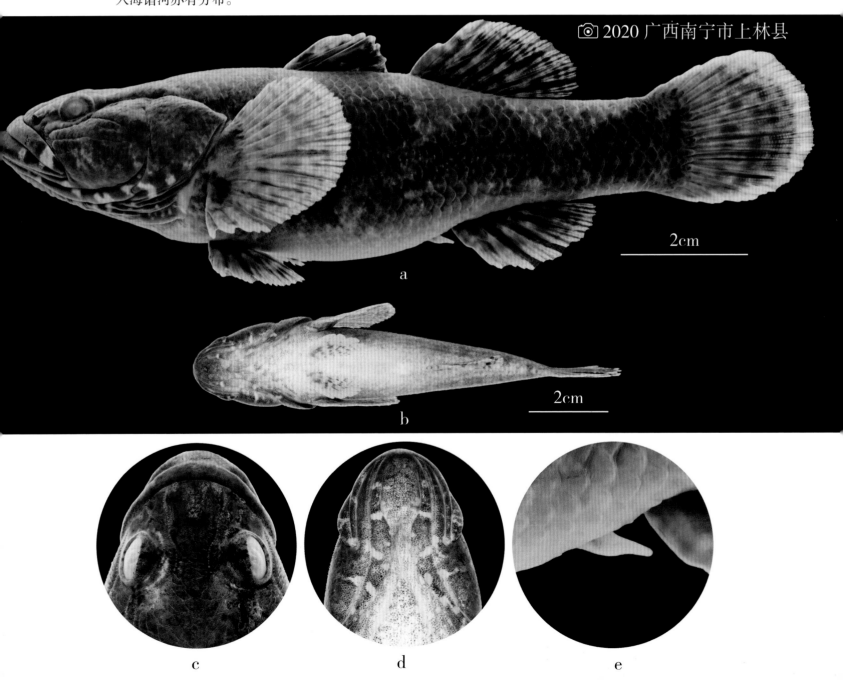

2020 广西南宁市上林县

2cm

a

2cm

b

c

d

e

315. 小黄黝鱼 *Micropercops cinctus* (Dabry de Thiersant, 1872)

分类地位： 鲈形目 Perciformes 沙塘鳢科 Odontobutidae 小黄黝鱼属 *Micropercops*。

鉴别特征： 体细长，侧扁。头较大，略平扁。口上位。上、下颌各有 5 排圆锥形绒毛状齿。腭骨无齿。鼻孔 2 个，分离。头部具感觉管及感觉管孔。无侧线，纵列鳞 28～32 枚。背鳍 2 个，分离（图 a、b）；第一背鳍具 7～8 根鳍棘；第二背鳍具 1 根鳍棘，10～12 根鳍条。胸鳍大，长椭圆形。肛门与第二背鳍起点相对。尾鳍椭圆形。体侧有 12～16 条不明显的黑褐色宽横带。

生活习性： 小型底栖鱼类，喜生活在静水环境。

种群状况： 个体小，种群数量多。

地理分布： 分布于左江、南盘江。

📷 2019 广西百色市乐业县

1cm

a

b

316. 海南新沙塘鳢 *Neodontobutis hainanensis* (Chen, 1985)

分类地位：鲈形目 Perciformes 沙塘鳢科 Odontobutidae 新沙塘鳢属 *Neodontobutis*。

鉴别特征：体粗短，侧扁。头大，上吻部有皮质突起。口端位，下颌稍突出。无侧线。纵列鳞 28～32 枚，横列鳞 10～11 枚。背鳍 2 个，分离（图 a）。第一背鳍全为鳍棘。腹鳍起点在胸鳍基部下方，左、右腹鳍相互靠近，尾鳍椭圆形，体背灰褐色，眼下 1 条褐色垂直条纹伸达腹面。体侧密布着许多细小暗褐色斑点。鳃盖骨后上角至胸鳍基上方有 1 块大紫黑斑。背鳍和尾鳍有由黑斑点组成的条纹。

生活习性：生活于山溪的小型鱼类。

种群状况：种群数量少。

地理分布：分布于红水河、左江、柳江，沿海单独入海诸河亦有分布。

2021 广西百色市靖西市

a

b

c　　　　　d　　　　　e

317. 萨氏华黝鱼 *Sineleotris saccharae* Herre, 1940

分类地位： 鲈形目 Perciformes 沙塘鳢科 Odontobutidae 华黝鱼属 *Sineleotris*。

鉴别特征： 体细长，侧扁。头较大。口端位或亚上位。上、下颌各有 5 排圆锥形绒毛状齿。腭骨无齿。鼻孔 2 个，分离（图雌 c）。头部具感觉管及感觉管孔。无侧线，纵列鳞 34～36 枚。背鳍 2 个，分离（图 a）；第一背鳍具 9 根鳍棘；第二背鳍具 1 根鳍棘，13 根分枝鳍条（图 a）。胸鳍大，长椭圆形。肛门与第二背鳍起点相对，尾鳍椭圆形，体侧有不明显的黑褐色宽横带，胸鳍基部具一小黑斑。

生活习性： 栖息于水温较低的山区溪流，水质好，清澈透明，多岩石、砾石环境。以水生昆虫、小鱼、虾为食。

种群状况： 种群数量多。

地理分布： 十万大山和大明山溪流均有分布。

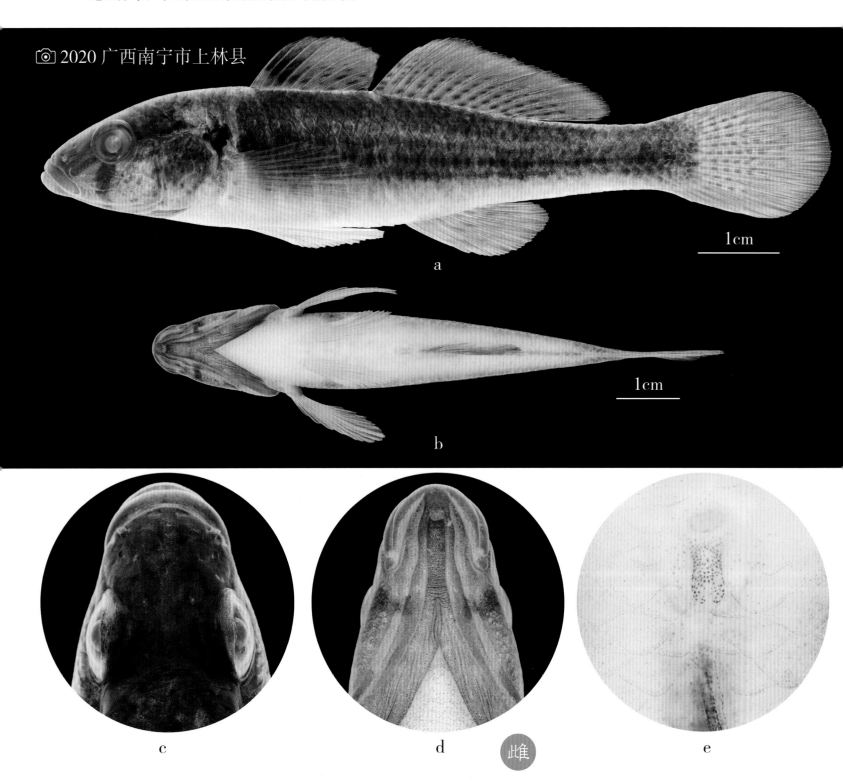

2020 广西南宁市上林县

1cm

a

1cm

b

c   d   此雌   e

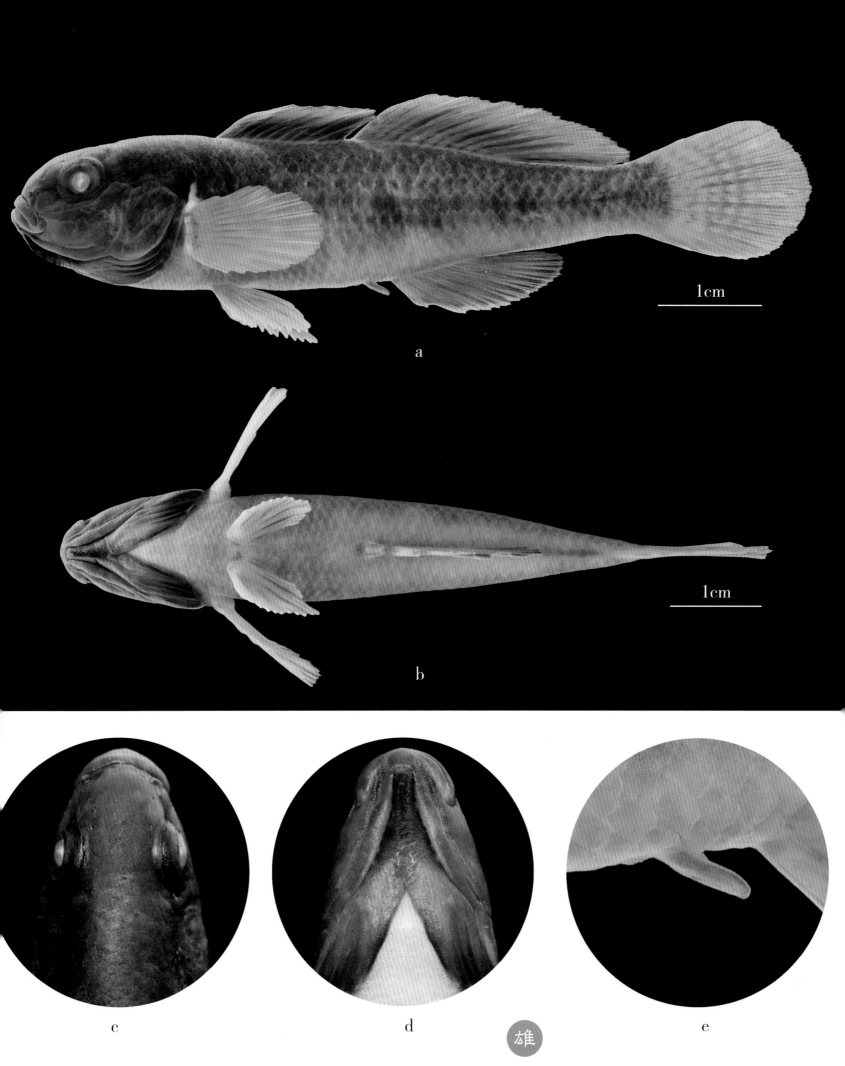

a

b

c

d

雄

e

318. 海南细齿鰕 *Microdous chalmersi* **(Nichols & Pope, 1927)**

分类地位：鲈形目 Perciformes 沙塘鳢科 Odontobutidae 细齿鰕鱼属 *Microdous*。

鉴别特征：体延长，前段近圆筒形，后段侧扁。吻尖长。口裂中等大，下颌稍突出。上、下颌各具 5 排圆锥形绒毛状细齿。前、后鼻孔分离，前鼻孔短管状（图雌 d）。前鳃盖骨后缘光滑无硬棘。无侧线，纵列鳞 42～46 枚，横列鳞 14～16 枚。背鳍 2 个，分离，相距较近（图 a）；第一背鳍全为鳍棘。腹鳍起点在胸鳍基部下方，左、右腹鳍相互靠近。尾鳍圆形，体棕色，头侧部及鳃盖膜暗黑色，体侧有细小黑褐色斑点组成的 5～6 个暗色斑块，胸鳍基底上部有一黑斑。背鳍、尾鳍有由黑点组成的条纹。

生活习性：栖息于水温较低的山区溪流，以水生昆虫、小鱼、虾为食。

种群状况：种群数量多，是小型经济鱼类。

地理分布：分布于广西十万大山山溪及周边的防城区、东兴市、上思县境内。

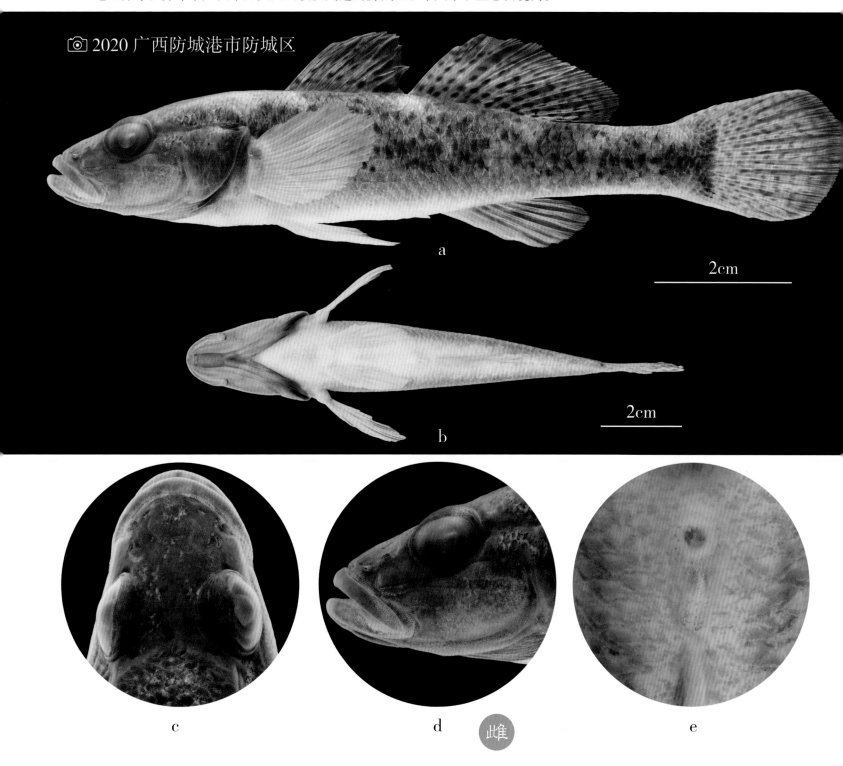

2020 广西防城港市防城区

2cm

2cm

a

b

c

d

雌

e

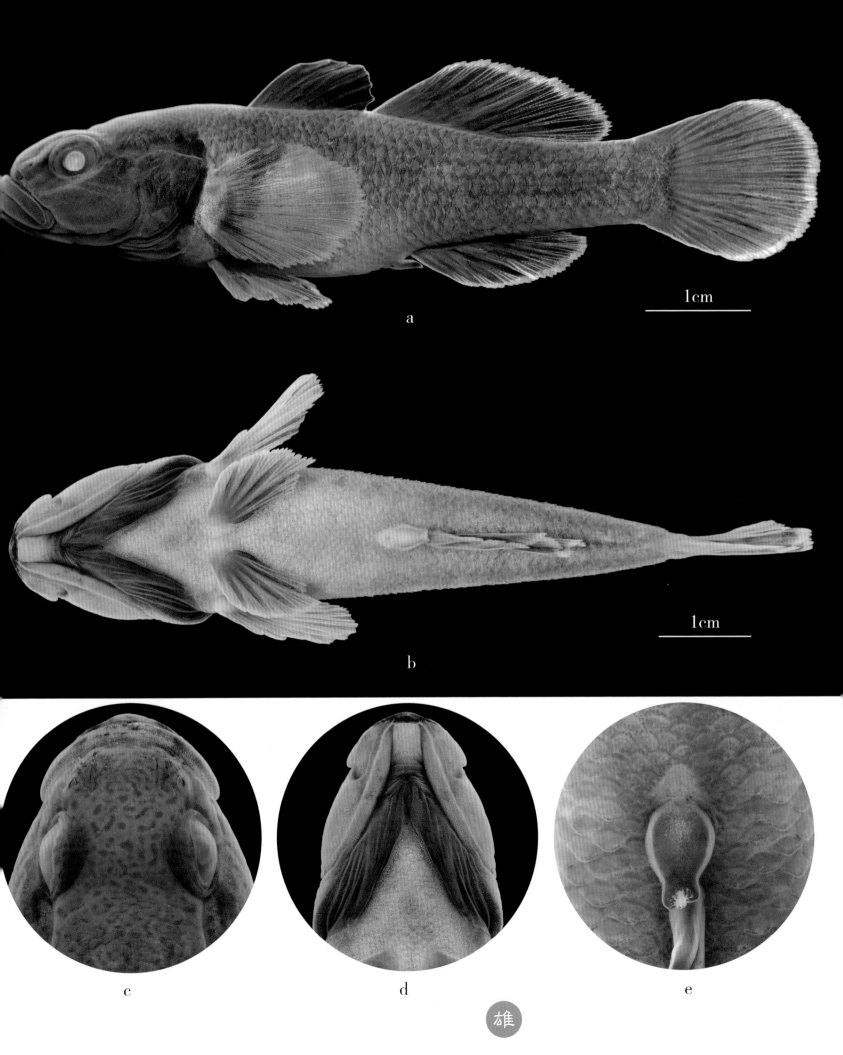

a

b

1cm

1cm

c   d   e

雄

319. 蓝氏新沙塘鳢 *Neodontobutis lani* Zhou & Li, 2022

分类地位： 鲈形目 Perciformes 沙塘鳢科 Odontobutidae 新沙塘鳢属 *Neodontobutis*。

鉴别特征： 体较短，粗壮，前躯近圆筒形，后躯侧扁。头大，平扁。口亚上位。眼间距为眼径的 1.4～1.9 倍。左、右鳃盖膜不相连。头部无感觉管孔，但有须状感觉乳突；下颌腹面前端的感觉乳突聚集成椭圆状。无侧线。体被栉鳞，鳞片后缘具多行锯齿状突起。背鳍 2 个，分离；第二背鳍具 1 根鳍棘，9 根分枝鳍条（图 a）。臀鳍起点位于第二背鳍起点之后。胸鳍宽圆，扇形。左、右腹鳍小，相互靠近，不愈合成吸盘（图 b）。尾鳍近圆形。身体灰褐色，体侧有 3～4 块大斑块，斑块在体侧下方相连接。尾鳍基部具一黑色斑纹。各鳍具由褐色斑纹组成的条带。

生活习性： 底层鱼类，生活于沙滩及河岸边杂草丛生处。

种群状况： 种群数量少。

地理分布： 分布于西江水系左江支流中上游，崇左市龙州县境内。

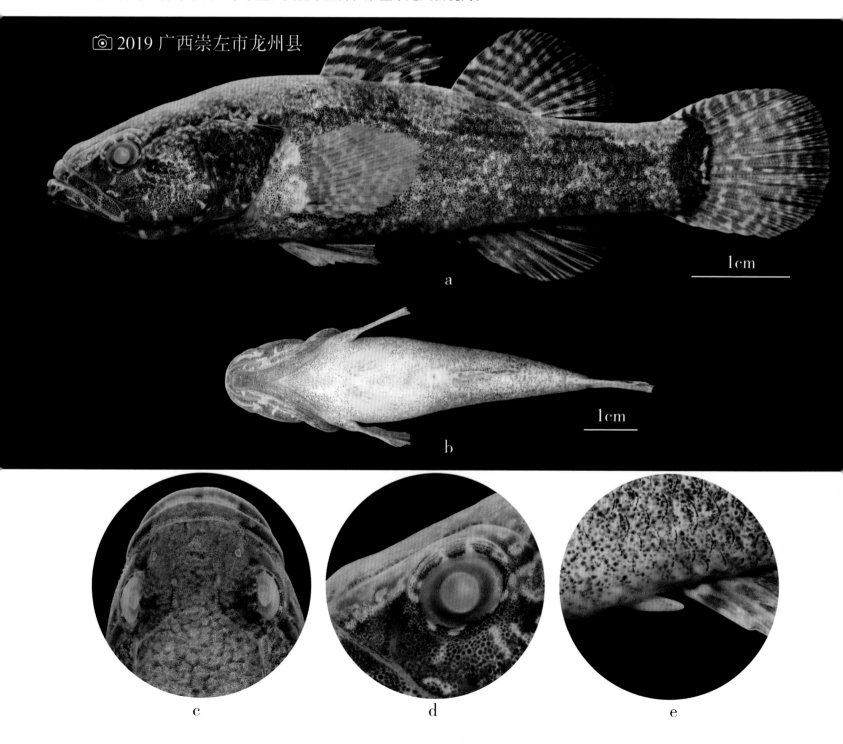

📷 2019 广西崇左市龙州县

1cm

a

1cm

b

c

d

e

塘鳢科 Eleotridae

320. 中华乌塘鳢 *Bostrychus sinensis* Lacépède, 1801

分类地位： 鲈形目 Perciformes 塘鳢科 Eleotridae 乌塘鳢属 *Bostrychus*。

鉴别特征： 体延长，前躯近圆筒形，后躯侧扁。头宽而平扁。口端位，口斜裂，上颌骨后端伸达眼后缘的下方（图 a）。上、下颌具多行绒毛状细齿。舌前端略圆。鼻孔 2 个，前鼻孔具细长鼻管（图 a~d）。眼侧上位，体被小圆鳞，无侧线，背鳍 2 个，第一背鳍全为鳍棘。胸鳍发达，宽圆，后伸超过腹鳍（图 a、b）。腹鳍较短，左、右腹鳍靠近，但不愈合成吸盘（图 b）。尾鳍圆形。体黑褐色，腹部色浅。体侧上方有 12 条隐约可见的深褐色斜纹。胸鳍、腹鳍灰黄色。尾鳍基底上端具一带白边的黑斑（图 a）。

生活习性： 小型鱼类，栖息于河口咸淡水滩涂，摄食小鱼、虾类、蟹类和其他底栖无脊椎动物。

种群状况： 种群数量多。

地理分布： 分布于南流江和钦江等入海河流。

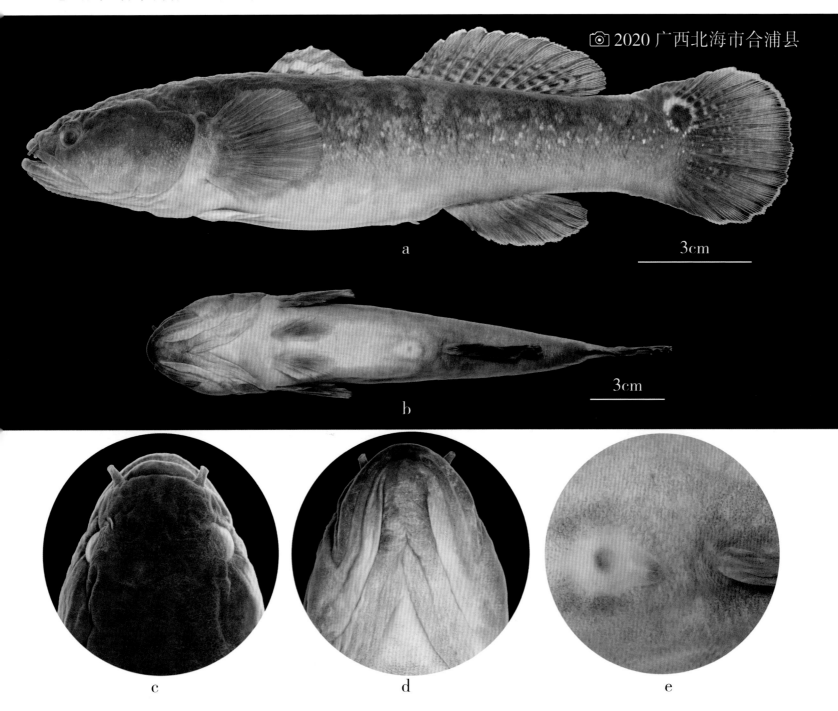

2020 广西北海市合浦县

3cm

3cm

a

b

c

d

e

321. 尖头塘鳢 *Eleotris oxycephala* Temminck & Schlegel, 1845

分类地位： 鲈形目 Perciformes 塘鳢科 Eleotridae 塘鳢属 *Eleotris*。

鉴别特征： 体延长，前躯近圆筒形，后躯侧扁。头宽、平扁；吻长大于眼径。口端位。下颌突出于上颌；上、下颌各具 4 排细齿。犁骨和腭骨无齿，舌圆形，前、后鼻孔相距甚远。体被栉鳞，但第一背鳍前方、头部及胸腹部为圆鳞。无侧线。背鳍 2 个，第一背鳍全为鳍棘（图 a）。胸鳍基部肉质柄发达，鳍宽大。左、右腹鳍相互靠近，但不形成吸盘（图 b）。尾鳍圆形（图 a）。体背暗黑色，腹部颜色较淡。头侧有 2 条黑色纵线纹，1 条自上颌吻端经眼至鳃盖上方，1 条从眼后下缘向下倾斜至前鳃盖后缘中间（图 a）。体侧有多条深褐色纵条纹。

生活习性： 小型鱼类，喜栖息于河川及河口咸淡水中，摄食小虾、小鱼及蠕虫等无脊椎动物。

种群状况： 种群数量多。

地理分布： 柳江、黔江、浔江、南流江和北仑河均有分布。

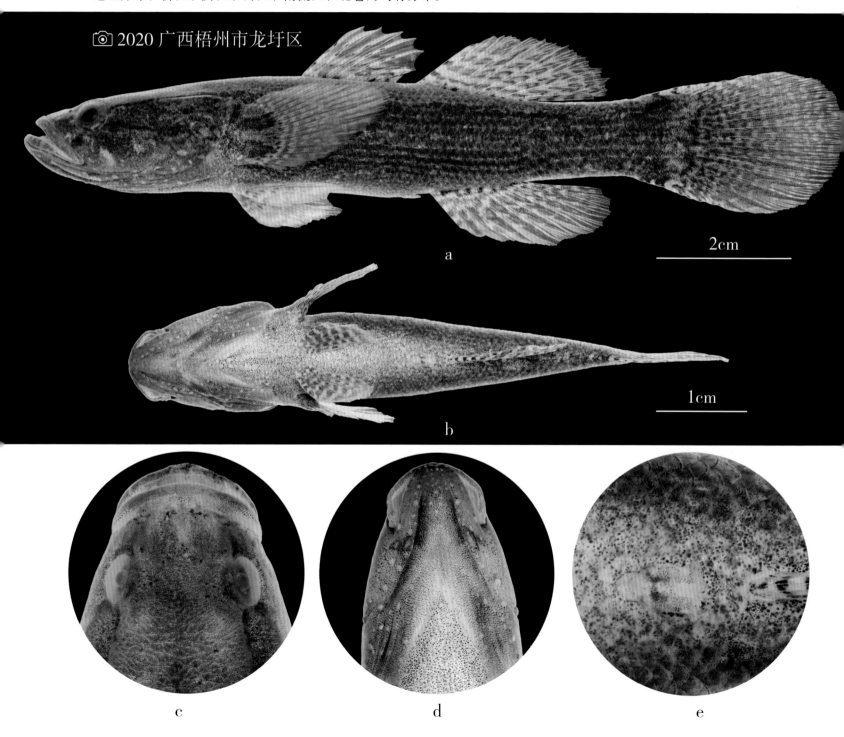

📷 2020 广西梧州市龙圩区

2cm

a

1cm

b

c　　　　　　d　　　　　　e

322. 黑体塘鳢 *Eleotris melanosoma* Temminck & Schlegel, 1845

分类地位：鲈形目 Perciformes 塘鳢科 Eleotridae 塘鳢属 *Eleotris*。

鉴别特征：体粗壮，前躯近圆筒形，后躯侧扁。头宽、平扁；吻长大于眼径，口端位。下颌突出于上颌；上、下颌各具 4 排细齿。犁骨和腭骨无齿，舌圆形，前、后鼻孔相距甚远。体被栉鳞，但第一背鳍前方、头部及胸腹部为圆鳞。无侧线。背鳍 2 个，相互靠近，第一背鳍具 6 根鳍棘（图 a）。第二背鳍具 1 根鳍棘，8 条分枝鳍条（图 a）。胸鳍基部肉质柄发达，鳍宽大。左、右腹鳍相互靠近，但不形成吸盘（图 b）。尾鳍圆形。体背暗黑色，腹部颜色较淡。体侧有多条深褐色纵条纹。

生活习性：中小型鱼类，喜栖息于河川及河口咸淡水中，摄食小虾、小鱼及蠕虫等无脊椎动物。

种群状况：种群数量多。

地理分布：分布于南流江、北仑河河口的咸淡水水域。

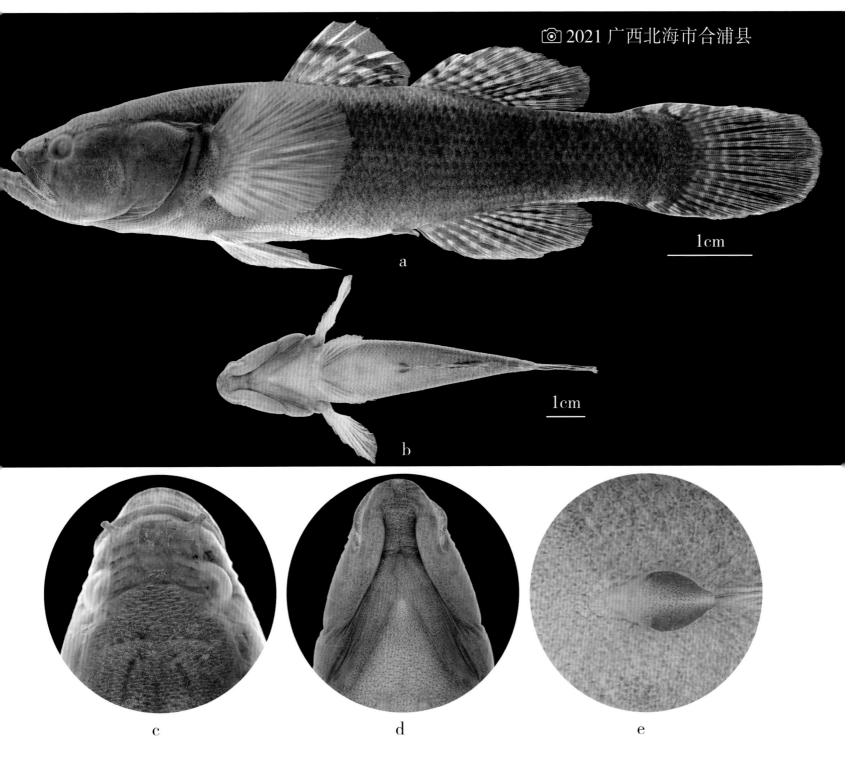

2021 广西北海市合浦县

a

1cm

b

1cm

c　　　　　　　　d　　　　　　　　e

鰕虎鱼科 Gobiidae

323. 黏皮鲻鰕虎鱼 *Mugilogobius myxodermus* (Herre, 1935)

分类地位： 鲈形目 Perciformes 鰕虎鱼科 Gobiidae 鲻鰕虎鱼属 *Mugilogobius*。

鉴别特征： 体延长，粗壮，前段近圆筒形。略平扁，吻短而钝圆。口近端位。舌游离，前端近截形。鼻孔每侧 2 个，前鼻孔开孔于吻皮边缘；后鼻孔位于眼前方。背鳍 2 个，分离（图 a）；第一背鳍全为鳍棘，其中第 3、4 根鳍棘末端延长（图 a）。腹鳍起点在胸鳍基部下方，左、右腹鳍愈合成长圆形吸盘。尾鳍圆形（图 a）。体淡黄色，腹部灰白色。头部有褐色虫状纹及斑点。体侧有灰黑色小斑点。胸鳍基底有一暗斑条。背鳍、尾鳍具由黑色斑点组成的条纹。

生活习性： 为底层小型鱼类，生活于泥底的塘洼沟渠和江河溪流中。

种群状况： 种群数量多，但个体小。

地理分布： 广西各地均有分布。

📷 2011 广西河池市都安县

324. 舌鰕虎鱼 *Glossogobius giuris* (Hamilton, 1822)

分类地位： 鲈形目 Perciformes 鰕虎鱼科 Gobiidae 舌鰕虎鱼属 *Glossogobius*。

鉴别特征： 体细长，前段近圆筒形。吻尖长。口近端位，口裂大，上颌骨后端达眼前缘的下方，下颌长于上颌。上、下颌具多行细齿。舌前端分叉（图 d）。体被栉鳞，胸腹部具圆鳞。背鳍 2 个，分离。第一背鳍全为鳍棘（图 a）。胸鳍宽大而圆。左、右腹鳍在腹部中央愈合成椭圆形吸盘（图 b、e）。尾鳍近圆形。体背灰褐色，腹部灰白色。体侧具 4~5 个暗色斑，体背中央有 4~5 个横跨背部的褐色斑纹。背鳍、胸鳍和尾鳍有由黑色斑点组成的条纹。

生活习性： 栖息于浅海滩涂、海边礁石、河口咸淡水交界处，也见于江河下游的淡水中。

种群状况： 种群数量多。

地理分布： 西江干流梧州段，广西沿海诸河均有分布。

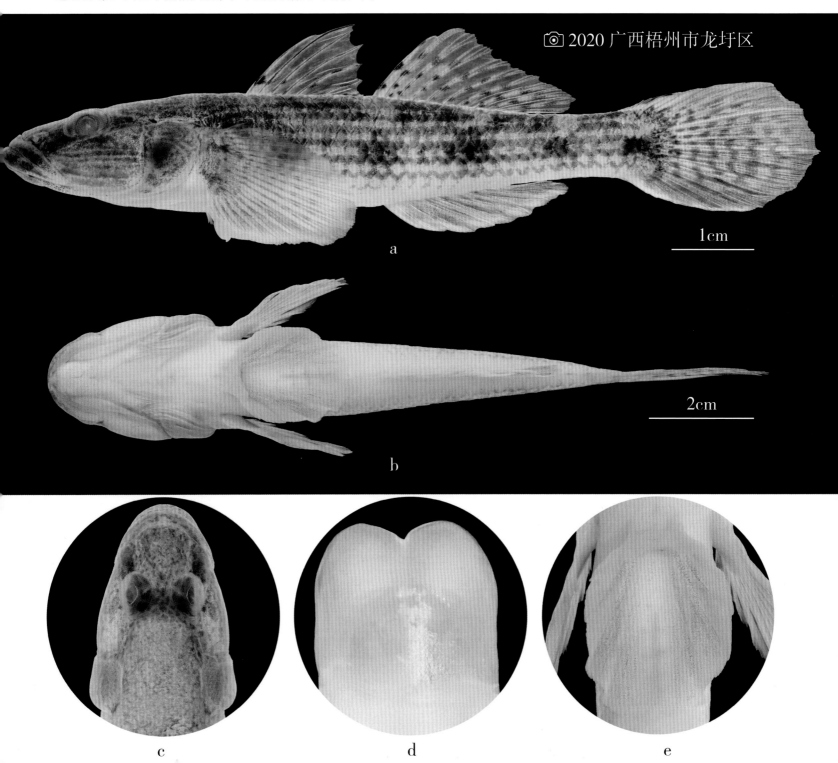

2020 广西梧州市龙圩区

a

b

c   d   e

325. 子陵吻虾虎鱼 *Rhinogobius giurinus* (Rutter, 1897)

分类地位： 鲈形目 Perciformes 虾虎鱼科 Gobiidae 吻虾虎鱼属 *Rhinogobius*。

鉴别特征： 体延长，前段近圆筒形，后段侧扁。头大，略平扁。口端位。上、下颌前部具多行小齿，无犬齿。舌发达，游离，前端近圆形。鼻孔每侧 2 个，分离。前鼻孔具短管，近吻端，后鼻孔为圆形小孔。背鳍 2 个，分离，相距较近（图 a）。第一背鳍全为鳍棘。左、右腹鳍在腹部中央愈合成椭圆形吸盘（图 b、d）。尾鳍圆形。体背淡黄色。头部有不规则的虫状纹，颊部有 4~6 条斜向前下方的暗色条纹（图 a、c）。体侧有不规则暗色斑块 6~7 个。胸鳍基部上方有一黑斑。背鳍和尾鳍有由黑色斑点组成的条纹。

生活习性： 小型鱼类。栖息于江河沙滩、石砾地带含氧量丰富的浅水区，或底质为沙石的清水中；水库、池塘也有分布。

种群状况： 种群数量多。

地理分布： 广西各地均有分布。

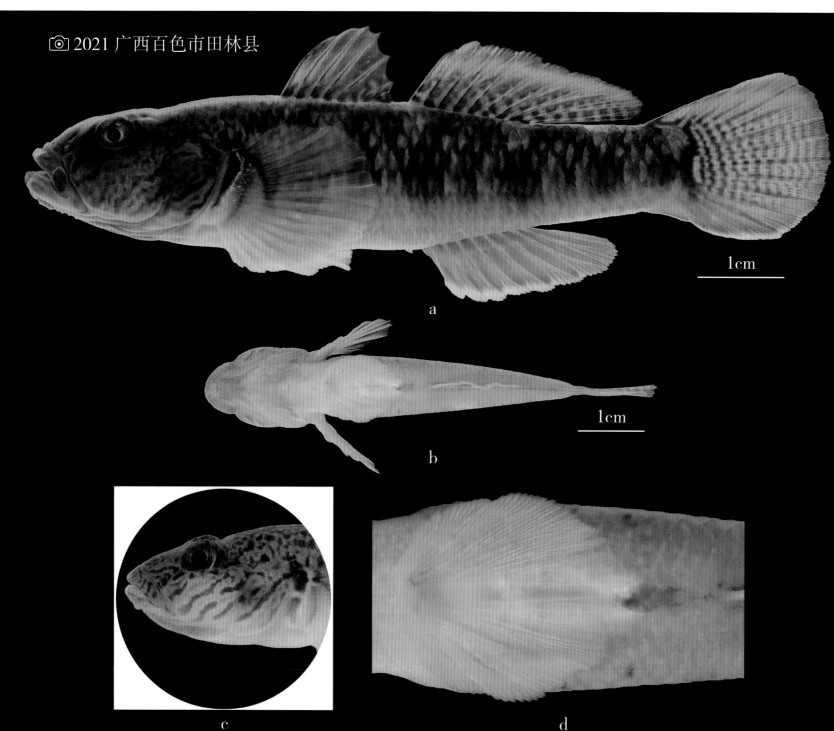

📷 2021 广西百色市田林县

1cm

a

1cm

b

c

d

326. 溪吻鰕虎鱼 *Rhinogobius duospilus* (Herre, 1935)

分类地位： 鲈形目 Perciformes 鰕虎鱼科 Gobiidae 吻鰕虎鱼属 *Rhinogobius*。

鉴别特征： 体细长，前段近圆筒形，后段侧扁。头稍平扁，口端位。上、下颌具多行细齿。舌前端圆形，游离。鼻孔每侧 2 个，前、后鼻孔分开一定距离。体被栉鳞，腹面被圆鳞。背鳍 2 个，分离（图 a）。腹鳍起点在胸鳍基部下方，左、右腹鳍在腹部中央愈合成圆盘状吸盘（图 b、c）。尾鳍圆形。体背淡黄色。颊部有 3 条斜向后方的红褐色条纹（图 a）。体侧鳞片边缘为褐色，尾鳍基部有一黑斑。胸鳍基部有一小黑斑。背鳍、尾鳍具由黑色斑点组成的条纹。

生活习性： 为暖水性的底层小型鱼类。

种群状况： 种群数量多。

地理分布： 广西各地山溪均有分布。

2021 广西桂林市永福县

1cm

a

1cm

b

斗鱼科 Belontiidae

327. 叉尾斗鱼 *Macropodus opercularis* (Linnaeus, 1758)

分类地位：鲈形目 Perciformes 斗鱼科 Belontiidae 斗鱼属 *Macropodus*。

鉴别特征：体侧扁。口端位。胸鳍较长，后端半圆形。腹鳍互相紧靠。尾鳍分叉，上、下叶外侧鳍条延长。体侧有 10 余条蓝褐色的横带纹。鳃盖后角有一暗绿色圆斑。

生活习性：喜栖息于静水河沟、池塘、稻田中，摄食浮游生物、昆虫及其幼虫等。

种群状况：小型鱼类，种群数量多。

地理分布：广西各地均有分布。

📷 2021 广西河池市都安县

1cm

328. 圆尾斗鱼 *Macropodus chinensis* (Bloch, 1790)

分类地位： 鲈形目 Perciformes 斗鱼科 Belontiidae 斗鱼属 *Macropodus*。

鉴别特征： 体侧扁。口端位。胸鳍较长，后端半圆形。腹鳍互相紧靠。臀鳍长，起点位于背鳍起点之前，分枝鳍条
13～15 根。尾鳍圆形或略内凹。体侧有 10 余条蓝褐色的横带纹。自吻端经眼至鳃盖有一黑条纹，在眼
后的上、下又各有 1 条，鳃盖后角有一暗绿色圆斑。

生活习性： 喜栖息于静水河沟中，可作观赏鱼类饲养。

种群状况： 种群数量少。

地理分布： 分布于柳江的洛清江支流，永福县境内，漓江上游支流。

2022 广西桂林市永福县

1cm

a

b

攀鲈科 Anabantidae

329. 攀鲈 *Anabas testudineus* (Bloch, 1792)

分类地位： 鲈形目 Perciformes 攀鲈科 Anabantidae 攀鲈属 *Anabas*。

鉴别特征： 体侧扁，近卵圆形。尾柄短。头圆钝。上、下颌有细齿，下颌略长于上颌。鳃盖骨边缘具强锯齿。背鳍具 16～18 根鳍棘；臀鳍具 9～10 根鳍棘。体被栉鳞，纵列鳞 28～29 枚。胸鳍末端伸达臀鳍起点上方。腹鳍起点在胸鳍基部的后下方。体浅绿色，背侧面色深。体侧散布黑色斑点。鳃盖骨后缘强棘之间具 1 个大黑斑。

生活习性： 喜栖息于平静、水流缓慢、淤泥多的水体之中，以浮游动物、小鱼、小虾、昆虫及其幼虫等为食。

种群状况： 个体小，种群数量多。

地理分布： 左江、右江及广西沿海诸河流均有分布。

📷2019 广西崇左市龙州县

2cm

鳢科 Channidae

330. 斑鳢 *Channa maculate* (Lacépède, 1801)

分类地位： 鲈形目 Perciformes 鳢科 Channidae 鳢属 *Channa*。

鉴别特征： 体前端圆筒形，后部侧扁。口大，端位，下颌突出，口裂略斜。上颌骨后端伸达眼后缘下方（图 a）。上颌及下颌前方有绒毛状齿带。头较窄（图 c），头长为眼间隔的 4 倍以上。腹鳍短小（图 b）。背鳍条 38～45 根（图 a），背鳍起点在腹鳍基部上方，后部鳍条伸达尾鳍基。侧线鳞 45 枚以上（图 a），头、体部被中等大的圆鳞。体灰黑色，腹部灰色；背部有一纵行黑斑，体侧有 2 条纵行不规则黑斑形成的条带，背鳍、臀鳍及尾鳍均有黑白相间的斑纹。

生活习性： 凶猛的肉食性鱼类，喜栖息于水流缓慢、水草丛生和淤泥底质的河沟、水库及池塘中。

种群状况： 为经济鱼类，种群数量多。亦有人工养殖。

地理分布： 广西各地均有分布。

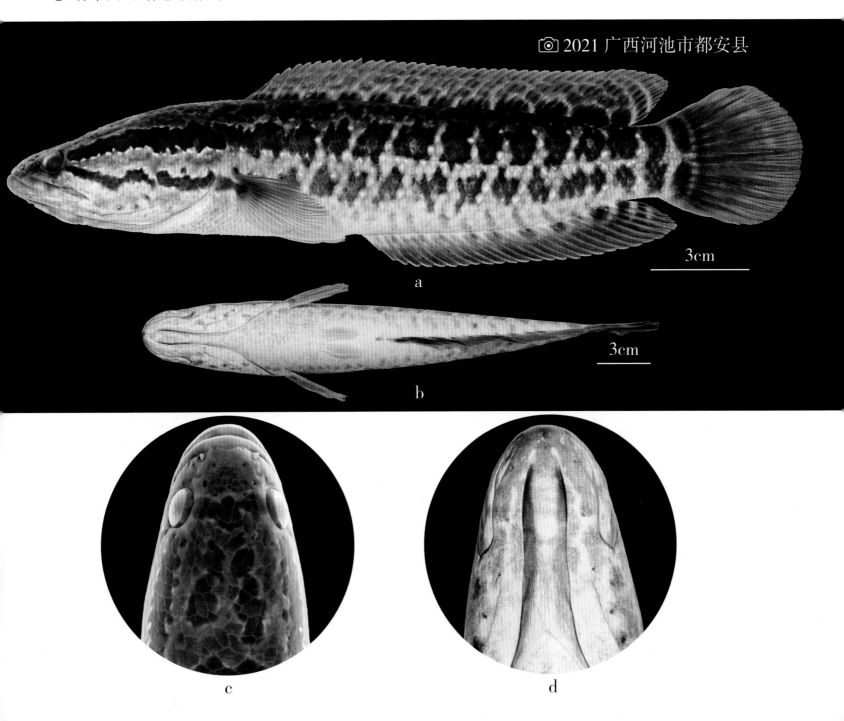

2021 广西河池市都安县

3cm

a

3cm

b

c

d

331. 宽额鳢 *Channa gachua* (Hamilton, 1822)

分类地位： 鲈形目 Perciformes 鳢科 Channidae 鳢属 *Channa*。

鉴别特征： 体前端圆筒形，后部侧扁。口大，端位，下颌突出，口裂略斜。上颌骨后端伸达眼后缘下方（图 a）。上颌及下颌前方有绒毛状齿带。头较宽（图 b），头长为眼间隔 4 倍以下，头短宽且平扁，头长为宽的 1.42 倍。腹鳍短小（图 c）。头、体部被中等大的圆鳞，侧线鳞 42~44 枚（图 a）。背鳍起点在腹鳍基部上方，后部鳍条伸达尾鳍基，背鳍条 32~34 根（图 a）。体褐色，腹部略白；体侧散布许多黑点。背鳍、臀鳍和尾鳍边缘橙色。

生活习性： 肉食性鱼类，常栖息于水流缓慢的河边及池塘中，主要摄食各种小型鱼类。

种群状况： 种群数量多。

地理分布： 分布于广西南宁市的邕江支流，左江、百色市那坡县境内均有分布。

2019 广西崇左市龙州县

a

2cm

b

2cm

2cm

c

332. 月鳢 *Channa asiatica* (Linnaeus, 1758)

分类地位： 鲈形目 Perciformes 鳢科 Channidae 鳢属 *Channa*。

鉴别特征： 前端圆筒形，后部侧扁。上、下颌外行齿绒毛状，下颌内行齿较大；舌端尖圆。无腹鳍（图 c）。背鳍条 41~47 根（图 a），背鳍起点在胸鳍基部稍后上方，末端鳍条伸达尾鳍基。头、体部均被中等大的圆鳞。体绿褐色，背部颜色较深；体侧沿中部有 7~10 条"《"形黑褐色横纹带（图 a）；头侧眼后部有 2 条黑色纵带延伸到鳃孔。背鳍、臀鳍灰褐色，上有白色小斑点（图 a）；胸鳍基部后上方有一黑色大斑，尾柄部有一白色边缘的黑色眼状斑。体侧黑色斑纹边缘具白色斑点。

生活习性： 栖息于水流缓慢的山间溪流中，性凶猛，摄食小鱼、虾、水生昆虫及其他小型水生动物。

种群状况： 种群数量多，为产地常见种，是山溪经济鱼类，亦有人工养殖、繁殖。

地理分布： 广西各地广泛分布。

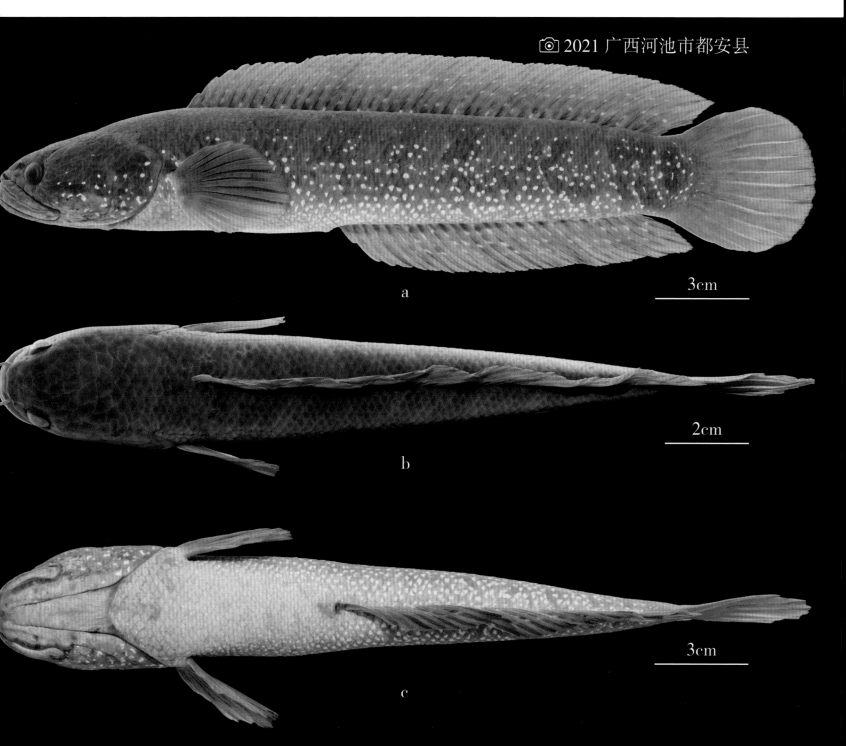

2021 广西河池市都安县

a

3cm

b

2cm

c

3cm

333. 黑月鳢 *Channa nox* Zhang, Musikasinthorn & Watanabe, 2002

分类地位： 鲈形目 Perciformes 鳢科 Channidae 鳢属 *Channa*。

鉴别特征： 前端圆筒形，后部侧扁。上、下颌外行齿绒毛状，下颌内行齿较大；舌端尖圆。无腹鳍（图 c）。背鳍条 47~51 根（图 a）；臀鳍条 32~33 根（图 a）。背鳍起点在胸鳍基部稍后上方，末端鳍条伸达尾鳍基。头、体部均被中等大的圆鳞。体灰褐色；体侧沿中部有 8~11 条"《"形黑色横纹带（图 a）；头侧眼后部有 2 条黑色纵带延伸到鳃孔。各鳍灰褐色；体侧黑色斑纹边缘具白色小斑点。

生活习性： 栖息于水流缓慢的山间溪流中，性凶猛。

种群状况： 种群数量多，为产地常见种。

地理分布： 分布于广西沿海各单独入海河流，钦江、防城江、南流江等。

📷 2021 广西防城港市防城区

a

2cm

b

2cm

2cm

c

334. 线鳢 *Channa strata* (Bloch, 1793)

分类地位： 鲈形目 Perciformes 鳢科 Channidae 鳢属 *Channa*。

鉴别特征： 体前端圆筒形，后部侧扁。上、下颌外行齿绒毛状，下颌内行齿较大；舌端尖圆。腹鳍短小（图 b）。背鳍条 40～43 根（图 a）；臀鳍条 25～27 根（图 a）。背鳍起点在胸鳍基部稍后上方，末端鳍条伸达尾鳍基。头、体部均被中等大的圆鳞，侧线鳞 54～59 枚。体灰褐色；体侧沿中部有 8～11 条"《"形黑色横纹带（图 a）；头侧眼后部有 2 条黑色纵带延伸到鳃孔；各鳍灰褐色；体侧黑色斑纹边缘具白色小斑点。

生活习性： 栖息于水流缓慢的山间溪流中，性凶猛。

种群状况： 种群数量少。

地理分布： 分布于广西防城港市东兴市北仑河。

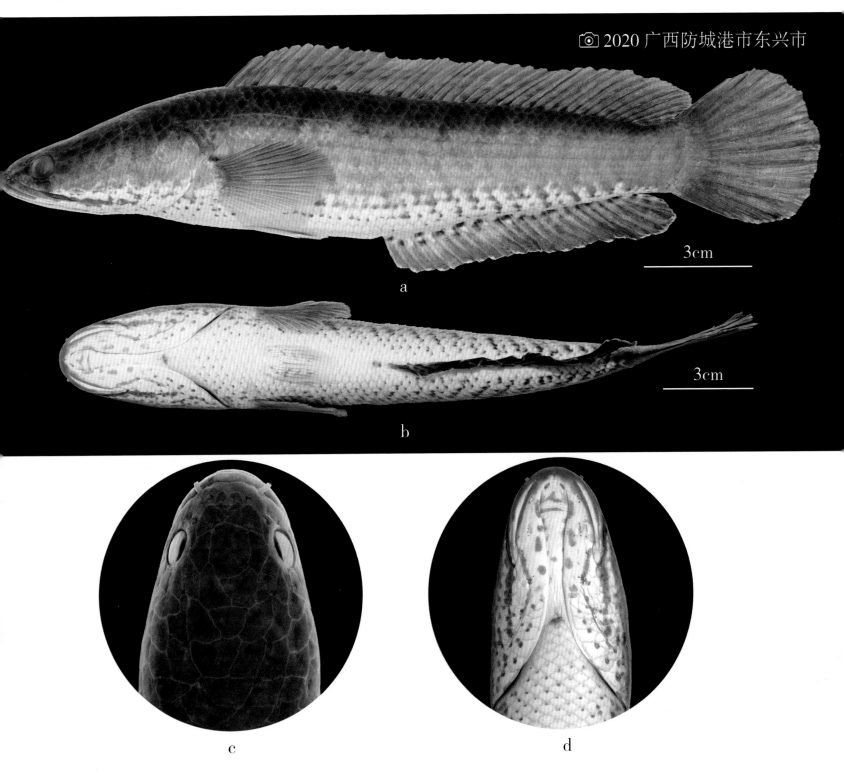

📷 2020 广西防城港市东兴市

3cm

a

3cm

b

c

d

刺鳅科 Mastacembelidae

335. 刺鳅 *Mastacembelus sinensis* (Bleeker, 1870)

分类地位： 合鳃鱼目 Synbranchiformes 刺鳅科 Mastacembelidae 刺鳅属 *Mastacembelus*。

鉴别特征： 前鳃盖骨后缘无棘。臀鳍第二根鳍棘最大（图 e）。背鳍基长；鳍棘由皮膜包住。尾鳍近圆形（图 a）。体细长。头小，吻尖长。口端位，口裂深；上、下颌有多行细尖齿。眼小。身体密被细小的圆鳞。体侧具黑白相间的带状条纹。吻端至头背面向后各有一白色条纹延伸到尾柄上部（图 b）。

生活习性： 杂食性小型鱼类。

种群状况： 种群数量多，但个体小。

地理分布： 广西各水系均有分布。

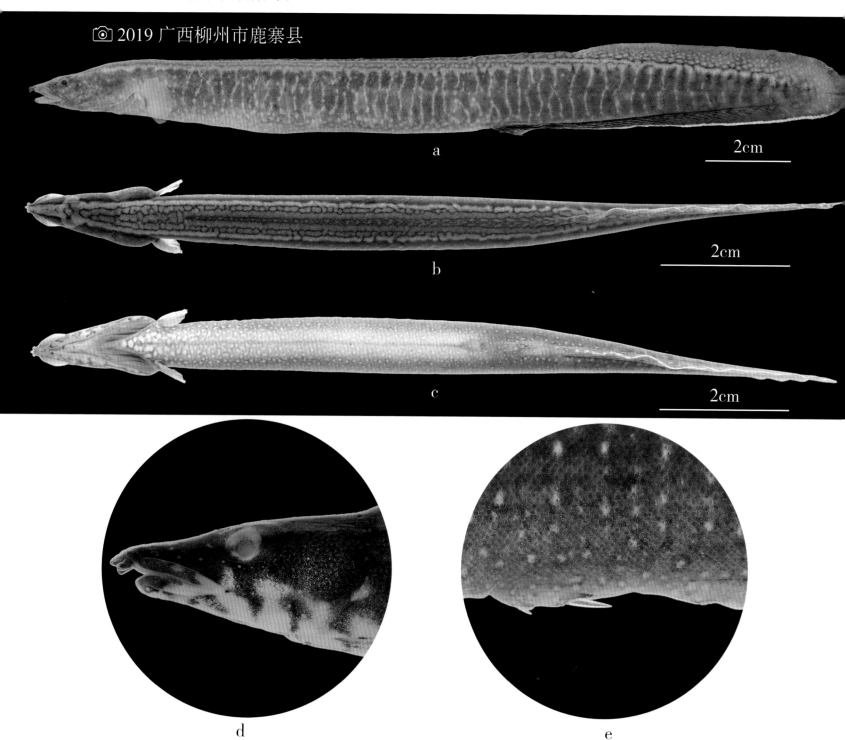

📷2019 广西柳州市鹿寨县

a

2cm

b

2cm

c

2cm

d

e

336. 大刺鳅 *Mastacembelus armatus* (Lacépède, 1800)

分类地位： 合鳃鱼目 Synbranchiformes 刺鳅科 Mastacembelidae 刺鳅属 *Mastacembelus*。

鉴别特征： 体延长，侧扁。头部侧扁。吻尖长。口小，口裂平直。上、下颌有多行细尖齿。前鳃盖骨后缘有数枚棘。头和体均密被细小的圆鳞。侧线明显（图 a），侧线鳞 300 枚以上。背鳍起点在胸鳍中部上方。臀鳍后端与尾鳍相连。臀鳍仅 2 根鳍棘外露（图 d），第三根鳍棘埋于皮下。尾鳍近圆形。体侧有较大的网状斑块，体背部散布细长形黑色斑纹。

生活习性： 底栖、杂食性中型鱼类。

种群状况： 种群数量多，为江河经济鱼类。

地理分布： 广西各水系均有分布。

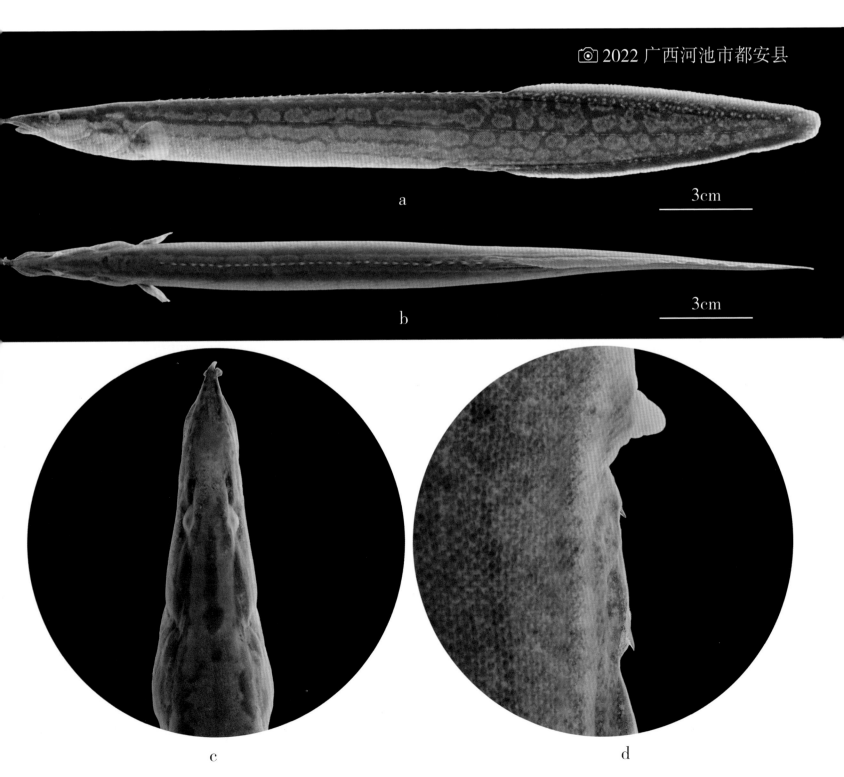

2022 广西河池市都安县

a

3cm

b

3cm

c

d

舌鳎科 Cynoglossidae

337. 三线舌鳎 *Cynoglossus trigrammus* Günther, 1862

分类地位： 鲽形目 Pleuronectiformes 舌鳎科 Cynoglossidae 舌鳎属 *Cynoglossus*。

鉴别特征： 体呈舌状，极侧扁。头短。吻圆钝。两眼位于头部的左侧（图 a），眼间隔窄。口窄小，下位，口裂弧形。齿细小，仅存在于两颌的无眼一侧。吻延长呈钩状突，向后下方伸延，包覆下颌（图 a）。体被栉鳞。左侧具侧线 3 条（图 a）。背鳍起于吻端背缘。臀鳍基长。无胸鳍。尾鳍略尖。体右侧无色，左侧呈黄褐色；头部和躯干具不规则的小黑斑。

生活习性： 属海洋暖水性底栖鱼类，可洄游进入江河中下游。无眼侧贴附水底，以背鳍和臀鳍摆动游行。主食底栖水生昆虫和软体动物。

种群状况： 西江流域种群数量少。

地理分布： 分布于西江干流梧州、桂平江段。

📷 2022 广西梧州市

3cm

a

3cm

b

鲀科 Tetraodontidae

338. 弓斑东方鲀 *Takifugu ocellatus* (Osbeck, 1757)

分类地位： 鲀形目 Tetraodontiformes 鲀科 Tetraodontidae 东方鲀属 *Takifugu*。

鉴别特征： 体椭圆形，前部粗壮，腹部圆形。吻短，圆钝。口小，端位。齿愈合为喙状齿板。鳃孔小。背鳍起点靠后与肛门上方相对（图 a）；臀鳍起点在背鳍起点稍后下方；胸鳍、尾鳍后缘平截（图 a）。体背侧灰褐色；腹面银白色。体侧胸鳍基部后上方有一大黑斑，与横跨背面暗绿色横带相连。背鳍基部有一大黑斑（图 b）。

生活习性： 近海暖温性中小型底层鱼类，可进入淡水江段。杂食性，喜居于清水河流，摄食贝类、甲壳类和小鱼。

种群状况： 种群数量多。

地理分布： 西江、浔江、黔江、红水河下游均有分布。

📷 2021 广西梧州市龙圩区

2cm

a

2cm

b

参考文献

曹文宣 . 1989. 条鳅亚科 // 郑慈英 . 珠江鱼类志 . 北京：科学出版社 .

曾晴贤 . 1986. 台湾的淡水鱼类 . 台湾：台湾省政府教育厅出版社 .

陈景星 , 蓝家湖 . 1992. 广西鱼类一新属三新种 (鲤形目：鲤科、鳅科). 动物分类学报 , 17(1): 104–109.

陈小勇 , 崔桂华 , 杨君兴 . 2004. 广西高原鳅属鱼一穴居新种记述 . 动物学研究 , 25(3): 227–231.

陈小勇 , 杨君兴 , 崔桂华 . 2006. 广西华缨鱼属鱼类一新种记述 . 动物学研究 , 27(1): 81–85.

陈银瑞 , 杨君兴 , Sket B, 等 . 1998. 穴居盲副鳅及其性状演化 . 动物学研究 , 19(1): 59–63.

陈银瑞 , 杨君兴 , 蓝家湖 . 1997. 广西盲鱼一新种及其系统关系分析 (鲤形目：鲤科：鲃亚科). 动物分类学报 , 22(2): 219–
    223.

甘西 , 陈小勇 , 杨君兴 . 2007. 广西云南鳅属鱼类一新种记述 . 动物学研究 , 28(3): 321–324.

甘西 , 吴铁军 , 韦慕兰 , 等 . 2013. 中国广西金线鲃属盲鱼一新种——安水金线鲃 . 动物学研究 , 34(5): 459–463.

胡学友 , 蓝家湖 , 张春光 . 2004. 广西鲇属一新种及其性状讨论 . 动物分类学报 , 29 (3): 586–590.

黄爱民 , 杜丽娜 , 陈小勇 , 等 . 2009. 广西岭鳅属鱼类一新种——大鳞岭鳅 . 动物学研究 , 30(4): 445–448.

黄艳飞 , 小勇 , 杨君兴 . 2007. 广西东部野鲮亚科鱼类一新种——长鳍异华鲮 . 动物学研究 , 28(5): 531–538.

蓝家湖 , 甘西 , 吴铁军 , 等 . 2013. 广西洞穴鱼类 . 北京：科学出版社 .

蓝家湖 , 蓝浩东 . 1996. 广西洞穴盲鱼 1 新属 3 新种 . 广西水产科技 , (2): 1–5.

蓝家湖 , 杨君兴 , 陈银瑞 . 1995. 广西条鳅亚科鱼类二新种 (鲤形目：鳅科). 动物分类学报 , 20(3): 366–372.

蓝家湖 , 杨君兴 , 陈银瑞 . 1996. 广西洞穴鱼类一新种 (鲤形目：鳅科). 动物学研究 , 17(2): 109–112.

蓝家湖 , 张春光 . 2006. 鲤形目鳅科 // 广西壮族自治区水产研究所 , 中国科学院动物研究所 . 广西淡水鱼类志 , 2 版 . 南
    宁：广西人民出版社 : 80–122.

蓝家湖 , 赵亚辉 , 张春光 . 2004. 中国广西金线鲃属一新种 (鲤形目 , 鲤科 , 鲃亚科). 动物分类学报 , 29(2): 377–380.

蓝永保 , 覃旭传 , 蓝家湖 , 等 . 广西金线鲃属鱼类一新种记述 . 信阳师范学院学报 (自然科学版), 30 (1): 97–101.

乐佩琦 , 单乡红 , 林人端 , 等 . 2000. 中国动物志　硬骨鱼纲　鲤形目 (下卷). 北京：科学出版社 .

李国良 . 1989. 中国金线鲃属一新种 (鲤形目：鲤科：鲃亚科). 动物分类学报 , 14(1): 123–126.

李维贤 , 蓝家湖 . 1992. 广西鲤科鱼类一新属三新种 . 湛江水产学院学报 , 12(2): 46–51.

李维贤 , 蓝家湖 . 2003. 广西洞穴金线鲃一新种——九圩金线鲃 . 广西师范大学学报 (自然科学版), 21(4): 83–85.

李维贤 , 冉景丞 , 陈会明 . 2006. 贵州洞穴盲副鳅一新种 . 2006. 湛江海洋大学学报 , 26 (4): 1–2.

李维贤 , 冉景承 , 陈会明 . 2003. 贵州洞穴金线鲃一新种及其性状的适应性 . 吉首大学学报 (自然科学版), 24(4): 61–63.

李维贤 , 肖蘅 , 罗志发 , 等 . 2000. 广西金线鲃属一新种 . 动物学研究 , 21(2): 155–157.

李维贤 , 肖蘅 , 罗忠义 . 2003. 广西洞穴金线鲃属一新种 . 广西师范大学学报 (自然科学版), 21(3): 80–81.

寥吉文 , 王大忠 , 罗志发 . 1997. 南鳅属鱼类一新种及一新亚种 (鲤形目：鳅科：条鳅亚科). 遵义医学院学报 , 20(2–3): 4–7.

林人端 , 罗志发 . 1986. 广西溶洞内生活的盲鱼——金线鲃属一新种 . 水生生物学报 , 10(4): 380–382.

林人端 . 1989. 鲤形目鲤科鲃亚科金线鲃属 // 郑慈英 . 珠江鱼类志 . 北京：科学出版社 : 172–175.

林昱 , 李超 , 宋佳坤 . 2012. 中国贵州省穴居盲鳅一新种 (鲤形目 , 爬鳅科). 动物分类学报 , 37(3): 640–647.

罗福广 , 黄杰 , 刘霞 , 等 . 广西金线鲃属鱼类一新种——融安金线鲃 . 南方农业学报 , 47 (4): 650–655.

农牧渔业部水产局 , 中国科学院水生生物研究所 , 上海自然博物馆 . 1988. 中国淡水鱼类原色图集 (第二集). 上海：上
    海科学技术出版社 .

农业部水产司 , 中国科学院水生生物研究所 . 1993. 中国淡水鱼类原色图集 (第三集). 上海：上海科学技术出版社 .

冉景丞, 李维贤, 陈会明. 2006. 广西洞穴盲副鳅一新种 (鲤形目：鲤科). 广西师范大学学报 (自然科学版), 24(3): 81–82.

单乡红, 林人端, 乐佩琦, 等. 2000. 鲃亚科 // 乐佩琦, 等. 中国动物志　硬骨鱼纲　鲤形目 (下卷). 北京：科学出版社：3–170.

唐文乔. 1997. 副原吸鳅属鱼类一新种 (鲤形目：平鳍鳅科). 动物分类学报, 22(1): 108–111.

汪松, 谢焱. 2004. 中国物种红色名录·第一卷：红色名录. 北京：高等教育出版社.

王大忠, 陈宜瑜. 1989. 贵州鲤科鱼类三新种. 遵义医学院学报, 12(4): 29–34.

吴铁军, 廖振平, 甘西, 等. 2010. 广西洞穴金线鲃属二新种记述 (鲤形目：鲤科：鲃亚科). 广西师范大学学报 (自然科学版), 28(4): 116–120.

伍汉霖, 陈义雄, 庄棣华. 2002. 中国沙塘鳢属 (Odontobutis) 鱼类之一新种 (鲈形目：沙塘鳢科). 上海水产大学学报, 11(1): 6–13.

伍汉霖, 吴小清, 解玉浩. 1993. 中国沙塘鳢属鱼类的整理和一新种的叙述. 上海水产大学学报, 2(1): 52–61.

伍律, 等. 1989. 贵州鱼类志. 贵阳：贵州人民出版社.

伍献文, 等. 1977. 中国鲤科鱼类志 (下卷). 上海：上海人民出版社.

伍献文. 1964. 中国鲤科鱼类志 (上卷). 上海：上海科学出版社.

谢家骅. 1989. 鲤形目鲤科鲃亚科金线鲃属 // 伍律. 贵州鱼类志. 贵阳：贵州人民出版社：153–157.

杨剑, 吴铁军, 蓝家湖. 2011. 中国广西盲鳅一新种——环江高原鳅. 动物学研究, 32(5): 566–571.

杨剑, 吴铁军, 韦日锋, 等. 2011. 广西岭鳅属鱼类一新种——罗城岭鳅. 动物学研究, 32(2): 208–211.

杨君兴, 陈小勇, 蓝家湖. 2004. 高原特有条鳅鱼类两新种在广西的发现及其动物地理学意义. 动物学研究, 25(2): 111–116.

杨琼, 韦慕兰, 蓝家湖, 等. 2011. 广西岭鳅属鱼类一新种. 广西师范大学学报 (自然科学版), 29(1): 72–75.

张春光, 戴定远. 1992. 中国金线鲃属一新种——季氏金线鲃 (鲤形目：鲤科：鲃亚科). 动物分类学报, 17(3): 377–380.

张春光, 赵亚辉. 2001. 中国鲃亚科金线鲃属鱼类一新种及其生态和适应 (鲤形目：鲤科). 动物分类学报, 26(1): 102–107.

赵亚辉, 张春光, 蓝家湖. 2006. 鲤形目鲤科鲃亚科金线鲃属 // 广西壮族自治区水产研究所, 中国科学院动物研究所. 广西淡水鱼类志, 2 版. 南宁：广西人民出版社：259–282.

赵亚辉, 张春光. 2001. 中国广西小鲃鮈属一新种 (鲤形目：鲤科). 动物分类学报, 26(4): 589–592.

赵亚辉, 张春光. 2009. 中国特有金线鲃属鱼类——物种多样性、洞穴适应、系统演化和动物地理. 北京：科学出版社.

郑慈英, 陈景星. 1983. 中国野鲮亚科鱼类的二个新亚种. 暨南理医学报, (1): 71–79.

郑慈英, 陈宜瑜. 1980. 广东省的平鳍鳅科鱼类. 动物分类学报, 5(1): 89–101.

郑慈英. 1989, 珠江鱼类志. 北京：科学出版社.

中国科学院水生生物研究所, 上海自然博物馆. 1982. 中国淡水鱼类原色图集 (第一集). 上海：上海科学技术出版社.

中国水产科学研究院珠江水产研究所, 等. 1991. 广东淡水鱼类志. 广州：广东科技出版社.

周才武, 孔晓瑜, 朱思荣. 1987. 中国鳜属一新种——柳州鳜. 海洋与湖沼, 18(4): 348–351.

周解, 张春光, 何安尤, 等. 2003. 广西鲤科鲤亚科盲鱼一新种及其生活环境. 广西水产科技 (3): 15–18.

周解, 张春光, 何安尤. 2004. 中国广西金线鲃属盲鱼一新种及其生境 (鲤科, 鲃亚科). 动物分类学报, 29(3): 591–594.

周石保, 李国良. 1998. 广西金线鲃属鱼类一新种 (鲤形目：鲤科：鲃亚科). 广西科学, 5(2): 139 - 141, 149.

朱定贵, 朱瑜. 2012. 中国广西金线鲃属鱼类一新种 (鲤形目：鲤科). 动物分类学报, 37(1): 222–226.

朱定贵, 朱瑜. 2012. 中国广西副沙鳅属鱼类一新种的描述 (鲤形目：鳅科). 云南农业大学学报, 27(3): 447–449.

朱松泉, 曹文宣. 1987. 广东和广西条鳅亚科鱼类及一新属三新种描述 (鲤形目：鳅科). 动物分类学报, 12(3): 323–331.

朱松泉. 1983. 中国条鳅亚科的一新属新种. 动物分类学报, 8(3): 311–313.

朱松泉 . 1989. 中国条鳅志 . 南京：江苏科学技术出版社 .

朱松泉 . 1995. 中国淡水鱼类检索 . 南京：江苏科学技术出版社 .

朱瑜 , 杜丽娜 , 陈小勇 , 等 . 2009. 广西云南鳅属鱼类一新种——靖西云南鳅 . 动物学研究 , 30(2): 195–198.

朱瑜 , 蓝春 , 张鹗 . 2006. 广西异华鲮属鱼类一新种 . 水生生物学报 , 30(5): 503–507.

朱瑜 , 吕业坚 , 杨君兴 , 等 . 2008. 中国广西原花鳅属穴居盲鱼一新种——多鳞原花鳅 . 动物学研究 , 29(4): 452–454.

朱瑜 , 朱定贵 . 2014. 广西条鳅亚科间条鳅属鱼类一新种（鲤形目：爬鳅科）. 广东海洋大学学报 , 34(6): 18–21.

朱元鼎 . 1984. 福建鱼类志 (上卷). 福州：福建科学技术出版社 .

朱元鼎 . 1985. 福建鱼类志 (下卷). 福州：福建科学技术出版社 .

CAO, L., E ZHANG. 2018. *Schistura alboguttata*, a new loach species of the family Nemacheilidae (Pisces: Cypriniformes) from the Pearl River basin in Guangxi, South China. Zootaxa, 4471 (1): 125-136.

CHEN Xiaoping, JOHN G LUNDBERG. 1995. Xiurenbagrus, a new genus of Amblycipitid catfishes (Teleostei: Siluriformes), and phylogenetic relationships among the genera of Amblycipitidae). Copeia, 4: 780-800.

CHEN Yongxia, CHEN Yifeng. 2007. Bibarba bibarba: a new genus and species of Cobitinae (Pisces: Cypriniformes: Cobitidae) from Guangxi Province (China). Zoologischer Anzeiger, 246 (2): 103-113.

CHEN, Y. Q., C. L. PENG, E ZHANG. 2016. Sinocyclocheilus guanyangensis, a new species of cavefish from the Li-Jiang basin of Guangxi, China (Teleostei: Cyprinidae). Ichthyological Exploration of Freshwaters, 27 (1): 1-8.

CHEN, Y. X., X. Y. SUI, D. K. He, et al. 2015. Three new species of cobitid fish genus *Cobitis* (Teleostei, Cobitidae) from the River Pearl basin of China. Folia Zoologica: international journal of vertebrate zoology, 64 (1): 1-16.

CHEN, Y. X., X. Y. SUI, N. LIANG, et al. 2016. Two new species of the genus Cobitis Linnaeus (Teleostei: Cobitidae) from southern China. Chinese Journal of Oceanology and Limnology, 34 (3): 517-525.

DU Lina, CHEN Xiaoyong, YANG Junxing. 2008. A Review of the Nemacheilinae Genus Oreonectes Günther with Descriptions of two New Species (Teleostei: Balitoridae). Zootaxa, 1729: 23-36.

FANG Pingwen. 1936. Sinocyclocheilus tingi, a new genus and species of Chinese barbid fishes from Yunnan. Sinensia, 7(5): 588-593.

GAN Xi, LAN Jiahu, ZHANG E. 2009. Metzia longinasus, a new cyprinid species(Teleostei: Cypriniformes) from the Pearl River drainage in Guangxi Province, South China. Ichthyological Reseach (2009) 56:55-61.

GÜNTHER A. 1868. Catalogue of the Fishes in the British Museum. Volume seventh. London: Trustees of the British Museum.

HE Anyou, HUANG Wei, HE You, et al. 2015 Cophecheilus brevibarbatus, a new labeonine fish from Guangxi, South China (Teleostei: Cyprinidae) Ichthyological Exploration of Freshwaters, 25 (4): 299-304.

HU Yuting, ZHANG E. 2010. Homatula pycnolepis, a new species of nemacheiline loach from the upper Mekong drainage, South China. Ichthyological Exploration of Freshwaters, 21 (1): 51-62.

HUANG YanFei, YANG Junxing, CHEN Xiaoyong. 2014. Stenorynchoacrum xijiangensis, a new genus and a new species of Labeoninae fish from Guangxi, China(Teleostei: Cyprinidae). Zootaxa, 3793 (3): 379-386.

LI, J., J. H. LAN, X. Y. CHEN, et al. 2017. Description of *Triplophysa luochengensis* sp. nov. (Teleostei: Nemacheilidae) from a karst cave in Guangxi, China. Journal of Fish Biology, 91 (4): 1-9.

LI, J., X. H. LI, G. ZHANG, et al. 2019. A diminutive new species of Silurus (Teleostei: Siluridae) from Guangxi, southern China. Ichthyological Exploration of Freshwaters, 29 (4) IEF-1100: 305-312.

LI, J., X. H. LI, J. H. LAN, et al. 2016. A new troglobitic loach *Triplophysa* tianlinensis (Teleostei: Nemacheilidae) from Guangxi, China. Ichthyological Research, 64 (3): 295-300.

LIU Shuwei, ZHU Yu, WEI Rifeng, et al. 2012. A new species of the genus Balitora (Teleostei: Balitoridae) from Guangxi,

China. Environmental Biology of Fishes, (2012) 93:369-375.

LUO Wen, JOHN P. SULLIVAN, et al. 2015. *Metzia parva*, a new cyprinid species (Teleostei: Cypriniformes) from south China. Zootaxa, 3962 (1): 226-234.

NICHOLS JOHN. TREADWELL. 1925. *Nemacheilus* and related loached in China. American Museum Novitates, 171: 1-7.

PELLEGRIN JACQUES. 1931. Description de deux cyprinidés nouveaux de Chine appartenant au genre *Schizothorax* Heckel. Bulletin de la Société Zoologique de France, 56: 145-149, 289.

RENDAHL HIALMAR. 1933. Studen über innerasiatische Fische. Arkiv för Zoologi, 25 A (11): 1-51.

SU Ruifeng, YANG Junxing, CUI Guhua. 2001. The nominal invalidity of the cyprinid genus, *Parasinilabeo*, with descriptions of a new genus and species. Zoological Studies, 40 (2): 134-140.

TAN, X. C., P. LI, T. J. WU, et al. 2019. Cobitis xui, a new species of spined loach (Teleostei: Cobitidae) from the Pearl River drainage in southern China. Zootaxa, 4604 (1): 161-175.

WU Hsienwen. 1939. On the fishes of Li–Kiang. Sinensia, 10(1–6): 92-142.

WU Tiejun, YANG Jian, LAN Jiahu. 2012. A new blind loach, *Triplophysa* lihuensis (Teleostei: Balitoridae), from Guangxi, China. Zoological Studies, 51(6): 874-880.

WU Tiejun, YANG Jian, XIU lihui. 2015. A new species of *Bibarba* (Teleostei: Cypriniformes: Cobitidae) from Guangxi, China. Zootaxa, 3905(1):138-144.

WU, T. J., J. YANG. 2019. *Sinibotia lani*, a new species of botiid loach (Teleostei: Botiidae) from Guangxi, China. Zootaxa, 4679 (1): 97-106.

XIU, L. H., J. YANG. 2017. Erromyzon damingshanensis, a new sucker loach (Teleostei: Cypriniformes: Gastromyzontidae) from the Pearl River drainage of Guangxi, China. Environmental Biology of Fishes, 100 (8): 893-898.

YANG Jian, WU Tiejun, YANG Junxing. 2012. A new cave-dwelling loach, *Triplophysa macrocephala* (Teleostei: Cypriniformes: Balitoridae), from Guangxi, China. Environmental Biology of Fishes, 93: 169-175.

YANG Junxing, CHEN Yinrui, LAN Jiahu. 1994. *Protocobitis typhlops*, a new genus and species of cave loach from China (Cypriniformes: Cobitidae). Ichthyological Exploration of Freshwaters, 5(1): 91-96.

YANG Junxing, CHEN Yinrui. 1993. The cavefishes from Duan, Guangxi, China with comments on their adaptations to cave habits. Proceedings of the XI International Congress Speleology (Beijing, China): 124-126.

YAO, M., Y. HE, Z. G. PENG. 2018. Lanlabeo duanensis, a new genus and species of labeonin fish (Teleostei: Cyprinidae) from southern China. Zootaxa, 4471 (3): 556-568.

ZHANG E, QIANG Xin, LAN Jiahu. 2008. Description of a new genus and two new species of labeonine fishes from South China (Teleostei: Cyprinidae). Zootaxa, 1682: 33-44.

ZHANG E, ZHOU Wei. 2012. *Sinigarra napoense*, a new genus and species of labeonin fishes (Teleostei: Cyprinidae) from Guangxi Province, South China. Zootaxa, 3586: 17-25.

ZHANG E. 2000. Revision of the cyprinid genus *Parasinilabeo*, with descriptions of two new species from Southern China (Teleostei: Cyprinidae). Ichthyological Exploration of Freshwaters, 11(3): 265-271.

ZHANG Zhenlin, ZHAO Yahui, ZHANG Chunguang. 2006. A new blind loach, *Oreonectes translucens* (Teleostei: Cypriniformes: Nemacheilinae), from Guangxi, China. Zoological Studies, 45(1): 611-615.

ZHAO Yahui, LAN Jiahu, ZHANG Chunguang. 2004. A new species of amblcipitid catfish, *Xiurenbagrus gigas* (Teleostei:Siluriformes), from Guangxi, China. Ichthyological Research, 51: 228-232

ZHAO Yahui, LAN Jiahu, ZHANG Chunguang. 2009. A new cavefish species, *Sinocyclocheilus brevibarbatus* (Teleostei: Cypriniformes: Cyprinidae), from Guangxi,China. Environmental Biology of Fishes, 86: 203-209.

ZHAO Yahui, WATANABE K, ZHANG Chunguang. 2006. *Sinocyclocheilus donglanensis*, a new cavefish (Teleostei:

Cypriniformes) from Guangxi, China. Ichthyological Research, 53(2):121-128.

ZHAO Yahui, ZHANG Chunguang, ZHOU Jie. 2009. *Sinocyclocheilus guilinensis*, a new species from an endemic cavefish group (Cypriniformes: Cyprinidae) in China. Environmental Biology of Fishes, 86: 137-142.

ZHAO, L. X, J. H. LIU, L. N. DU et al. 2021. A new loach species of *Troglonectes* (Teleostei: Nemacheilidae) from Guangxi, China. Zoological Research, 42 (4): 423-427.

ZHENG Huifang, XIU Lihui, YANG Jian. 2013. A new species of Barbine genus *Sinocyclocheilus* (Teleostei: Cyprinidae) from Zuojiang river drainage in Guangxi, China. Environmental Biology of Fishes, 93: 747-751.

ZHENG Lanping, DU Lina, CHEN Xiaoyong, et al. 2009. A new species of genus *Triplophysa* (Nemacheilinae: Balitoridae), *Triplophysa longipectoralis* sp. nov. from Guangxi-China. Environmental Biology of Fishes, 85: 221-227.

ZHENG Lanping, YANG Junxing, CHEN Xiaoyong. 2012. A new species of *Triplophysa* (Nemacheilidae: Cypriniformes), from Guangxi, southern China. Journal of Fish Biology, 80: 831-841.

ZHENG, L. P., J. X. YANG, X. Y. CHEN. 2016. Garra incisorbis, a new species of labeonine from Pearl River basin in Guangxi, China (Teleostei: Cyprinidae). Ichthyological Exploration of Freshwaters, 26 (4): 299-303.

ZHENG, L. P., Y. HE, J. X. YANG, et al. 2018. A new genus and species of Labeonini (Teleostei: Cyprinidae) from the Pearl River in China. PLoS ONE, 13 (7): e0199973: 1-14.

ZHU Dinggui, ZHANG E, LAN Jiahu. 2012. *Rectoris longibarbus*, a new styglophic labeonine species (Teleostei: Cyprinidae) from South China, with a note on the taxonomy of *R. mutabilis* (Lin 1933). Zootaxa, 3586: 55-68.

ZHU Yu, ZHANG E, ZHANG Ming, et al. 2011. *Cophecheilus bamen*, a new genus and species of labeonine fishes (Teleostei: Cyprinidae) from south China. Zootaxa, 2881: 39-50.

中文名称索引

拉丁学名索引